KB073285

포노 사피엔스 어떻게 키울 것인가

게임에 빠진 아이에게
'자기통제력'을 길러 주는 자녀교육 매뉴얼

TECH GENERATION

포노 사피엔스 어떻게 키울 것인가

마이크 브룩스 · 존 래서 지음
김수미 옮김

21세기북스

일러두기

1. 제목에 사용된 '포노 사피엔스Phono sapiens'는 '스마트폰smartphone'과 '호모 사피엔스Homo sapiens(인류)'의 합성어로, 휴대폰을 신체의 일부처럼 사용하는 새로운 세대를 뜻한다. 이 책에서는 '테크 세대Tech generation', 혹은 '디지털 원주민Digital natives'이라고 표현되었으며, 테크놀로지와 디지털 기기 사용을 일상생활 양식으로 경험하며 성장한 세대를 가리킨다.
2. '테크놀로지'는 이 책에서 핵심 키워드로 사용되었는데, '과학 이론을 실제로 적용하여 자연의 사물을 인간 생활에 유용하도록 가공하는 수단'(우리말샘 참조)이라는 가장 광범위한 개념 규정을 내용의 이해를 위해 참조로 한다.
3. 일부 용어는 문맥상 이해를 돕기 위해 영어 독음을 그대로 실었고, 테크노비난, 스크린 타임 등 일부 영어 신조어는 괄호 안에 그 뜻을 적었다.
4. 도서명, 신문 및 잡지명은 《》로, 음악, 영화, TV 프로그램명 등은 〈〉로 표기했다.

들어가는 말

우리는 부모로서 매일 아이들을 어떻게 키울 것인가의 문제로 여러 번 결정을 거듭하며 고심한다. 아이들에게 필요한 것을 해주려고 시간과 공을 쏟는다. 가정마다 고유성을 갖고 있지만 아이들이 신체적으로 건강하게 학교 공부도 잘하고, 친구 관계가 원만하며, 관심사와 취미를 개발하고, 가족들과도 잘 지내는 것이 부모들의 한결같은 바람이다. 이렇게 아이를 키우기 위해 최적의 방안을 찾으려는 사람들을 위한 자녀교육서만 해도 시중에 수천 권이 넘는다. 하지만 일일이 책을 찾아서 읽을 시간이 없는 부모들은 어디서, 어떻게 시작해야 할까?

기존 자녀교육서의 상당수가 짧고 간단한 해법을 제시하기 위해 기획되고, 부모들은 이런 쉽고 빠른 해법에 매력을 느낀다. 아이들의 행동이 가정이나 학교생활에 지장을 줄 때 부모들은 어떻게 해서든 최대한 빨리 문제를 해결하려고 적극적으로 나서기 때문이다. 그러나 부모이자 심리학자인 우리들은 아이를 키우며 겪는 어려움이 간단히 해결되는 문제가 아니라는 걸 안다. 종종, 어떤 해결의 실마리는 근본적인 관계 개선에서 나온다. 만약 당신이 일상생활에서 아이들이 테크놀로지technology를 사용하는 것이 걱정이라면, 이 책을 읽기로 한 것이 제대로 된 출발점이라고 믿어도 된다. 우리는 임상심리 상담 현장과 가정에서 테크놀로지가 아이들과 가족의 일상에 미치는 영향을 관찰해 왔다. 테크놀로지가 소통 능력과 오락 거리를 증가시키는 데 일부 긍정적인 영향을 주었다는 것은 사실이다. 하지만 부모들의 상당수는 스크린 타임screen time(스마트폰, 컴퓨터, 텔레비전, 비디오게임기 등의 화면이 있는 기기를 사용하는데 소요하는 시간-편집주)이 가족끼리 보내는 시간과 학업의 질에 악영향을 미친다고 걱정을 한다. 이런 생활 속 난제들에 대해 쉽고 빠른 해법은 없지만 분명 희망은 있다. 마치 결심과 계획과 꾸준한 운동을 통해 건강해질 수 있는 것처럼, 가족도 학습을 통해 테크놀로지를 일상생활에서 균형 있게 사용할 수 있다. 지금 우리가 만들어 가는 변화가 즉각적인 효과뿐만 아니라 지속적으로 유익을 가져다준다는 사실은 반가운 소식이 아닐 수 없다.

이제 테크놀로지는 일상생활의 일부이고, 그래서 해법에 목마른 부모들이 많다는 걸 알기 때문에 우리는 이런 중요한 문제를 다루면서 우선 예방의 중요성을 강조하고, 또한 과도하거나 불건전한 스크린 타임 사용 자제에 도움을 주면서 연구 성과에 근거를 둔 정보를 제공하기 위해 이 책을 썼다. 우리는 아이들에게 언제 스마트폰을 사 줄지, 스크린 타임을 얼마나 허용해야 하는지와 같은 문제를 함께 고민하며 신속한 해법에서 얻을 수 있는 단순한 규칙이나 경고보다는 좀 더 유연하게 접근하려 한다. 복잡한 문제들을 다룰 때는 반드시 맥락과 개인차가 중요하다는 점을 말하고 싶다. 널리 보편적으로 적용되는 접근법은 결국 어느 것에도 적용될 수 없기 때문이다.

이 책은 테크놀로지로 인해 치러야 할 실질적인 비용은 물론이고, 그것이 우리에게 주어야만 하는 기본 정보로 시작한다. 우리가 정보, 오락, 사회적 유대감 등 얻는 것도 많지만, 이것을 위해 상당수의 사람들이 수면 장애, 주의력 산만, 실생활에서의 직접적인 상호작용 감소라는 대가를 치르고 있다. 만약 즉각적인 실천에 더 관심이 있다면 도입부를 읽은 후 바로 7장으로 넘어가도 무방하다. 그 장에 소개된 테크 해피 라이프Tech Happy Life 모델은 당장이라도 활용할 수 있다.

우리가 소개하려는 방법은 연구자, 임상심리상담가, 그리고 부모로서 우리의 실제 경험을 바탕으로 한다. 마이크 브룩스Mike Brooks 박사는 교육심리학 박사이면서 비디오게임이 시작되던 초창기부터 게이머였다. 그는 비디오게임 폭력성이 아동에게 미치는 영향에 대한 논문을 썼고, 2000년대 초반부터 십 년간 테크놀로지 분야에서 사용성usability 전문가로 일했다. 그는 최근 십 년간 학교, 학부모, 학생, 지역 사회단체를 대상으로 테크놀로지의 영향에 대해 강연해 왔다. 브룩스 박사는 아동, 십 대, 가족을 대상으로 한 임상심리 상담을 통해 건전하고 균형 있게 디지털 기기를 사용하도록 돕고 있다. 현재 그는 아빠만큼 비디오게임을 사랑하는 학령기 세 아들의 아버지로서 스크린의 강력한 유혹을 다스리려고 부단히 노력 중이다. 아이들도 아이들이지만 우선 자신부터 이 유혹을 벗어나려 애쓰고 있다!

존 래서Jon Lasser 박사는 교육심리학으로 박사학위를 받았으며 아동은 물론 유치원부터 고등학생 자녀를 둔 가정을 위한 임상심리상담가로, 대학교수로, 또한 공립학교에서 심리학자로 일하고 있다. 이십 대의 두 딸을 둔 그는 스크린 타임이라는 험한 산을 헤쳐나가는 일을 몸소 체험하고 있다. 래서 박사는 아이들, 부모들과 개인 상담을 하며 사회적, 감정적, 행동적 건전성 증진에 힘쓰고 있다. 또한 다양한 사례를 통해 가정생활 중 스크린 타임으로 인해 제기되는 여러 가지 어려움을 다루는 일에 아이들 그리고 부모들과 협력하고 있다. 그는 텍사스주립대학교 교육대학 연구 부학장으로 있다.

이 책이 특히 눈에 띄는 이유는 우리가 관계 모델을 기초로 문제에 접근하기 때문이라는 걸 독자들이 발견하길 바란다. 다시 말해 사람들이 가족 구성원들과 상호작용하며 관계를 맺는 방식이 어떻게 가족들과 시간을 보낼지를 안내하고, 소통 방식과 경계, 한도와 훈육에 관한 결정에 필요한 정보를 제공한다. 이 책은 6주간의 디지털 디톡스 요법이라기보다는 부모와 양육자들의 영감과 지침의 원천이 되어줄 청사진이라 하겠다. 더욱이 우리의 접근 방식은 단지 스크린 사용에 관한 것만이 아닌 보다 넓은 차원에서 자녀교육을 돕기 위해서이다.

본문에는 아이를 키우는 부모라면 누구라도 공감할 만한 몇 개의 짤막한 일화들이 소개되어 있다. 디지털 기기를 포기하지 않으려는 아이들 때문에 좌절을 경험한 부모들이 많을 것이다. 그 일화 중에는 가정에서 어른들 스스로가 아이들에게 기대하는 그런 균형의 역할 모델이 되지 못했다는 걸 깨닫는 경우도 있다. 이 책에 소개된 사례들이 현실적으로 느껴진다면 그 이유는 우리가 가정과 임상 상담을 통해 직접 관찰한 내용이기 때문일 것이다. 아울러 친구들과 동료들과의 토론에서 영감을 얻은 예화도 일부 있다. 개인정보보호를 위해 이름과 기타 인적 사항은 바꾸었다는 걸 밝혀 둔다.

우리는 이 책이 독자에게 도움이 되고, 이를 계기로 가족이 테크놀로지에 대해 더 많이 대화할 수 있길 바란다. 우리의 목표는 간단하다. 삶을 향상시키기 위해 테크놀로지를 최대한 활용하되 그 부정적 영향은 최소화하는 것. 우리가 그런 난제에 대해 즉각적인 구제 방안을 제시하지는 않지만, 우리의 테크 해피 라이프 모델은 가족이 원하는 균형을 이루도록 도울 전략과 지침을 제시할 것이다.

–마이크 브룩스(학교심리학 공인 전문가LSSP, Licensed Psychologist and Licensed Specialist in School Psychology, 오스틴심리평가센터ApaCenter 학과장)

–존 래서(학교심리학 공인 전문가LSSP, 텍사스주립대학교 교수 겸 부학장)

차례

왜 그토록 스크린에 끌릴까 91

5장 스크린이 가족의 소통을 방해한다 123

6장 부모의 사랑과 권위가 자녀교육의 출발점이다 153

디지털 기기로 학교 숙제를 하는 세상 281

12장 초연결사회, 아이에게 균형감을 키워 주려면 305

아이에게 자기통제력을 길러 주는 방법 329

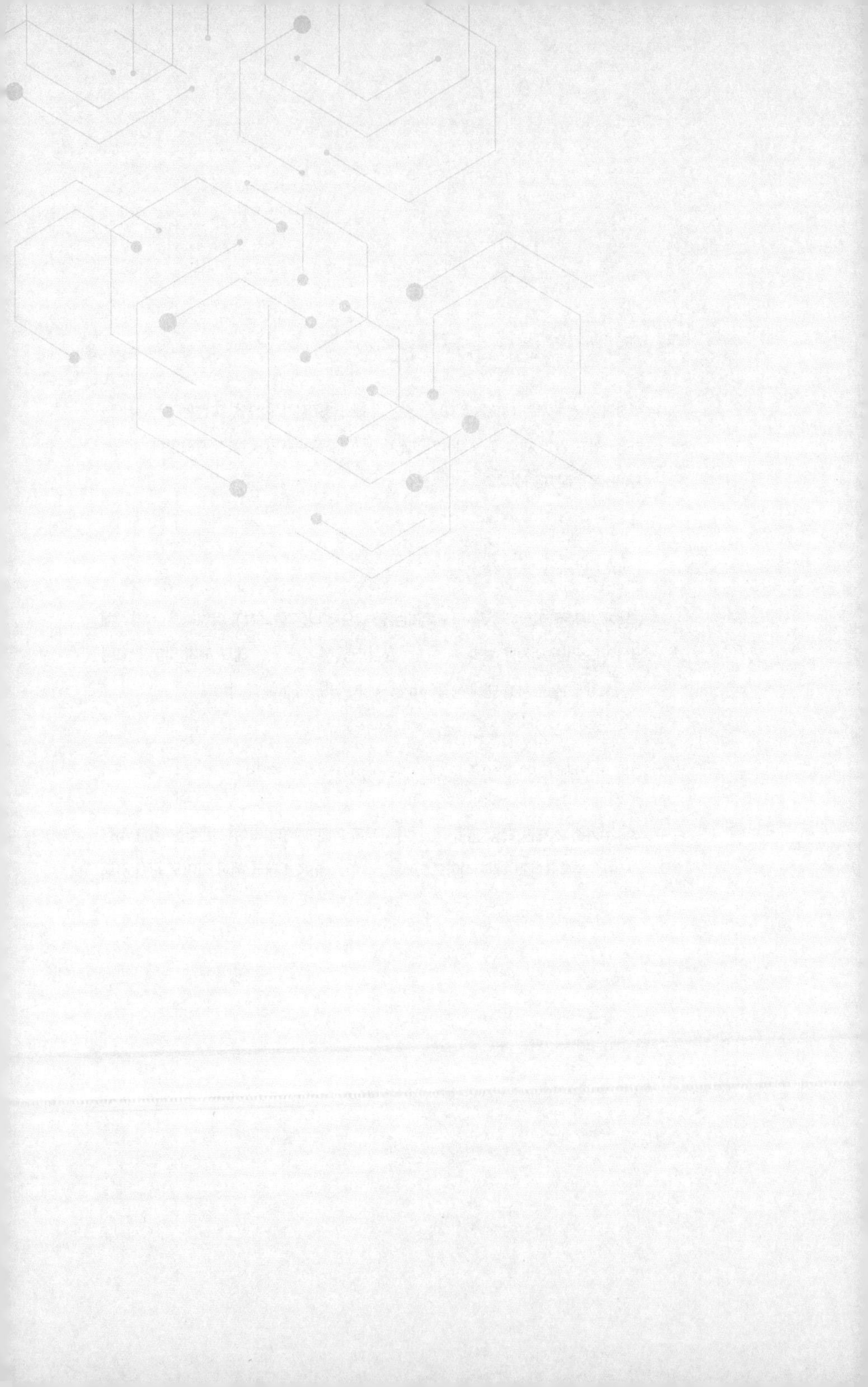

1장

내 아이는 어떻게 테크놀로지를 사용하는가

다이앤은 화가 치밀었다. 그녀의 아들(5세)과 딸(7세)은 아이패드로 게임을 하게 해 달라고 끊임없이 조르고 안 된다고 하면 짜증을 낸다. 게임을 허락하면 언제나 조금만 더 시간을 달라고 애걸하는 통에 게임 시간이 다 되었다고 말하기가 두렵다. 그녀는 아이패드 게임에 반대하지 않을 뿐 아니라 심지어 자신도 한 번씩 즐긴다. 하지만 아이들이 게임 외에도 밖에 나가 놀기도 하고 자신의 의사를 독창적으로 표현할 기회를 얻길 바란다. 그녀는 스크린 타임의 한계를 정하려고 애쓰다기도 반발하는 아이들과 씨름할 때면 녹초가 되곤 한다.

어느 날 밤 출장에서 돌아온 에번은 열다섯 살 난 딸 켈시의 방에 불이 환하게 켜진 걸 보고 깜짝 놀랐다. 궁금해서 방문을 열었더니 딸이 휴대전화를 보고 있었는데, 보나 마나 스냅챗일 것이다. 에번은 딸에게 휴대전화를 끄고 자야 할 시간이 넘었다고 말했다. 딸은 실망한 기색이었지만 미친 듯 몇 통의 문자메시지를 보내고는 아빠의 말에 따랐다. 시계를 확인하니 밤 12시 48분! 고개를 저으며 잠자리에 들던 에번은 문득 궁금했다. 과연 아내는 자기가 잠자리에 든 이후에도 딸이 그토록 늦게까지 깨어 있다는 사실을 아는 걸까? 에번은 한창 수면이 필요한 시기에 디지털 기기 사용이 딸의 수면을 방해하는 건 아닌지 걱정되었다.

다이앤과 에번의 일화는 곧 우리의 이야기이기도 하다. 부모로서 우리는 초연결사회hyper-connected world(인터넷, 통신기술 등의 발달에 따라 네트워크로 사람, 데이터, 사물 등 모든 것을 연결한 사회-편집주)에서 아이들을 키워야 하는 난제와 씨름하고 있다. 아마 이 책의 독자라면 똑같은 걱정거리를 안고 어떤 지침을 찾는 중일 것이다. 그래서 우리는 스크린 타임을 점검하는 것으로 시작하기를 권한다.

아래에서 자신에게 해당하는 것을 표시한다.

- □ 내 아이가 디지털 기기를 너무 많이 보는 것이 걱정된다(예: 컴퓨터, 텔레비전, 스마트폰, 비디오게임, 아이패드, 태블릿).
- □ 내 아이가 주변 사람들이나 현실 세계에 더 많이 참여했으면

좋겠다.

- □ 테크놀로지에 접근하며 아이의 안전이 위태롭지 않을까 걱정된다.
- □ 아이가 커서 성공하려면 최신 테크놀로지에 익숙해질 필요가 있다.
- □ 내 아이 또래 대부분이 이미 테크놀로지를 접하고 있으며 내 아이가 뒤처지는 걸 원치 않기 때문에 일부 허락하고 있다.
- □ 아이가 몇 살 때부터 테크놀로지를 접해야 하는지 확신이 없다(예: 스마트폰, 소셜미디어, 특정 비디오게임).
- □ 아이에게 필요한 스크린 타임과 스크린 타임 이외의 시간 사이의 적절한 균형을 찾기가 힘들다.

만약 이 중 하나라도 표시를 했다면 우리와 공유할 부분이 있을 것이다. 그것은 곧 아이들이 테크놀로지로부터 이득을 얻지만 그 잠재적 문제를 피하게 하려면 약간의 제한이 필요하다는 믿음이다. 이 책의 목적은 아이들이 테크놀로지를 균형 있게 사용하는 문제로 씨름하는 부모들을 위한 실제적이고도 유용한 해법을 제시하는 것이다. 우리가 바라는 것은 테크놀로지의 수많은 혜택을 극대화하고 그 부정적 영향을 최소화하는 것이다.

우리가 부모들과 상담할 때 이 문제와 관련하여 아래의 질문을 많이 듣는다.

- 언제 아이들에게 디지털 기기를 접하게 해야 할까요?
- 아이들이 스크린 타임을 얼마나 가져야 할까요?
- 언제 아이들이 스마트폰을 가지면 좋을까요?
- 언제 아동/십 대들에게 소셜미디어 접근을 허락할까요?
- 스크린 타임이 과도한지 그렇지 않은지 어떻게 알 수 있나요?
- 테크놀로지를 오용 또는 남용하는 아이들에게 내가 무엇을 할 수 있을까요?

각 가족마다 상황이 다르기 때문에 손쉬운 정답을 얻기는 힘들다. 그러므로 똑같은 방법으로 접근하는 것이 모두에게 효과적이지는 않다. 여기에서는 읽기 쉽고, 연구에 기반하며, 다양한 연령대의 자녀들을 둔 모든 유형의 가족들을 위한 폭넓은 자료들을 접하게 될 것이다. 이 책은 건전한 테크놀로지 사용을 위한 처방전이 아니다. 오히려 정보를 기반으로 가족의 테크놀로지 사용에 맞추어 교육에 대한 결정을 내리도록 돕는 안내서라 하겠다.

심리학자인 우리는 테크놀로지와 미디어가 아동 및 청소년 발달상 적절한지에 민감하다. 비디오게임과 앱은 영화와 비슷한 등급제가 적용되어 아이들이 다양한 오락물에 대해 준비가 되었는지를 부모들이 결정할 수 있도록 돕는다. 하지만 태블릿, 스마트폰, 소셜미디어 플랫폼에 접근할 수 있는 적정 연령에 관해서는 원칙이 그만큼 명확하게 세워지지 않았다. 그래서 이 책은 초연결사회에서 아이들이 디지털 기기를 균형 있게 사용하도록 키우기 위해 애쓰는 부모들이 어림짐작으로 하던 일들을 없애는 걸 목표로 한다.

테크놀로지 사용, 과도한가 적절한가

›››

만약 부모들이 자신의 스마트폰, 태블릿, 노트북을 충분히 오래 살펴보면, 자녀들의 테크놀로지 사용에 대해 이해하게 되어 불안할 것이다. "2세 미만의 아이들에게 미디어가 주는 이점은 여전히 제한적이며, 미디어를 사용하는 동안 성인과 아동 간의 상호작용이 중요하고, 디지털 미디어의 과도한 사용으로 인한 폐해의 증거가 계속 이어지고 있다"[1]는 미국소아과학회AAP, American Academy of Pediatrics의 발표가 있었지만 실제로 2세 미만 아이들의 상당수가 디지털 미디어에 접근하고 있다. 부모들은 읽기와 수학, 문제 해결, 기억 등 다양한 능력 향상을 위해 개발된 수많은 앱, 테크놀로지, TV 프로그램이 우후죽순처럼 늘어나는 상황을 보아 왔다. 하지만 이처럼 잠시만 훑어봐도 유아들과 아이들의 스크린 타임에 관한 우려스러운 통계를 접하는 부모들로서는 갈수록 도를 더하는 초연결사회의 득실을 따져보지 않을 수 없다.[2, 3]

- 2세 미만 아동의 38퍼센트가 모바일로 미디어에 접근한다.
- 4세 전후 유치원 아동의 주중 평균 TV/비디오 스크린 타임은 4시간이다.[4]
- 초등생의 44퍼센트가 정기적으로 스마트폰을 사용한다.
- 8세 이하 아동은 전체 스크린 타임의 단지 3.6퍼센트만을 과제나 교육 콘텐츠에 사용한다.

청소년의 디지털 기기 사용도 충격적이긴 마찬가지다. 주위를 둘러보면 십 대들이 사용하든 안 하든 스마트폰을 마치 신체의 일부처럼 끼고 산다. 심지어 십 대들은 친구들과 함께 있으면서도 자주 문자메시지를 보내며 사실상 제대로 어울리지 못한다. 바로 옆에 친구가 있어도 소용이 없다!

> 대학 진학을 앞둔 열여덟 살 앰버는 집을 떠나기 전 마지막 여름방학 때 부모와 유럽 여행 중이었다. 앰버는 소셜미디어에 열중했고 인스타그램과 스냅챗으로 온종일 친구들과 소통했다. 딸은 유럽에서 경험하는 모든 걸 친구들과 공유하고 싶어했다. 앰버의 부모는 가족이 두고두고 간직할 만한 소중한 경험을 만들기 위해 상당한 시간을 들여 저축을 했다. 토스카나에 있는 동안 앰버는 이동전화 서비스가 형편없다고 불평했다. 그녀는 이동전화 서비스를 찾는 일에 집착한 나머지 주변 풍경을 감상하는 것조차 잊어버렸다. 그녀는 이 일에 관해 부모님과 열띤 논쟁을 벌였다. 앰버는 격분해서 부모에게 이렇게 소리쳤다. "엄마 아빤 이해 못 해요! 친구들한테 얘기를 못하면 이게 다 무슨 소용이에요?!" 그녀의 부모는 딸의 행동에 상처를 받았을 뿐 아니라 매우 실망했다. 이제 곧 집을 떠날 딸과 함께 환상적인 단합의 시간을 보내기를 바라며 여행에 그토록 많은 돈을 썼다는 사실이 특히나 더 슬펐다.

십 대들의 디지털 기기 사용에 관한 우려스러운 통계 중에는 다

음의 사실들이 포함된다.[5, 6, 7, 8, 9]

- 13~18세 십 대들의 경우 학습이나 과제를 위한 스크린 사용을 제외하고 오락성 매체 사용에 매일 평균 9시간을 보낸다.
- 발표에 따르면 십 대들의 24퍼센트는 인터넷에 '거의 항상' 접속해 있다.
- 십 대들의 50퍼센트가 자신이 휴대전화에 '중독되었다고' 느끼며, 부모의 59퍼센트는 십 대 자녀들이 휴대전화에 중독되었다고 생각한다.
- 10~23세 아동과 청소년의 32퍼센트는 온라인상에 개인 정보(예: 주민등록번호)를, 32퍼센트는 전화번호를, 그리고 11퍼센트는 집 주소를 올린 적이 있다.
- 10~23세 아동과 청소년의 23퍼센트는 온라인에서 잔인한 장면을 보았으며 13퍼센트가 그 피해자라는 보도가 있다.
- 8~38퍼센트의 청소년들이 18세가 되기 전에 온라인으로 성폭력 영상이나 아동 포르노를 본다.
- 미국 소년의 90퍼센트 이상이 18세 전에 온라인으로 포르노를 본 경험이 있다.

아동들과 십 대들이 다양한 영상물 시청에 상당 시간을 보낸다는 점을 고려할 때 스크린 타임이 균형을 잃었다는 것과, 그들이 이용할 수 있는 콘텐츠가 건강 및 안전상의 상당한 위험을 내포한다고 우려할 만한 충분한 이유가 있다.

균형은 무엇을 의미하는가?

테크놀로지 사용에 균형 있게 접근하는 건 스크린 타임이 주는 장점은 취하고, 부정적 측면은 줄이는 걸 목표로 한다. 우리는 테크놀로지를 좋아하며 그것이 직장이나 개인생활에서 여러모로 유익하게 쓰일 수 있다고 생각한다. 생산성 및 창의성 증진, 소통의 증진, 다양한 형태의 오락물에 대한 접근 용이성 등 유익한 부분이 많다. 또한 약이 지나치면 독이 된다는 걸 알기 때문에 균형을 강조하는 것이 무조건 테크놀로지를 배제하자는 의미가 아니라는 걸 잘 알고 있다. 그보다 우리는 부모들이 테크놀로지 사용의 한계를 정하고 감독하는 일에 심사숙고하고 신중하게 대처하면 된다고 생각한다. 이로써 아이들과 가족들은 테크놀로지의 다양한 긍정적인 이익을 얻으면서 역효과는 최소화할 수 있다.

궁극적으로 양육의 목표 중 하나는 아이들이 자기 조절을 배우도록 돕는 것이다. 결국 아이들은 부모의 적극적인 돌봄을 떠나게 될 것이므로, 자신들의 삶을 효과적으로 관리할 수 있는 가치관과 기술을 가졌으면 하는 게 우리의 바람이다. 우리는 이런 테크놀로지 사용의 균형이라는 목표를 이 책 전반에 걸쳐 시종일관 견지했다.

양날의 칼, 테크놀로지

>>>

테크놀로지가 우리의 삶을 향상시키고 아이들과 성인들 모두에게 엄청난 행복과 생산성을 가져다

준다는 사실에는 의문의 여지가 없다. 문서 편집 기능, 광대역 인터넷, 무선 기기들은 상호 연결, 창작, 협업, 오락, 용이성 증가와 자유와 효율성의 공유와 같은 다양한 능력을 향상시켰다. 분명히 해 두지만, 여기서는 디지털 기기를 사악한 존재로 치부하려 한다기보다 오히려 지나친 스크린 타임과 관련된 일부 문제를 인정하고 그런 문제들에 대한 해법을 찾으려 한다.

역설적이게도 과학 기술상의 변화가 가장 급진적으로 향상시켰던 생활의 측면들이 오히려 가장 큰 취약점이 되었다. 프랑스의 문화 이론가 폴 비릴리오Paul Virilio가 꿰뚫어 보았던 것처럼, "선박의 발명은 곧 파선의 발명이기도 하다"(뒤무셀Dumoucel, 2010). 소통과 사회적 유대감의 매개체인 페이스북이나 인스타그램과 같은 소셜미디어 플랫폼도 마찬가지이다. 이런 플랫폼을 통한 손쉬운 연결은 사이버폭력과 성적 포식sexual predation, 산만한 운전, 그리고 섹스팅의 길을 터 준 격이 되었다. 의아하게도 그렇게 소셜미디어를 통해 관계 향상에 애쓰는 데도 십 대(성인도 마찬가지)들이 유의미한 관계를 경험하는 경우는 오히려 줄었다.

테크놀로지의 균형을 상실한 우리의 모습은 어떠할까?

- 사람과 사람 간의 사회적 상호작용 감소
- 수면 시간 감소 또는 수면 방해
- 집중력의 감소
- 생산성 감퇴
- 신체 활동의 제한

- 이전의 관심사와 여가 활동이 거의 디지털 기기로 대체
- 행복감의 감소

그렇다면 균형 있는 모습은 어떨까? 가족마다 상황이 달라서 균형 있는 모습도 다를 것이다. 이상적인 균형을 이룬 가족은 생활에서 테크놀로지 사용에 할애된 시간이 적절하다고 느낀다. 가족 구성원 각자는 다른 식구들의 테크놀로지 사용 방식에 비교적 익숙하다. 아울러 테크놀로지 사용의 균형은 개인이 자신의 신체적, 교육적, 사회적, 심리적 욕구를 효과적으로 충족하며 어느 정도는 행복감을 느끼고 생산적으로 활동한다는 의미이기도 하다. 하지만 균형은 고정된 것이 아니라 유동적인 목표이다. 아이들이 자라고, 이용 가능한 기술들이 개발되면서 부모들은 계속해서 재평가와 감독, 그리고 행복을 침해받지 않고 그 기술들의 긍정적 측면을 받아들일 방법에 관해 가족 구성원 간의 대화를 이어갈 것이다. 이런 의미에서 균형을 지속적인 감독과 조정이 필요한 현재진행형 과정으로 간주할 수 있다.

단지 아이들만의 문제가 아니다!

열다섯 살 브리트니는 심리상담사에게 엄마의 휴대전화 사용에 관한 불만을 표현했다. "엄마는 학교에 날 데리러 오면서도 휴대전화에서 손을 떼질 않아요! 심지어 잠깐이라도 내가 하루를 어떻게 보냈는지 묻지도 않아요. 집에 오는 내내 휴대전화로 계속 통화를 해요." 예상대로 상담 시간이 끝나고 딸을 데리러 온 존스 부인은 사무실로 들어오는 순간부터 떠나

는 순간까지 계속 통화 중이었다. 심리상담사가 존스 부인과 이 문제를 의논하려 했지만, 그녀는 자신의 행동을 바꾸어야 한다는 사실을 받아들이지 않았다.

이처럼 부모들도 균형을 잃을 수 있는데, 아이들과의 의미 있는 상호작용을 희생하며 디지털 기기에 지나치게 많은 시간을 소모할 때 특히 그러하다. 어른은 아이들에게 본보기가 되기 때문에 우리가 컴퓨터와 스마트폰에 지나치게 많은 시간을 소모할 때 아이들에게 어떻게 보일지 반드시 생각해야 한다. 업무라 괜찮다는 생각은 부모들에게 금물이다. 아이들이 볼 때, 우리는 문서와 메일 확인, 최신 뉴스를 얻고 페이스북 게시글을 올리느라 가족이나 여타 관계에 소원해지고 있다. 2016년 비영리단체 코먼센스 미디어Common Sense Media가 시행한 조사에 의하면 십 대들의 28퍼센트는 자신들의 부모가 스마트폰 중독이라고 생각하며, 부모들의 27퍼센트가 자신들이 스마트폰에 중독됐다고 느끼는 것으로 보고되었다.[10] 마치 오래전 마약 반대 TV 공익광고 문구처럼 우리 아이들 상당수의 주장이 옳을지도 모른다. "다 엄마 아빠를 보고 배운 거라고요!"[11, 12]

테크놀로지에 발목 잡히다

›››

스크린 타임이 제기하는 여러 가지 위험(예: 섹스팅, 사이버폭력, 운전 중 문자메시지 보내기) 중 나머지 모든 걸 능가할 수 있는 위험이 하나 있다. 그것은 스크린 타임이 우리 삶 전반에 서서히 파고드는 은밀한 방식이다. 테크놀로지는 이미 삶에서 많은 부분을 차지하고 있어서 테크놀로지가 없는 삶은 상상할 수조차 없다. 아이들뿐 아니라 부모들도 휴대전화를 끼고 살긴 마찬가지인 듯하다. 휴대전화는 우리 손 안에 쏙 들어오는 작지만 막강한 기기로, 그 안에 테크놀로지의 모든 약속과 도전이 담겨 있다. 우리는 '연결'을 넘어 종종 '초연결' 상태가 되어 자신은 물론 주변 사람들에게도 해를 끼친다. 테크놀로지의 유혹은 스타워즈 신화에 등장하는 다크사이드 포스Dark Side of the Force가 지니는 마력과도 같다. 애초의 선한 의도와는 달리 테크놀로지는 우리 위에 군림하기 시작했다. 이제 테크놀로지가 우리의 소원과 요구에 봉사하던 시대는 지났다. 대신 우리는 거기에 발목이 잡혀 그것이 요구하는 바에 끊임없이 응해 주어야만 하는 종처럼 되어 버렸다.

아동들과 십 대들은 테크놀로지라는 사이렌의 부름에 특히 취약하다. 실제로 어린 아이들의 뇌는 정기적인 '한 방'을 얻기 위해 테크놀로지를 갈구하도록 '프로그램화'되기 쉬우며 거기에 의존하게 된다는 증거들이 있다. 마약 중독에 관여하는 것과 동일한 뇌의 보상 체계가 도박과 같은 행동 중독behavioral addictions에도 관여하는데 여기에는 디지털 기기들의 사용도 포함된다.[13, 14, 15, 16]

더구나 그것은 전화 신호음 소리에 반응하도록 조건화되어 흡사 사료를 줄 때 반복적으로 틀어 주는 메트로놈 소리에 침을 흘리도록 훈련된 파블로프의 개와 다를 게 없다. 미시간대학교 신경과학자인 켄트 베리지Kent Berridge 박사에 의하면 메트로놈 소리를 신호로 개가 침을 흘리는 것과 똑같이 우리도 휴대전화의 '띠리링'하는 신호음에 반응한다.[17] 문자메시지나 소셜미디어 같은 테크놀로지는 반드시 긁어야 시원해지는 가려움 같은 것으로 보인다. 테크놀로지는 우리를 스크린에 꼼짝 못하도록 만드는데, 마치 고사성어처럼 우리를 '능지처참(천 번을 자르고 저며서 죽이는 극형. 여기에서는 스크린의 은밀하고도 치명적인 유해성에 대한 은유-역주)'에 이르게 한다.

행복에 방해가 된다면?

>>>

사람의 인생 목표가 행복을 추구하는 동시에 고통을 최소화하는 것이라는 데 누구라도 이의가 없을 것이다. 우리가 말하는 행복은 말초신경을 자극하는, 더 정확히 말해 쾌락이 아니다. 쾌락도 삶의 일부이지만, 지나치면 결국 불행해질 수밖에 없다. 우리가 말하려는 것은 바로 인생에 대한 뿌리 깊은 만족이다. 어떻게 보면 인생의 모든 목표, 즉 쟁쟁한 대학에 입학한다거나 '좋은' 직장을 얻는 것도 궁극적으로는 행복 내지는 복리증진을 목표로 한다. 부모로서 우리의 장기적 목표는 심신이 안정된 성인으로 성장하는 행복한 아이들로 키우는 것이다.

쉴 새 없이 테크놀로지를 사용하는 것은 우리의 행복에 은밀하고도 가공할 위협을 제기한다. 우리는 인생에 참여할 때 가장 행복하다. 특히 인간관계에서 그러한데, 행복의 상당 부분이 이것과 긴밀히 연결되어 있다.[18] 유의미하고 긍정적이며 필요성을 충족하는 관계를 맺을 때 우리는 행복하다고 느낀다. 반면 소외, 고립, 거부, 또는 갈등을 느낄 때 우리는 지극히 불행하다고 느끼기 마련이다.

우리 아이들을 그리고 우리를 꽉 잡고 놔주지 않는 스크린의 힘 때문에 우리는 끊임없이 기기를 확인하게 되었으며, 집중력이 형편없이 떨어졌다. 애플과 마이크로소프트의 전 회장 린다 스톤Linda Stone은 현시대를 방해의 시대the Age of Interruption라고 불렀는데 '계속해서 조금씩 주의를 빼앗긴다'는 의미이다. 그래서 생산력이나 관계보다(소셜미디어, 이메일, 뉴스 등에) 연결되고 싶은 마음에 이런저런 플랫폼을 오가며 거의 항상 주의가 끊어지고 분산된다.[19] 핑크 플로이드 노래 가사처럼 "우리는 (중략) 느긋하게 산만해지고" 있다. 하지만 삶과 관계에 대한 참여를 좌우하는 것은 바로 지속적인 관심이다. 만약 우리가 스크린 타임을 조절하는 법을 배우지 못하면 우리와 우리 아이들의 행복에 심각한 손상을 입을지도 모른다.

임상적 및 준임상적인 정신 건강mental health상의 문제로 고통받는 사춘기 청소년들이 점차 늘고 있다는 상당한 증거가 있다. 우울증 환자만 해도 2005년에서 2014년까지 주요 우울병 에피소드major depressive episode(일상생활에서의 관심 내지 즐거움이 없이 우울 증세가 나타나는 기간-편집주) 사례가 37퍼센트 증가했다.[20] 놀랍게도 아동 및 십 대의 49.5퍼센트가 진단 가능한 정신 건강 문제를 지닌 것으로 추정되는 데도, 해당 연도에 정신과 치료를 받은 비율은 7.4퍼센트에 불과하다. 이런 불안한 통계조차 우리 아이들이 당면한 정신 건강의 심각성을 과소평가한 것으로 보인다.[21]

십 대 청소년들의 강박적 디지털 기기 사용은 사춘기 정신 건강 문제가 증가한 원인일 가능성이 매우 크다. 일례로 휴대전화의 존재만으로도 직접적인 소통의 질이 떨어진다는 연구가 있다.[22, 23] 코넬대학교 발달심리학자이자 청소년 정신 건강 권위자인 제니스 위틀록Janis Whitlock 박사는 현대 십 대들이 느끼는 불행의 주요 요인은 바로 "자극의 가마솥cauldron of stimulus으로 아이들은 거기서 달아날 수 없거나, 달아나길 원치 않거나, 아니면 어떻게 달아나야 할지를 모른다."[24]

청소년 정신 건강 문제가 늘어난 데에는 여러 가지 요인이 있을 수 있다. 물론, 테크놀로지를 신중하게 사용하면 건강, 생산성, 행복이 커질 수 있다. 그런데 테크놀로지를 대변하는 양날의 칼을 감안할 때, 청소년 정신 건강 문제의 증가는 테크놀로지의 긍정적 측면은 극대화하고 부정적 측면은 최소화하는 일에 우리가 딱히 뛰어나지 않다는 사례인지도 모른다. 그래도 불안이나 우울증 같은 정신 건강 사안에 주의할 필요가 있다. 그것을 해결해야 할 과제로 인식하고 다양한 후원과 지원을 모색해야 한다. 만약 정신 건강 문제로 고통받는 개인에게 테크놀로지의 부단한 방해마저 가세한다면 그 개인은 효과적인 복지 향상을 위한 변화를 이뤄 갈 수 없을 것이다.

균형을 위해 어떻게 접근할까

>>>

자녀 양육에 가장 중요한 점 중 하나는 우리 아이들이 자기 조절에 능숙해지는 것이며, 여기에는 테크놀로지도 포함된다. 부모들이 아이들의 인생을 이끌어 주고 관리하며 통제하는 것도 중요하지만 반드시 아이들 스스로 건전한 결정을 내리는 법을 배워야 한다. 거듭 말하지만, 우리의 바람은 아이들이 테크놀로지의 무수한 장점을 누리면서도 종종 미묘하기 그지없는 테크놀로지의 단점은 최소화하는 것이다. 우리는 다음의 몇 가지 기본원칙에 바탕을 두고 접근하려 한다.

- **양육 방식이 중요하다.** 우리는 연구에 기반한 양육 방식(소위 권위형 양육 방식)을 지지하는데, 이는 온정(따듯함)과 한계 설정, 두 가지를 조합한다는 특징을 지니며, 가정 내 스크린 타임 문제의 관리에 잘 적용된다. 스크린 타임 문제는 이 권위형 양육 방식의 틀 안에서 다루어진다.

- **우리는 관계를 통해 아이들에게 영향력을 행사한다.** 아이들이 테크놀로지와 건전한 관계를 갖도록 이끌고자 할 때는 반드시 잠깐 멈추고 먼저 우리와 아이들과의 관계를 점검해야 한다. 우리는 이 관계를 통해 아이들에게 테크놀로지 사용에 대한 영향력을 미칠 수 있다. 아이들과의 관계가 강하고 긍정적일수록 테크놀로지 사용에 관해 아이들에게 더욱 긍정적인 영향을 미치게 될 것이다.[25, 26, 27] 하지만 만약 우리와 아이들과의 관계가 갈등 내지는 대립적으로 되면 부모들이 아무리 노력해도 부모의 말을 수용하지 않을 것이다. 사실 그런 경우 아이들은 그저 부모 속을 긁어 놓기 위해서라도 우리가 제안하는 방

향과는 정반대로 행동한다!

- **우리는 아이들의 역할 모델이다.** 우리가 아이들에게 건강한 운동과 식사 습관의 모범을 보이는 게 중요하듯, 우리가 테크놀로지를 건전한 방식으로 사용하는 것은 필수이다.[28] 만약 그렇게 하지 않으면 결국 우리가 기를 쓰고 막으려는 불건전한 습관의 본보기가 될지도 모른다!

- **통제하기보다 지원한다.** 만약 가족의 테크놀로지 전반에 관해 좋은 결정을 내려서 적절한 한계를 설정하고 유지하고 싶다면, 아이들도 함께 건전한 균형을 맞추는 데 참여해야 한다. 아이들이 자신을 조절할 줄 아는 법을 배우기를 원한다면 아이들의 스크린 타임 전체를 완벽하게 통제하려고 애쓰지 않아야 한다. 물론 아이들이 아주 어릴 때는 부모가 아이들을 더 강하게 통제할 수 있겠지만(당연히 그래야 마땅하지만) 아이들이 성장하면 반드시 그들에게 더 많은 자율성을 주어야 한다.[29] 그렇게 하지 않으면 아이들은 자기 조절이라는 중요한 기술을 연습할 기회를 얻지 못한다.

- **예방이 가장 효과적이다.** 일단 통제가 불가능한 상황이 된 후에 균형을 회복하는 것보다는 초기에 테크놀로지 불균형을 예방하기 위해 약간의 시간을 투자하는 편이 훨씬 효과적이다. 우리의 테크 해피 라이프 모델은 3단 구조의 공중보건 접근법

(예방, 처치, 중재)에 기초하지만, 이런 3단 구조는 부모와 자녀의 관계라는 중요한 기반 위에 세워진다. 바로 이 관계가 인도자이자 교사로서 부모 역할의 효율성을 결정하기 때문이다. 그리고 이미 예방의 기회는 지나갔다고 느끼는 부모들도 있을 것 같아 가족의 상황을 단계별로 나누고, 각 단계별로 설명했다.

- **늦었다고 생각할 때가 가장 빠르다.** 일부 부모들은 테크놀로지가 자녀들을 블랙홀처럼 빨아들이는 느낌이라고 토로한다. 그들은 이렇게 말할지도 모른다. "아! 그렇게 어린 아이한테 스마트폰을 사 주지 말았어야 했어! 우리가 다 망쳐 버렸어!" 이에 대해 우리는 남은 자산을 샅샅이 뒤져서 어느 정도는 현실적인 목표들을 설정하고 균형을 회복하는 데 너무 늦을 때란 없다고 말해 준다.

가족 토론으로 출발하다

›››

테크놀로지 사용에 관한 건전한 결정을 내리려면 가족 구성원 각자의 가치관과 기대에 관해 대화가 필요하다. 지속적으로 대화하기 위해 우선 현재의 습관에 대해 토론하는 것이 좋은 시작이 될 수 있다. 현재 우리의 생활 속 '스크린 타임'은 지나친가, 불충분한가, 아니면 딱 적당한가? 스크린 타임에는 스마트폰을 비롯해 컴퓨터(데스크탑 또는 노트북), 태블릿 PC, 비디오 게임, 아이패드, TV 등의 사용이 포함된다. 잠시 가족이 함께 둘러앉아 각각 부록 1의 가족 스크린 타임 평가FAST, the Family Assessment of Screen Time 설문지를 읽고 완성하는 시간을 갖는다. 먼저 가족 구성원 각자가 현재 자신의 스크린 타임이 불충분한지, 지나친지, 아니면 양극단 사이의 어느 지점에 속하는지 생각한다.

가족 모두 각자 자신의 스크린 타임을 평가한 후에는 다른 가족의 스크린 타임에 관한 자신의 의견을 말한다. 가족 모두에게 다음의 질문에 대해 발언할 기회를 준다. 이때 필요한 몇 가지 기본 수칙은 다음과 같다.

1. 각각의 관점이 다 소중하기 때문에 맹목적인 비판이나 비난을 삼간다. 가족 구성원의 의견을 듣는 것이 중요하다!
2. 모두 차례로 의견을 말할 수 있으므로 다른 사람이 말할 때는 경청한다.
3. 이때 과거나 미래가 아닌 현재 각자가 생각하고 느끼는 바에 초점을 맞춘다.

토론할 질문

1. 설문지에서 그것을 택한 이유는?
2. 스크린 타임에서 우리가 얻는 것은 무엇인가? 그것이 어떻게 도움이 되는가?
3. 스크린 타임에서 우리가 잃은 것은 무엇인가? 그것이 어떻게

해를 끼치는가?

4. 스크린 타임의 균형이 맞지 않다는 걸 어떻게 알 수 있는가? 과도한 스크린 타임 사용은 어떤 형태로 나타나는가?
5. 이 책은 스크린 타임과 다른 활동들과의 적절한 균형을 찾는 것에 관해 말하고 있다. 내가 생각하는 적절한 균형은 어떤 모습인가?

이제 가족 차원에서 이 문제를 토론할 기회를 얻었으니, 가족 구성원 각자의 시각에 관해 생각할 시간을 갖는다. 가족 내 테크놀로지의 역할을 진솔하게 평가하려면 각자의 관점에 관해 충분히 고려하는 것이 필수적이다.

테크 해피 라이프 모델

›››

우리는 부모로서 우리의 가치에 맞는 효율적 전략을 사용해서 건강하고 안정된 아이로 키울 방법을 찾고 싶어 한다. 그래서 가능한 한 문제 해결보다는 항상 예방책을 찾는다. 왜일까? 그편이 시간과 에너지를 절약하는 것은 물론이고 궁극적으로 더 행복한 아이와 부모로 만들기 때문이다. 현명한 지혜를 담은 옛말에도 있듯, "약간의 예방이 대대적인 치료보다 낫다." 예방은 특히 가족의 테크놀로지 관리에 요긴하다. 스크린 타임을 두고 그런 전쟁을 치르느니 전쟁을 예방하는 편이 훨씬 낫다. 현실주

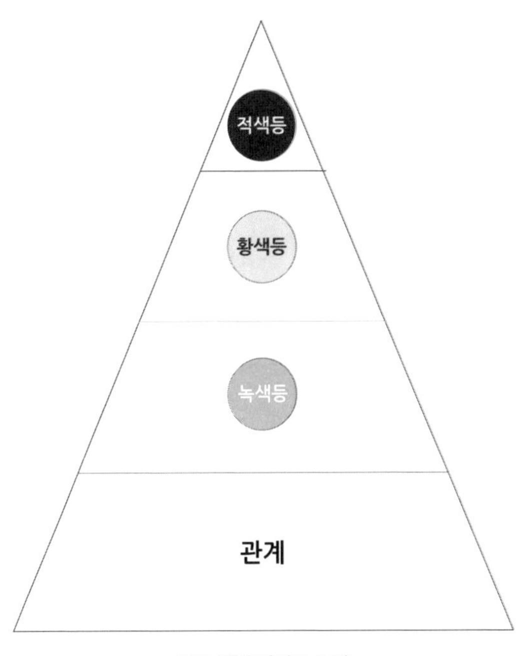

테크 해피 라이프 모델

의자로서 우리는 모든 문제를 예방할 수는 없다는 걸 알기 때문에 상황과 문제의 심각성에 맞게 접근하려고 노력한다. 이것이 우리가 말하는 테크 해피 라이프 모델이며, 그것의 작동 방식은 다음과 같다. 기본 개념은 스크린 타임 문제와의 승부를 위한 3단계가 있다는 것이며, 우리는 각 단계에서 상황별로 특정 문제를 다룰 수 있어야 한다(테크 해피 라이프 모델 그림 참조). 테크 해피 라이프 모델을 사용해 가족생활에서 디지털 기기를 건전하고 균형 있게 사용하려고 노력할 때, 발생하는 우려를 효과적으로 관리할 수 있다. (그런데 이 접근법은 우리가 고안한 것이 아니다. 이는 공중보건 분야에서 나온 것이다.[30]

이 접근법은 다른 분야에서 효과적으로 제시되기도 하고 우리의 생각과도 맞아서 우리는 이를 가족과 테크놀로지에 접목했다.)

녹색등 단계는 모두 예방에 관한 것들이다. 만약 테크놀로지 남용이 비만과 같은 의학적 문제라면, 녹색등 단계의 전략은 규칙적인 운동과 건강한 음식 선택 등에 해당한다. 비만이 아직 시작되지 않았기 때문에 예방 조처가 가능하다는 것이다. 녹색등 단계에서 사용되는 전략 비용은 질병 치료와 관련된 어마어마한 지출에 비하면 상대적으로 적다. 따라서 지금 우리 아이들과의 관계를 키우고 강화하는 데 약간의 시간과 노력을 들인다면 스크린 타임 문제가 발생한 후에 그것과 씨름해야 하는 수고를 덜 수 있다.

계속해서 비만을 예로 들자면, 매년 하는 건강검진에서 체중이 다소 증가했고 고혈압이 있다는 말을 들었다고 하자. 이제부터는 건강을 되찾기 위한 보다 적극적인 조처가 필요하다. 우리는 이런 우려를 황색등 단계에서 다룬다. 운동량을 늘리고 다이어트도 해야 한다. 스크린 타임 문제에 적용하면 시간제한을 철저히 지키는 것뿐만 아니라 아이에게 게임을 하기 전에 숙제부터 마치라고 요구하는 것이 해당된다.

황색등 단계에서 말하는 권고 사항을 따르는 상당수가 (대부분은 아니더라도) 적색 신호등이 켜지는 상황을 처음부터 감소 또는 배제할 수 있다. 체중이 다시 감소하거나, 테크놀로지 남용이 개선된다. 무엇보다 황색등 단계에서 요구되는 행동이 종종 생활 습관으로 변해서 시간이 지나도 그대로 유지되어 장기적 혜택으로 이어진다는 것이 가장 중요하다. 어찌 보면 녹색등 단계로 '되돌아갔다고' 할 수

테크 해피 라이프 모델의 단계와 단계별 핵심

단계	단계명	단계별 핵심
3단계	적색등	심각한 문제 해결을 위한 개입
2단계	황색등	경미한 사안의 처리
1단계	녹색등	문제에 대한 예방
기반	관계	자녀와의 강한 유대감 형성

있다(표 참조).

황색등 단계에서의 노력이 성공하지 못해서 차후 보다 집중적인 개입이 필요한 경우도 일부 있다. 따라서 식사와 운동을 바꾸었는데도 여전히 과체중이며 건강상의 특정 문제(이를테면 극히 높은 콜레스테롤 지수나 부분적 동맥 협착)로 이어졌다고 치자. 그러면 적색등 단계에서는 약물복용 내지는 심지어 외과적 처치가 필요할 수도 있다. 스크린 타임의 경우 적색등 단계에서는 비디오게임 시스템을 삭제하거나 스마트폰을 폴더폰으로 바꾸어야 할 수도 있다.

앞으로 이 모델에 관해 더 많이 배울수록 다양한 단계별 양육 전략 간에 상당 부분 중복되는 내용이 나타난다는 걸 알게 된다. 이것은 테크 해피 라이프 모델을 의도적으로 반복하기 때문이다. 공중보건 분야에서 전문가들은 우리에게 질병 예방을 위해 손 씻기를 권장하다가 병이 나면 의학적 치료를 받으라고 하지만, 그것이 손 씻기를 중단하라는 의미는 아니다. 테크 해피 라이프 모델에서 부모는 정도에 따라 다양한 전략을 쓰겠지만, 개입 강도는 그들의 우려에 맞게 조정된다.

우리는 공중보건 모델 접근법에 또 다른 요소를 추가했다. 우리는 아이들과의 긴밀한 관계가 3단계 모델에 결정적이라고 생각한다. 우리가 아이들에게 영향을 미치는 것은 바로 아이들과의 관계이며, 그 관계가 강하면 강할수록 보다 긍정적인 방식으로 아이들에게 영향을 미치게 될 것이다. 따라서 부모로서 우리는 아이들과 이런 긍정적 유대감 형성에 필요한 주의력과 에너지와 시간 투자에 특히 신경을 쓴다. 우리의 미디어 사용이 이런 목표를 망칠 수 있다는 걸 늘 기억하자!

우리의 초점은 공중보건 모델을 가족의 테크놀로지 사용에 적용하는 것이다. 테크놀로지의 약속과 도전은 계속 우리 생활의 일부로 남을 것이며 앞으로도 그 강도는 커져만 갈 것이다. 우리가 겪는 문제는 단지 가공할 빙산의 일각에 불과하다. 테크놀로지라는 요정 지니를 다시 램프 속에 집어넣을 방법은 없지만, 스크린의 혜택을 최대한 활용하면서 그 단점을 줄이는 강력한 방법은 있다.

부모로서 우리의 책임은 아이들이 이런 도전적인 초연결사회에서 건전한 삶의 균형을 찾고 유지하는 요령을 터득하도록 돕는 것이다. 갈수록 어려워지는 이 문제에 대한 단순한 해법은 없지만, 우리 부모들이 변화를 끌어낼 수 있는 강력하고 효과적인 방법은 있다. 이제부터 테크 해피 라이프 접근을 사용해 우리와 우리 아이들이 더 건전한 균형을 찾도록 도울 방법뿐만 아니라 테크놀로지의 도전에 관해 설명하도록 하겠다.

2장

이미 일상이 되어 버린 스크린 타임

열한 살 동갑내기 옆집 친구들인 블레이크와 제이크는 둘 다 아장아장 걸어 다닐 때부터 게임을 즐겨 왔다. 만약 그들의 부모가 아이들이 알아서 하도록 내버려 둔다면 약간 과장을 보태 지쳐서 쓰러질 때까지 비디오게임을 할 것이다. 그들 부모는 오락용 스크린 타임을 하루 두 시간으로 제한하려고 노력했지만, 그걸 지키려면 여름엔 사투를 벌여야 했다. 둘이 같이 있어도 어쩌다 게임을 못하거나 비디오를 못 보게 하면 "지루하다" "할 일이 없다"라고 불평했다. 블레이크와 제이크 모두 거의 앉아서 시간을 보내서 체력은 약해지고, 체중은 늘고, 단지 몇몇 사람들과만 어울려서 부모들은 걱정이었다.

최선을 다해 노력했지만 부모들은 블레이크와 제이크가 여름에 더 활동적이며 더 많은 시간을 바깥에서 보내도록 하는

데 실패했다. 그런데 포켓몬의 오랜 팬인 블레이크와 제이크는 2016년 여름, 대체현실게임alternate reality game인 포켓몬 고Pokémon Go에 푹 빠졌다(포켓몬은 '포켓 몬스터'의 약자이다). 게임에서 플레이어들은 자기 스마트폰의 위치추적시스템을 이용해 포켓몬을 찾아서 수집한다. 그런 다음 포켓몬을 강화하고 더 강력한 형태로 진화시켜 다른 포켓몬과 대결시킬 수 있다. 블레이크와 제이크는 그 게임을 자신의 스마트폰에 다운로드해서 포켓몬을 수집하러 여러 시간 동네를 배회하며 같은 게임을 하는 다른 이웃 아이들과 어울렸다. 포켓몬 고 게임을 한 이후로 친구들도 많아지고 활동량도 늘어났다. 부모들은 기뻐했고 아이들의 스크린 타임 제한을 일부 철회했다. 다만 호수나 하이킹, 외식 등 어딜 가나 블레이크와 제이크가 스마트폰으로 포켓몬을 찾는 게 흠이라면 흠이었다. 그래서 게임 시간을 두고 다시 실랑이가 시작되었다.

블레이크와 제이크에 대해 어떻게 생각하는가? 부모들이 별도의 스크린 타임을 허용해야 할까? 부모들은 아이들에게 게임 시간을 제한하는 문제를 어떻게 다루어야 할까? 아이들이 처음부터 스마트폰을 가졌어야 했을까? 잃은 것은 무엇이며, 얻은 것은 무엇인가? 포켓몬 고의 장점이 단점보다 많은가?

우리는 페이스북, 인스타그램, 트위터, 플레이스테이션, 아이폰, 태블릿, 핏빗Fitbits, 유튜브, 넷플릭스, 그리고 최근 가상현실 헤드셋에 이르기까지 급변하는 테크놀로지 세상에 살고 있다. 이 책을 읽을 때쯤이면 이런 테크놀로지 중 일부는 이미 진화했을지도 모른다. 이런 발전은 둔화되지 않을 것이다. 구글, 페이스북, 애플, 아마존, 그리고 여타 기업들은 부단한 혁신과 기술 진보를 통해 상대 기업들과 신규 경쟁자들을 앞지르고 자신들의 입지를 확립하려고 안간힘을 쓸 것이다.

여덟 살 앤디는 레고와 바이오니클을 여러 세트 가지고 있는데, 모두 생일이나 크리스마스 선물로 받은 것들이다. 앤디는 상자에 담긴 세트들을 몇십 분, 또는 그저 두어 시간 정도 조립하는 건 좋아하지만, 만든 걸 가지고 놀지는 않는다. 조립한 것의 일부는 장식용으로 선반 위에 놓이지만 대부분 장난감 상자 중 하나로 직행해 시간이 지나면서 망가진다. 앤디는 그것들에 관심이 없고 고칠 생각도 없다. 그것들을 꺼내 자기만의 집이나 건물, 새로운 어떤 것, 또는 장대한 전투 장면을 만들려고 상상력을 발휘하지도 않는다.
앤디의 버즈 라이트이어, 우디, 그리고 다른 토이 스토리 인형들은 아주 큼지막한 장난감 상자에 얌전히 정리된 채 먼지만 쌓이고 있다. 하지만 그는 날마다 거의 두 시간씩, 주말에는 더 많이, 그리고 틈만 나면 마인크래프트Minecraft로 자신의 세상을 건설한다. 종종 몇몇 이웃 친구들을 불러 모아 그 게임을 하기도 한다. 친구 중 몇 명은 그보다 나이가 많은데도 하나같이 그 게임을 즐기는 듯하다. 자기들끼리 팁이나 전략을 공유하기도 하고 자신이 최근에 만든 것을 자랑하기도 한다. 그는 다른 온라인 친구들 모임도 있어서 그들과 함께 PC로 마인크래프트를 하기도 한다. 게임을 하지 않을 때도 그와 그의 친구들은 늘 그것에 관해 이야기한다. 장난감을 가지고 노는 건 그다지 즐기지 않는 앤디지만, 게임은 여전히 좋아한다.

과학 기술이 지금처럼 발전하는 데는 비교적 짧은 시간이 걸렸다. 1980년대에 나온 최초의 가정용 컴퓨터는 요즘 우리가 사용하는 기기들에 비해 우스꽝스러울 정도로 형편없었다. 전문가들의 추산에 따르면 1956년부터 2015년까지 컴퓨터 및 기타 기기들의 총 처리 능력은 1조 배 증가했다.[1] 이전 기술의 성능을 신기술과 비교하기가 쉽지는 않지만, 중앙처리장치CPU, Central Processing Unit 속도 기준으로 6코어 CPU 탑재 아이폰 X는 1969년 인간의 달 착륙을 이끈 아폴로 컴퓨터보다 약 1만 배 빠른 작동 능력을 지닌다.[2, 3]

테크놀로지의 발전 속도는 인간의 진화 속도를 훨씬 능가하고 있다. 호모 사피엔스에 관해 알려진 가장 오래된 화석 기록은 대략 30만 년 전의 것이다.[4] 지구에 최초의 생명체가 등장한 시기가 약 38억 년 전이니, 인간이 이 원시 유기체로부터 진화하기까지 37억 9900만 년 이상이 걸렸다고 추산할 수 있다. 하지만 초창기 전산 기계(에니악ENIAC, 콜로서스Colossus, 튜링 기계Turing Machine 등)로부터 오늘날의 슈퍼컴퓨터에 이르는 데는 불과 약 80년이 필요했을 뿐이다.[5]

그래서 우리는 이런 질문을 하게 된다. 지금부터 80년 후 세상은 어떤 모습일까? 800년 후는 어떨까? 8000년 후는? 사실 거의 예측도 할 수 없으며 무어의 법칙Moore's Law(고밀도, 집적회로의 트랜지스터 수가 매년 두 배로 증가한다는 법칙)에 따른 속도를 유지한다면 특히 더 그렇다. 컴퓨터 처리 능력 및 성능의 고도화는 계속 진행될 것이다. 언제까지 진행될까? 일부 미래학자나 이상가들은 테크놀로지로 세상 모든 문제를 해결할 수 있는 유토피아적 미래를 예측했다. 심지어 1989년 미국의 레이건 대통령은 "전체주의라는 골리앗은 마이크로칩이라는 다윗에게 패할 것이다"라고 역설했다.[6]

하지만 수많은 책과 영화로 대중에게 잘 알려진 미래의 디스토피아적 시각은 훨씬 암울한 전망을 보여 준다. 이런 시나리오를 진지하게 생각해 보자.

- 우리 모두 〈매트릭스The Matrix〉에 접속해서 활개 치는 인공지능에 의해 창조된 가상 세계에서 전 생애를 보낸다.
- 우리는 어니스트 클라인Ernest Cline의 베스트셀러 저서인 《레디 플레이어 원Ready Player One》에 등장한 오아시스 내 가상 세계에서 우리의 아바타로 사회생활을 한다.
- 마치 〈터미네이터The Terminator〉에서처럼 슈퍼컴퓨터가 세상을 장악하고 우리를 박멸해야 할 골칫거리로 바라본다.
- 영화 〈그녀Her〉와 〈엑스 마키나Ex Machina〉처럼 우리가 세상에 내놓은 인공지능 때문에 우리 자신이 만든 것에 감정적으로 끌리게 된다.
- 미국 케이블 채널인 HBO 시리즈 〈웨스트월드Westworld〉에서

처럼 우리의 오락거리로 사용될 인조인간을 만든다.

무시무시한 미래 시나리오는 비단 공상 과학의 영역만이 아니다. 테슬라Tesla와 스페이스엑스SpaceX 회장 일론 머스크와 같은 수많은 탁월한 기업가와 테크놀로지 전문가들이 인공지능의 등장에 지대한 우려를 표명한다.[7] 테크놀로지가 우리 삶을 어떻게 바꾸었든 이제 과거로 되돌아가는 것은 불가능하다. 이 열차는 오로지 계속 전진할 뿐이다.

예전에는 어떻게 놀았지?

›››

이따금 아찔한 변화 속도 때문에 우리는 휴대전화와 인터넷이 문화 지형을 뒤바꾸기 전의 더 단순했던 시절을 그리워한다. 대부분의 사람들에게 더 단순한 시대란 인터넷 시대 이전의 시기를 말한다. 아이들은 스타워즈 피규어나 바비 인형을 가지고 놀거나 상상력을 총동원하는 연극놀이를 하며 익숙한 이야기를 개작하거나 새로운 이야기를 꾸며내곤 했다. 동네 아이들 여럿이서 숨바꼭질이나 얼음 땡, 깃발 잡기, 축구 등을 하며 바깥에서 살다시피 했다. 아이들은 무리지어 동네, 근처 숲과 강을 구석구석 누비며 곤충을 잡거나 돌을 모았다. 여름이면 마르코 폴로와 상어Marco Polo and Shark 같은 게임을 하며 동네 수영장에서 저녁 늦게까지 놀았다. 연을 날리거나 동네와 숲길을 가로지르며 자전거를 타기도 했다(헬멧도 없이!). 모노폴리Monopoly나 리스크Risk 같은 보드게임을 하며 시간을 보내는 아이들도 많았다. 아니면 줄넘기를 한다든지 동네 농구장에서 즉석 농구 시합을 하거나 '대형 카세트'로 음악을 들었다. 수많은 시간을 함께 어울려 우정을 다지며 재미있게 놀았다.

그 시절 아이들은 거의 가만히 앉아 있을 틈이 없어서 하루 1만 보 달성을 알려주는 핏빗이 필요치 않았다. 물론 이들도 TV를 보고 또 아타리Atari 2600으로 비디오게임도 했지만, 오랫동안 그것만 하지는 않았다. 스크린의 선택폭은 극히 제한적이었다. 그들은 이내 서로를 찾아 문밖으로 나가 재미와 소중한 추억을 만들었다.

요즘 아이들이 더 이상 이렇게 놀지 않는다는 건 아니다. 다만 이런 놀이나 바깥에서 보내는 시간은 줄었다. 예를 들어 요즘 아이들은 감옥에 갇힌 죄수보다도 밖에서 보내는 시간이 적다고 평가한 자료도 있다.[8, 9] 실제로 데이터 스트리밍 사이트인 코드커팅닷컴CordCutting.com 자료에 의하면 미국인 대다수는 운동, 독서, 친구 모임 시간보다 넷플릭스 프로그램을 보는 시간이 더 길며, 운동이나 독서 등 개별적인 활동을 다 합쳐도 프로그램 시청 시간이 더 길다![10] 정확한 수치를 말하기는 어렵지만 아이들이 스크린을 보는 시간이 실외 놀이나 비정형화된 놀이unstructured play(특정한 학습 목표가 없이 제약을 두지 않는 놀이-편집주) 같은 다른 활동들을 대체한다는 의미일 수밖에 없다.

다섯 살 타이렐은 엄마 타냐와 함께 소아치과에서 차례를 기다리고 있다. 엄마는 대기실에 마련된 공간에 장난감이 무척 많다고 알려 주었다. 타이렐은 장난감들을 흘끗 쳐다보더니 이렇게 말했다. "전 장난감을 갖고 놀기엔 너무 컸어요. 장난감은 아기들이나 가지고 노는 거예요." 그러곤 엄마의 스마트폰을 쳐다보았다. 그는 생글생글 웃으며 엄마에게 이렇게 물었다. "엄마 전화기로 게임 좀 하면 안 돼요?"

비정형화된 창의적 놀이가 아동 발달에 매우 중요하다는 걸 시사하는 일련의 연구가 있다. 그런 활동은 아동이 자기 조절과 같은 귀중한 인지적 기술을 발달시키도록 돕는다.[11] 자기 조절은 상황적 요구에 맞게 감정과 행동을 통제하는 방식을 말한다. 예를 들어, 우리가 여럿이 함께 식당에 갔을 때 자신이 주문한 음식이 먼저 나와서 그것을 먹고 싶어도, 다른 사람들의 음식이 나올 때까지 만족을 보류하는 쪽을 선택한다. 자기 조절이 결여되면 충동적 행동이나 부적응 행동을 할 수 있다. 자기 조절의 중요성은 아무리 강조해도 지나치지 않은데, 수많은 현대인에게 영향을 미치는 개인적이고 사회적인 주요 문제(알코올중독, 마약중독, 비만, 과소비, 폭력성과 같은)는 거의 자기 조절을 실패한 데서 발생한다.[12]

놀이와 자기 조절 이 둘의 중요성을 고려할 때, 요즘 아이들이 60년 전보다 덜 놀고 자기 조절력도 떨어진다는 2000년에 발표된 연구 결과는 우려스럽다.[13, 14] 심지어는 스마트폰, 태블릿과 앱을 사용하기 이전에 진행된 연구라는 것에 주목해야 한다. 일부 학자들은 놀이의 본질이 변했기 때문에 이런 현상이 일어났다고 말한다. 장난감과 비디오게임 등 요즘 놀이의 특징은 놀이 방법이 미리 정해져 있다는 것이다. 그 방법이 놀이를 구성하고 그것에 따라 놀아야 하기 때문에, 아이 스스로 규칙을 만들고, 자신이 상상한 장면을 즉흥적으로 연출하며, 스스로 놀이를 조절할 기회를 제한당한다. 창의적인 놀이에 참여할 때 아이들은 자신들이 상상한 등장인물의 활동에 관해 말하거나, 배경 이야기를 전개하며, 창의적인 동기와 대화를 만들어낸다. 이런 혼잣말private speech은 아이들이 놀이에 도전하고 서술하는 것을 가능하게 한다. 많은 학자들이 오늘날의 장난감과 비디오게임이 창의성을 떨어뜨려서 혼잣말을 덜 하게 만든다고 믿는다. 이는 결국 자기 조절의 발달을 저해할 수 있는데, 그 이유는 자기 조절이 최소한 부분적으로나마 혼잣말에 달려 있기 때문이다.[15] 보스턴대학교 심리학 연구교수 피터 그레이Peter Gray 박사는 아동의 자유 놀이가 지난 수십 년간 현저히 감소했다는 증거를 제시하며 이런 감소가 아동 청소년 정신질환 증가에 부분적으로 책임이 있다고 주장했다.[16]

실제로 요즘 아이들 놀이는 이전의 놀이들과는 많이 다르다. 예를 들어 요즘 아이들의 놀이를 살펴보면 다음과 같을 것이다.

- 마인크래프트Minecraft에서 세계를 창조한다.
- 스타워즈 배틀프론트Star Wars Battlefront에서 장대한 우주 전투를 벌인다.
- 월드오브워크래프트World of Warcraft에서 환상적인 피조물들을 무찌르는 모험가 군단이 되어 함께 싸운다.

- 클래시오브클랜Clash of Clan에서 협력적이고 경쟁적인 전투에 참여한다.
- 놀이의 모습이 완전히 변한 포켓몬 고Pokémon Go에서 포켓몬을 현실 세계에서 수집하는 원정을 떠난다.

우리는 그런 놀이가 우리 대부분이 어렸을 적 했던 놀이보다 무조건 열등하다고 비난하지 말아야 한다. 비디오게임이 전통적인 놀이와 구성 방식은 다르지만, 다르다는 것이 무조건 나쁘다는 의미는 아니다. 이런 비디오게임 중 일부는 협동심과 남을 돕는 태도, 참여 의식, 목표 설정 행위, 그리고 인내심 증진과 같은 유익을 주는 것 같다.[17] 하지만 자유 놀이가 완전히 배제되지 말아야 하는데, 그렇게 되면 아이들이 수많은 유익을 놓치기 때문이다. 우리는 테크놀로지냐 아니면 직접적인 경험이냐의 양자택일을 종용하는 것이 아니라, 두 가지 모두 아이들과 우리 삶의 일부라는 걸 인정한다.

테크노비난을 경계하라

›››

부모들은 흔히 요즘 아이들이 어떻게 자라는가에 관해 비난하고 손가락질하기가 쉬운데, 테크놀로지에 관해서는 더 그러하다. 우리는 "엄마 어릴 때는 종이컵 두 개와 실이 휴대전화기였어!"라거나, "우리 어릴 땐 포켓몬을 잡지 않았어! 진짜 동물이나 곤충을 잡았지! 우린 맨발로 개울을 건너 몇

마일씩 멀리 가서 뱀이나 거북이나 가재를 맨손으로 잡았어!"라고 말하며 아이들을 혼내고 싶은 유혹을 받는다.

우리는 이런 식의 '테크노비난technojudgment(테크놀로지와 연관된 현상이나 태도를 비난하는 것-편집주)'을 피해야 한다. 한 걸음 물러나 생각해 보면 우리도 어렸을 때 비난하는 말을 좋게 받아들이지 않았다는 걸 금방 알게 된다. 분명히 우리 아이들도 그런 말을 들으면 싫어할 것이다. 우리는 모두 일부분이라도 환경과 문화, 그리고 시대의 산물이다. 그리고 이런 것들은 세상과 서로를 바라보는 시각을 형성한다. 지금 부모인 세대는 아마 바보상자 텔레비전을 할당된 시간 이상으로 보면서 자랐을 것이다. 만약 우리가 요즘 시대에 자랐다면 지금 우리 아이들과 똑같이 행동했을 것이다. 여기 우리 모두가 사실로 인정하는 현실이 있다. 우리가 어렸을 때 스마트폰과 태블릿을 사용하지 않았던 이유는 단 하나, 그 당시엔 그런 것들이 없었기 때문이다.

아이들도 부모를 같은 이유로 비난한다

반면 요즘 아이들이나 십 대들도 가끔 부모들이 "뭘 모른다"는 둥 "편협하다"는 둥 부모들을 '테크노비난'한다. 물론 먼 미래겠지만, 그 아이들도 언젠가 부모가 될 것이다. 그리고 그때가 되면 그들의 십 대 자녀들 역시 그들을 완전히 돌아 버리게 만드는 테크놀로지를 사용할 게 분명하다. 아이들이나 십 대는 항상 사회적으로 연결되고, 창조하고, 탐험하고, 어떤 지위를 차지하고, 오락을 즐기도록 개발되는 신기술의 사용자가 되려 한다. 부모는 그래서 아이들이 불만을 갖게 되는 근본 원인을 이해할 필요가 있다. 신구 세대 간의 이런 테크놀로지 사용 방식의 차이가 비난하는 것으로 느껴질 수 있다는 걸 인정하고, 이로 인해 속상하다고 하지 말고 이를 우리 아이들에게 설명해 줄 방법을 찾아야 한다.

다른 사람들과 부모들을 비난하다

이 책을 읽는 독자 정도면 아마 성인 또한 부모로서 테크놀로지를 보다 균형 있게 관리하기 위해 상당한 노력을 기울일 것이다. 심지어 자신과 가족을 위해 건전하다고 판단되는 정도로 제한을 정하려고 노력하면서, 테크놀로지에 대해 훨씬 '느슨하게' 접근하는 다른 어른이나 부모들을 보게 될 것이다. 일부 아이들이나 십 대들은 스크린 사용에 관해 거의 제한이나 규제를 받지 않는 것 같다. 그들은 자신의 발달 수준에 걸맞지 않은 콘텐츠에 노출되어 있으며, 스크린 타임의 분량도 엄청나다. 반면 어떤 부모들은 테크놀로지 사용에 관해 아이들이나 십 대들에게 훨씬 더 엄격하게 대응할지도 모른다. 그런 부모들을 부당하다거나 과잉보호라는 시각으로 보는 사람들도 있을 수 있다.

이럴 때 같은 부모로서 우리는 무엇을 해야 할까? 끼어들어 한마디 할까? 다이어트 관련 비유를 한 번 들어 보자. 상당수 부모는 아이들에게 건강한 식습관을 엄격하게 강요하지 않거나, 아니면 효과가 없더라도 최소한 그러는 시늉은 한다. 다른 부모가 자기 자식을 어떻게 먹이든, 옆에서 보기에 아무리 지나치게 자유롭거나 제한적이라 해도, 그것은 훈계할 성질의 것이 아니다. 그런 일을 역효과 없이 효과적으로 해낼 방법은 없다. 내 아이들에게 뭘 먹이는지 다른 사람들이 간섭을 하면 좋겠는가? 마찬가지로 다른 부모들이 자기 아이들의 테크놀로지 사용에 관해 부탁도 하지 않은 조언을 좋게 받아들일 리 만무하다.

우리는 자신과 자기 가족에게 집중하기를 권한다. 우리는 자신과 아이들을 위해 건전하다고 믿는 한계를 정할 수 있을 뿐이다. 만약 다른 부모들이 물어 온다면, 그때는 우리가 접근한 방법과 논리, 그리고 전략들을 차분히 설명해 줄 수 있을 것이다. 그때도 다른 부모들의 스크린 사용에 대한 접근을 비난하기보다는 자신과 가족에게 집중하는 것이 최선이다. 특히 주의할 점은, 아이가 친구 집을 방문할 경우 아이에게 어떤 미디어 유형이나 콘텐츠에 대한 접근을 허용할지 그 부모와 상의하는 것이 좋다. 이 주제는 차후 다른 장들에서 다루도록 하겠다.

자기 자신을 테크노비난하는 것

마지막으로 우리가 알아야 할 점은 어떤 부모들은 자녀들의 스크린 타임에 더욱 적극적으로 개입한다는 것이다. 요즘 부모들은 '좋은 부모'가 되어야 한다는 상당히 큰 압박감에 시달린다. 어떤 사람들은 아이들에게 스크린 접근을 너무 빨리 그리고 지나치게 허용했다고 느낄 수도 있다. 때로는 우리 자신의 스크린 타임이 지나쳤다고 자신을 자책할 수도 있다. 우리는 자문과 점검은 권장하지만 "난 나쁜 부모야", "난 부모로서는 실패야"처럼 자신에 대해 단정짓지 않기를 바란다. 자기비판보다는 자기 연민이 우리를 행복하게 만든다.[18] 더욱이 자신을 비판하면 자제력이 생기기보다는 의지력의 실패라는 결과를 낳을 수 있다.[19] 행동을 비난할 수는 있지만(예: "나는 식사 도중 휴대전화 확인을 멈출 필요가 있어"), 자기에 대한 비난("식사 중에 휴대전화를 확인하다니 난 나쁜 부모야")은 삼가는 편이 더 건전한 생각이다.

디지털 이주민 vs 디지털 원주민

›››

테크노비난은 종종 세대 차이의 산물처럼 보인다. 1950년대에 성장기를 보낸 부모들은 엘비스에 대한 집단적 광기에 빠져 그 당시 수많은 십 대들이 악명 높은 '로큰롤' 음악에 맞춰 엉덩이를 흔들었던 걸 기억할 것이다. 지금 그때를 돌이켜 보면 이런 생각이 든다. "맙소사! 왜 우리 부모들은 저 마음을 이해하지 못했을까?" 오늘날 수시로 스마트폰을 확인하고, 게임과 소셜미디어에 빠지고, 셀카를 하는 자녀들을 지켜보는 부모들도 록 음악을 들으며 자란 아이들의 부모들과 똑같이 답답한 마음이지 않을까? 요즘 부모와 교육자, 사회과학자, 그리고 미디어 전문가들이 유난을 떠는 것일까?

간혹 우리처럼 인터넷, 스마트폰, 태블릿 등이 없이 성장한 부모들을 가리켜 디지털 이주민digital immigrants이라고 한다. 반면 디지털 원주민digital natives은 영유아기 때부터 테크놀로지를 이용할 수 있었던 세대다. 디지털 원주민에게 인터넷이 없었던 적은 한 번도 없었다. 수많은 디지털 이주민들은 테크놀로지를 끼고 사는 아이들과 십 대 청소년에 대한 비난의 덫에 빠져 있다. 책에서 시작해 신문, 라디오, 텔레비전에 이르는 모든 새로운 형태의 미디어가 출현을 할 때마다 항상 비관론자들이 있었으며, 어떤 사회비평가들은 사회의 종말을 예견한다. 1897년 런던의 한 작가는 전화가 처음 모습을 나타냈을 때 이렇게 탄식했다. "우리는 곧 서로에게 속이 훤히 비치는 젤리 뭉치 이상의 아무것도 아닌 존재가 되고 말 것이다."[20, 21] 오늘날에는 터무니없는 우스갯소리로 들리지만, 현재의 테크놀로지에 대해서도 이와 비슷하게 걱정하는 이들이 많다. 우리 대부분은 《뉴욕포스트New York Post》에 실린 니콜라스 카다라스Nicholas Kardaras 박사의 '디지털 중독: 스크린이 어떻게 우리 아이들을 사이코 중독자로 만드는가'라는 제목의 기사처럼 불안을 조장하는 기사들을 보았다.[22] 휴대전화와 여타의 테크놀로지들, 그리고 어린 세대가 그것을 사용하는 방식에 관한 우려는 그저 독선이나 세대 차이, 손가락질, 또는 파국화를 다르게 표현한 것이 아닐까?

열네 살 애너벨은 쟁쟁한 부잣집 자녀들이 다니는 공립 고등학교 9학년이다. 금발에 푸른 눈, 게다가 전형적인 미국인의 미소를 지닌 그녀는 치어리더 부에 가입했다. 그녀는 최신 유행하는 옷을 입었고, 종종 자신이 구독하는 여러 유튜브 채널을 통해 옷 입는 요령을 배운다. 그녀는 풋볼 경기의 '프라이데이 나이트 라이츠Friday Night Lights' 분위기를 위해 산다. 그녀는 시간만 나면 고교 상급생들과 함께 하는 파티에 간다.

그녀는 인스타그램이나 스냅챗 같은 소셜미디어를 통해 학교나 다른 동아리 친구와 지인들과 소식을 주고받는다.
애너벨은 자기 휴대전화를 절대로 손에서 놓지 않는다. 그녀는 킴 카다시안의 열혈팬이며 하루에도 여러 장씩 셀카를 올린다. 그리고 셀카를 찍기 위해 더욱 도발적인 옷을 입기 시작했는데, 그렇게 하면 '좋아요'를 더 많이 얻을 수 있기 때문이었다. 그녀는 '완벽한' 셀카를 위해 옷을 입고 포즈를 취하는 데 공을 들였다. 종종 앱으로 자신의 사진을 수정해 티 없는 얼굴에 최고로 날씬해 보이게 했다. 그녀는 자기 친구들의 게시물을 보고 싶은 마음을 주체할 수 없었고 종종 자신의 게시물이 친구들의 것보다 좋아요를 적게 받으면 굉장히 실망했다. 소셜미디어를 통해 남자아이들이 추파를 던졌고 그중 몇몇은 몹시 외설적인 댓글을 달면서 대놓고 누드 사진을 요구했다.
애너벨의 부모 스티브와 켈리는 애너벨이 그 정도까지인 줄은 몰랐지만, 외모의 변화와 휴대전화와 소셜미디어에 대한 집착은 눈치챘다. 걱정하는 부모를 마주하고도 그녀는 대수롭지 않다는 듯 이렇게 말했다. "내 또래 애들 모두가 하는 걸 저도 똑같이 하는 것뿐이에요. 그건 정상이라고요. 하나도 걱정하실 거 없어요." 하지만 그녀의 부모는 여전히 걱정이다.

스티브와 켈리의 우려가 단지 일종의 테크노비난이거나 디지털 기기에 대한 생각의 차이를 보여주는 하나의 사례에 불과할까? 그들은 요즘 세대의 '정상'을 이해하지 못하고 지나치게 걱정만 하는 걸까? 부모로서 "그래, 이건 경우가 달라!"라고 말하면 전 세대 부모들도 역시 똑같이 말했으니 상투적인 소리에 불과하다. 테크놀로지를 둘러싼 어떤 걱정들이 타당한지는 어떻게 알 수 있을까? 여기서 제기된 우려에 타당한 이유가 있는지 알아보기 위해 테크놀로지의 장점과 단점을 좀 더 자세히 살펴보도록 하자.

테크놀로지의 장점과 단점

›››

테크노비난, 세대 간의 정죄, 파국화는 반드시 피해야 한다. 그런 판단과 기우alarmism는 가족 내 수많은 긴장과 분열을 초래할 수 있다. 바람직한 태도도 아니고(비난받는 걸 누가 좋아하겠는가?), 행동을 바꾸기에 효과적인 방법도 아니다. 대신 모두가 동의할 만한 핵심 몇 가지를 잠깐 살펴보도록 하자.

- 테크놀로지는 우리 삶의 일부다.
- 테크놀로지는 급속도로 진화하고 있다.
- 테크놀로지는 점점 더 일상생활 속으로 통합되고 있다.
- 테크놀로지에는 다양한 장점과 단점이 있다.

우리가 테크놀로지의 '장점'에 관해 이야기할 때, 몇 가지를 들면 다음과 같다.

- 지식 증진
- 생산성 증대
- 오락물에 대한 접근성 증가
- 창의성을 위한 도구 및 기회의 증가
- 사회적 유대감 증진

'단점'에 해당하는 것들은 다음과 같다.

- 주의력 감소
- 사회적 유대감 감소
- 수면 감소
- 신체 활동 감소
- 생산성 감소

테크놀로지라는 양날의 칼이 어떻게 이중적으로 작용하는지는 쉽게 알 수 있다. 예를 들어 애너벨은 소셜미디어와 문자메시지를 통해 자주 친구들과 연결될 수 있다. 이런 상호작용, 즉 데이트나 패션, 모임 계획 세우기에 관한 이야기는 대개 해가 없거나 심지어 유익할 수도 있다. 하지만 그러는 동안 신체적으로는 그들과 단절되어 있을 때가 많다. 작가는 문서 편집 프로그램과 검색 엔진의 생산력이 수는 혜택을 누리지만 동시에 페이스북의 뉴스피드 확인이나 푸시 알림 수신, 유튜브 웜홀로 탈선하며 집중을 못 한다.

요컨대 테크놀로지는 인간 경험의 모든 측면을 향상시키거나 감퇴시키는 것으로 보인다. 진보는 좋은 것인 동시에 나쁜 것일 수도 있다. 여기서 '이거나' 대신 '동시에'를 쓰는 것이 얼마나 더 적절한지 주목하라. '이거나'는 테크놀로지의 이분법적 내지는 흑백양론적인 영향을 시사한다. 하지만 테크놀로지는 종종 연결과 단절의 경우에서 본 것처럼, 장점과 단점을 동시에 제공한다.

우리는 무엇에 반대하는가?

테크놀로지의 다양한 장점과 단점에 관해 이야기할 때 다음과 같이 자문하게 될지도 모른다. 우리가 테크놀로지를 나쁘게 판단하는 것은 어떤 기준에서인가? 다들 '기술적 진보' 운운하는데, 대체 그것이 의미하는 바가 정확히 무엇일까? 단지 테크놀로지가 더 빠르고 정교해졌거나, 아니면 그것이 우리 생활과 작업 생산성을 향상시켰다는 의미뿐일까? 문자메시지나 소셜미디어가 소통을 늘린다고 할 때, 왜 그게 좋은 걸까? 테크놀로지 사용이 수면 시간 감소에 영향을 미친다고 할 때, 왜 그게 나쁜 걸까? 만약 부모가 저녁 식사 자리에서 디지털 기기를 금지하는 가족 규칙을 세웠다면, 그 이유가 무엇일까?

우리는 테크놀로지 사용 문제로 타인을 비난하는 것을 피하고 싶은 마음과 동시에 장점은 취하면서 단점은 최소화하는 식으로 테크놀로지를 사용하길 진심으로 원한다. 이런 의미에서 우리는 사람들을 비난하려는 것이 아니라 부모들과 자녀들의 삶에 미치는 테크놀로지의 영향을 평가하고 싶은 것이다. 우리는 부모로서 아이들의 테크놀로지 사용을 관리할 책임이 있다. 그리고 우리는 의사결정을 내리기 위해 표준 내지는 기준을 사용할 수밖에 없다. 만약 부모로서 우리가 질문을 한다면, 이렇게 묻게 될 것이다. 우리 아이들을 위해 우리가 원하는 것은 무엇인가?

아이들을 위해 우리는 무엇을 원할까?

테크놀로지가 아이들에게 영향을 미치는 방식은 긍정적이든 부정적이든 부모들에게 결정적으로 중요하다. 우리는 모두 아이들을 위해 최고의 것을 원한다. 우리는 그들이 성공적인 삶을 살길 원한다. 하지만 우리가 '성공적'이라고 할 때 그 의미는 과연 무엇일까? 수많은 학부모가 명문대 진학과 법, 의학, 금융, 또는 기술산업 분야에서의 일류 직장을 꿈꾼다(또는 집착한다). 하지만 우리는 부모들에게 물어보면 대부분 진정한 성공에 대해 다른 정의를 내릴 거라고 생각한다. 우리는 설명회에서 부모들에게 이렇게 물었다. "여러분이 자녀들을 위해 궁극적으로 원하는 것은 무엇입니까? 자녀들이 성인이 되어 어떤 모습일 때 여러분은 아이를 성공적으로 키웠다고 느끼게 될까요?" 부모들의 대답은 다음과 같다.

- 부모에게 경제적으로 의존하지 않는다.
- 친구/긍정적 관계망을 가진다.
- 좋은 동반자/배우자/부모가 된다.
- 사회에 긍정적으로 기여한다. (또는 적어도 부정적이지는 않아야 한다!)
- 자기 관리능력을 개발한다.

- 건강한 생활을 위한 습관(예: 수면, 운동, 영양가 있는 음식)
- 다른 사람들을 사랑할 줄 알고 또 그들에게 충분히 사랑받는다.
- 행복감을 느낀다.

행복이 우리 모두가 인생에서 추구하는 근본 목표라는 것에 이의는 없을 것이다. 1장에서 언급했듯이 우리는 피상적인 쾌락이 아닌 인생의 뿌리 깊은 만족에 관해 말하고 있다. 어떤 쾌락의 원천들, 이를테면 음식이나 약물, 성 등은 우리에게 일시적으로 긍정적인 감정을 선사할 수는 있어도 과도하게 추구하면 결국 불행해질 수밖에 없다. 어찌 보면 다른 모든 목표는 더 깊은 의미에서의 행복이라는 이 최고의 목표로 돌아간다고 하겠다.

많은 연구들이 행복의 대부분은 긍정적 관계 안에 안착한다고 말하는데, 우리 자신의 개인적인 경험으로 보아도 그렇다.[23] 이 주제를 다시 언급하는 이유는 만약 우리가 진정 행복하다면 그것을 친밀하고 탄탄한 사회적 관계 속에서 발견할 가능성이 크기 때문이다. 테크놀로지는 우리의 사회적 유대감을 촉진하면서 동시에 약화시킨다.

간단한 생각 실험

부모들 대부분이 공감할 수 있고, 자녀들이 학교에서 '잘'했으면 하는 희망사항을 예로 들어 보자. 수전과 그녀의 열 살 난 딸 브리아나에 관해 대화를 나눈다면 아마 이럴 것이다.

질문: 브리아나가 학교에서 좋은 성적을 거두는 것이 왜 중요하지요?

수전: 그래야 아이가 좋은 대학에 들어갈 수 있으니까요.

질문: 아이가 좋은 대학에 가는 게 왜 중요한가요?

수전: 그래야 좋은 스펙을 쌓고 또 고소득 직업을 가질 수 있으니까요.

질문: 좋은 스펙을 쌓고 고소득 직업을 갖는 게 중요한 이유는요?

수전: 그래야 물질적으로 풍요롭게 살 수 있고 자신이 필요로 하고 원하는 것을 모두 얻을 수 있으니까요.

질문: 어머님이 브리아나를 위해 그 모든 걸 원하는 이유가 뭐죠?

수전: 그래야… 그래야 브리아나가 행복할 테니까요!

우리 자신과 우리 자녀들을 위한 테크놀로지인지를 판단하는 궁극적인 기준은 그것이 우리를 더 행복하게 만드는지의 여부라고 단언할 수 있다. 분명 이것은 논란의 여지가 있고 상당히 철학적이지만 우리와 우리 아이들의 테크놀로지 사용이 유익한지 아니면 유해한지를 평가하는 어떤 기준은 반드시 가져야 한다. 그렇다면 우리의 테크놀로지 사용은 우리를 사회의 일원으로서 더 행복하게 해 주는가? 다음 장에서는 이 중요한 질문과 대면하게 될 것이다.

3장

스크린 안에서 내 아이는 행복할까

우리는 매일 테크놀로지가 주는 수많은 유익을 체험한다. 친구와 연락하고, 생산성을 증대시키며, 정보에 접근하고, 믿을 수 없을 만큼 즐거운 게임을 하며, 사실상 모든 형태의 미디어에 쉽게 접근할 수 있다. 잠시 유튜브나 페이스북에서 보았던 그 모든 재미있는 동영상과 게시물들을 생각해 보라. 우리 중 상당수는 〈찰리가 내 손가락을 물었어Charlie Bit My Finger〉, 〈NFL: 잘못된 립싱크The NFL: A Bad Lip Reading〉, 〈치과에 다녀온 데이비드David After Dentist〉등의 다양한 유튜브 동영상과 이들에 대한 무수한 패러디물과 다른 동영상들을 보며 눈물이 나도록 웃었다. 그동안 문자메시지와 소셜미디어를 통해 친구와 지인들과 재미있게 주고받았던 모든 것들을 생각해 보라. 일일이 셀 수도 없이 많으며, 우리는 더 많은 걸 보려고 계속 다시 스크린을 들여다본다.

테크놀로지의 위력이 대단해서 과거보다 훨씬 더 많은 것들을 더 잘하도록 해 주지만, 이상하게도 우리 사회는 더 행복해지지 않은 듯하다. 사회의 행복을 측정하기는 쉽지 않고, 우리가 가진 자료는 지난 수십 년간의 것들로 한정되어 있다. 그렇지만, 연구가 시사하는 바에 의하면 지난 수십 년간 미국의 행복 수준은 제자리걸음이며 심지어 지난 몇 년간은 하락했다.[1] 몇몇 연구에 의하면 십 대 청소년의 우울증과 불안은 증가했다.[2] 1999년부터 2012년까지의 항우울증 약물 처방 건수는 6.8퍼센트에서 13퍼센트로 거의 두 배가 되었다.[3] 미국인 10명 중 1명 이상이 항우울제를 복용하고 있다. 항우울제에 대한 인식과 접근이 증가한 것이 항우울제 복용의 증가에 대한 원인 중 하나라고 설명할 수 있을 듯하다. 하지만 미국 사회에서 행복이 감소하고 있다는 강력한 증거들은 여전하다. 일례로 1999년 이래 미국에서 75세 미만의 전 연령대에서 자살률이 증가하고 있다.[4] 해리스여론조사Harris poll에 의하면 미국인 중 자신을 '매우 행복하다'고 평가한 비율은 2008년 35퍼센트였던 것이 2016년 31퍼센트로 다소 감소했다.[5] 마찬가지로 2017년 세계행복보고서World Happiness Report 자료에 의하면 미국의 행복 지수는 2006년부터 2016년까지 하락했다. 저명한 지성인이자 경제학자인 제프리 삭스Jeffrey Sachs 박사는 이런 행복 지수 하락과 관련이 있는 변수들을 검토한 결과 다음과 같이 결론을 내렸다. "미국의 위기는 단적으로 경제적 위기가 아닌 사회적 위기이다."[6]

더 어린 세대 역시 행복 면에서 나을 것이 없는 듯하다. 미국 보건복지부the Department of Health and Human Services 자료에 따르면 주요 우울병 에피소드를 경험한 12~17세 청소년 비율이 2006년 7.9퍼센트에서 2015년 12.5퍼센트로 올랐다. 미국 국립정신건강연구소National Institute of Mental Health 자료에 의하면 2015년 불안장애가 있는 13~18세 십 대가 630만 명이었다. 이는 그 연령대의 25퍼센트라는 엄청난 수치를 나타낸다. 십 대 자살률도 최근 증가 추세에 있으며, 특히 10~14세의 여자아이들의 자살률이 증가했다.[7]

샌디에이고주립대학교 심리학과 교수이자 《i세대i Gen》와 《나 세대Generation Me》의 저자인 진 트웬지Jean Twenge 박사는 테크놀로지가 미국 청소년의 행복 수준 하락에 부분적인 책임이 있다고 믿는다. 그녀는 더 어린 세대에 대해서는 "테크놀로지가 만연한 현재 문화에서 관심 끌기와 찰나적 관계는 신나고 자극적이다"라고 하면서도 이는 "성숙한 어른으로서 요구되는 안정감과 공동체 의식을 제공하지는 못할 것이다"라고 말한다.[8]

행복을 보장하지 못하는 이유

›››

테크놀로지의 장점은 논란의 여지가 없다. 하지만 우리는 여전히 행복하지 않다. 지금 이 책을 읽고 있는 부모라면 음악이나 영화, TV 쇼, 비디오게임, 창의력 도구에, 또한 문자메시지와 소셜미디어로 연결된 친구에게 무제한으로 접근하지 못했던 시절을 기억할 것이다. 그 사실을 강조하는 데는 굳이 실험적 데이터가 필요치 않다. 우리 자신의 내면을 들여다보면 된다. 내가 이런 것들에 접속할 수 있어서 나는 날마다 얼마나 행복한가? 우리를 비롯한 대다수 사람에게 이 모든 오락과 사회적 유대감의 원천에 접근한다고 실제로 행복의 척도가 이동하지는 않는다.

요컨대 테크놀로지 사용은 시대에 따른 행복 수준 하향(내지는 제자리걸음)의 원인이 아닐 수도 있다. 과학에서 말하는 것처럼, 상관관계correlation와 인과관계causation는 등식이 성립하지 않는다. 다시 말해 두 사건이 동시에 일어난다고 반드시 한쪽이 다른 한쪽의 원인이라는 뜻은 아니다. 사회 집단의 행복은 수많은 변수의 영향을 받는다. 권력과 자유, 사회적 유대감, 그리고 테크놀로지가 우리에게 제공하는 재미, 이 모든 것들이 끊임없이 증가하지만, 그것이 일상적 행복의 양적, 사회적 증가로 이어진다는 해석은 보이지 않는다. 테크놀로지의 유익은 우리 사회가 씨름하는 문제에 대한 만병통치약이 아니다.

언뜻 보기에 이것은 다소 직관에 반하는 듯하다. 테크놀로지가 우리를 더 행복하게 해 주지 못한다니, 어떻게 그럴 수가 있는가? 테크놀로지가 우리에게 선사하는 그 모든 권력과 가능성에도 불구하고 전반적으로 우리는 진정 더 행복하지 않은 듯하다. 몇 가지 가능성 있는 이유를 다음에서 살펴보도록 하자.

쾌락 적응

우리는 적응력 있는 생명체이며, 이는 곧 우리를 행복하게 하는 것들에 우리가 비교적 빨리 적응한다는 의미다. 사회과학에서 심리학자들은 이 현상을 설명하기 위해 쾌락 적응hedonic adaptation 내지는 쾌락 트레드밀hedonic treadmill이라는 용어를 만들었다.[9] 그래서 우리가 새 차나 초고화질 TV, 스마트폰, 명품 핸드백을 사거나 복권에 당첨되어도 우리의 행복은 원점(기준치 또는 초깃값)으로 상당히 빠르게 복귀하려는 경향이 있다.

쾌락 적응 발생에 관한 연구가 다수지만 우리 자신의 경험에서도 그에 관한 증거를 찾을 수 있다.[10] 새 TV, 소파, 또는 차 덕분에 진정 우리가 행복을 느끼는 기간은 어느 정도였던가? 새 스마트폰은? 아마 한 며칠은 극도의 행복을 맛보겠지만, 그 행복감은 급속히 소멸한다. 만약 이런 물품들이 지속적인 행복을 선사한다면, 더 많이 살 필요도 없을 것이다!

비록 테크놀로지가 행복의 증진을 위한 무수한 방법을 제공하지만, 우리는 그런 것들에 적응이 된 나머지 사실상 기술 진보 이전보다 전반적으로 더 행복하다고 느끼지 못한다. 역설적이게도 우리는 부단히 "내가 _____(을)를 가지면 더 행복할 거야"라는 유혹에 속아 넘어간다. 광고업계는 사람들의 이런 성향을 잘 파악하여 그것으로 엄청난 이익을 착취한다.

장점과 단점은 항상 공존한다

테크놀로지는 우리에게 더 높은 수준의 권력과 자유, 사회적 유대감, 재미를 제공하는 만큼 잠재적 위험과 함정도 또한 내포하고 있다. 실이 없는 득이란 있을 수 없다. 그 둘은 무리를 지어 함께 온다. 그러므로 어느 정도는 장단점이 상쇄되어 우리의 행복 수준을 출발점으로 되돌아가게 한다. 예를 들어 문자메시지와 소셜미디어는 사회적 유대감을 높이지만, 또한 우리를 직접적인 관계로부터 멀어지도록 할 수도 있다. 식당에 함께 앉아 있는 십 대들과 청년들을 관찰하면 금방 알 수 있다. 그들은 같이 있어도 각자 자신의 스마트폰을 보느라 정신없다. 스워스모어칼리지Swarthmore College 교수이자 심리학자인 케네스 거겐Kenneth Gergen은 2002년 이에 관한 저술에서 이를 '부재하는 현존absent presence'이라고 했다.[11] 그는 이를 "사람이 몸은 여기 있으면서 기술적으로 매개된 다른 세계에 빠져 있는" 순간으로 정의했다. 이와 유사하게 MIT 교수이자 저명한 학자인 셰리 터클Sherry Turkle 박사는 이런 문제를 '모여도 각자alone together'로 설명했으며 같은 제목의 책도 있다.[12]

신체적 욕구를 만족시키지 못하다

이런 모든 테크놀로지는 우리에게서 수면을 빼앗고 지나치게 앉아서 지내게 한다. 아이들은 매일 밤 약 9~11시간, 십 대는 약 8~10시간, 성인은 7~9시간의 수면이 필요하다.[13] 2014년 미국 수면재단National Sleep Foundation이 실시한 미국인의 수면 실태 조사Sleep in America Poll에 의하면 15~17세 청소년의 90퍼센트는 수면 시간이 매일 8시간 미만, 56퍼센트는 7시간 미만인 것으로 밝혀졌다.[14] 의심의 여지없이, 수많은 청소년의 수면이 테크놀로지로 인해 방해를 받고 있다. 예를 들어 아동과 청소년의 수면과 스크린 사용 간의 관계에 관한 67편의 연구를 검토한 논문을 통해 저자들은 연구의 90퍼센트에서 입면sleep onset과 지속duration 모두 스크린 사용의 악영향을 받고 있다는 걸 발견했다.[15] 수면에 부정적 영향을 미칠 수 있는 테크놀로지가 급속히 생활 속으로 도입되었지만, 인간의 수면 욕구는 지난 수천 년간 줄어들지 않았다. 수면 박탈sleep deprivation이 비만이나 우울증 같은 수많은 신체적 및 심리적 문제의 요인이라는 증거자료가 많다.[16]

스크린 사용은 몇 가지 방식으로 수면에 부정적 영향을 미칠 수 있다. 예를 들어 스마트폰이나 태블릿을 포함한 첨단기기 스크린tech screen은 청색광을 방출해서 수면-각성 주기sleep-wake cycle 조절을 돕는 호르몬인 멜라토닌 생성을 저해한다.[17, 18] 취침 전 게임을 하면 중추신경계 활동이 증가해서 수면이 방해받을 수 있다.[19] 또한 스크린은 정시에 잠자리에 들기보다는 그것을 사용하라고(예: 게임 하기, 몰아서 시청하기, 소셜미디어, 문자메시지 응답하기) 사람들을 유혹한다.[20] 게다가 신체 활동은 신체적 건강 및 정서적 행복과 직결되어 있음을 시사하는 연구 자료도 풍부하다.[21] 스크린 사용은 앉아 있는 시간을 늘리고 수면 부족의 원인이며, 이는 우리의 행복에 부정적인 영향을 미친다.

만족을 유보하는 능력

때로는 기다리는 것이 이득일 때가 있다. 그래서 기다릴 줄 아는 능력에 많은 연구가 주목했다. 심리학자인 월터 미셸Walter Mischel 박사는 스탠퍼드대학교 재직 시 저 유명한 '마시멜로 실험Marsh-mallow Test' 연구를 시행했다.[22] 요컨대, 그는 만족을 지연시킬 수 있는(다시 말해 당장 과자 하나를 얻는 것보다 두 개를 받으려고 몇 분을 기다리는) 아이들이 향후 인생에서도 긍정적 결과를 경험한다는 사실을 발견했다. 긍정적 결과에는 더 높은 학교 성적을 비롯해 SAT 점수, 대학 진학률, 성인이 되어서의 소득, 그리고 더 낮은 문제 행동이 포함된다.

요컨대, 만족을 기다릴 줄 아는 행위를 포함한 의지력 또는 자기 통제력은 살아가는 데 중요한 기술이다.[23] 만약 우리가 당장의 쾌락을 제지할 수 없다면 결국 장기적 대가를 치를 수 있다. 예를 들어 만약 우리가 정크푸드 섭취를 스스로 억제할 수 없다면 시간이 지날수록 건강은 더 나빠질 것이다. 연구자들은 이를 '시점 할인temporal discounting'이라고 부르는데, 이는 먼 미래의 일이라는 이유로 더 크고 장기적인 보상을 평가절하하고, 순간의 만족을 주는 단기적이고 건강치 못한 선택을 하는 성향을 가리킨다.[24]

연구자들은 의지력이나 자기통제력은 마치 근육과 같아서 연습을 통해 만들어진다는 걸 발견했다. 그것은 사용할수록 강해진다. 마찬가지로 즉각적인 만족도 연습으로 더 능숙해질 수 있다는 논리도 가능하다. 어떤 의미에서 우리는 우리의 스크린으로 즉각적인 만족을 연습하는 셈이다. 즉각적인 만족을 추구하도록 미세하게 조정된 기술들로 인해 장기적 보상을 잃어버리는 결과를 초래할 수 있다. 일례로 스마트폰과 스크린(예: 뉴스피드, 소셜미디어, 문자메시지) 접근은 시간이 지날수록 신체와 정신 건강상 부정적 결과를 낳을 수 있다.[25, 26]

선택의 역설

배리 슈워츠Barry Schwartz 박사는 자신의 저서 《선택의 심리학The

Paradox of Choice》과 테드TED 강연을 통해 너무 많은 선택지를 갖는 것은 아이러니하게도 우리를 덜 행복하게 만든다고 했다.[27, 28] 우리가 수많은 선택에 직면했을 때 최고의 선택을 고르는 것이 뇌로서는 매우 벅찬 도전인데, 이는 의사결정 과정을 저울질하는 변수가 너무 많기 때문이다. 그러므로 수많은 선택지 중 하나를 선택할 때, 우리는 항상 '더 나은' 선택을 할 수 있었다고 생각하게 된다. 역설적이게도 다른 선택을 해서 더 행복할 수 있었을 거라 믿는 순간 우리의 행복은 고통을 겪는다.[29]

테크놀로지에 관한 한 그것은 우리에게 사실상 무한한 가능성을 제공한다. 우리는 주어진 순간에 무엇이 '최고의' 선택인지 결정해야만 한다. 게임을 할까? 무엇을 하지? 친구에게 문자메시지를 보낼까? 좋아하는 유튜브 채널을 볼까? 인스타그램에 포스팅할까? 음악 재생 목록을 만들까? 뉴스를 확인할까? 이메일 회신을 쓸까? 이런 목록이 계속 이어지는 걸 알 수 있다. 그런 무한한 선택지는 이내 우리를 선택의 역설로 이끈다. 결국, 테크놀로지로 무엇을 하든, 그보다 더 나은 선택을 할 수 있었을 거라는 후회의 눈물을 삼켜야 한다. 이런 선택의 역설은 '포모FoMO, the fear of missing out(놓칠지 모른다는 두려움)'와 관련될 수 있다. 포모의 보다 전문적인 정의는 '자신이 부재한 상태에서 다른 사람들끼리 만족스러운 경험을 누릴지도 모른다는 만연한 불안'이다.[30] 실제로 연구자들은 포모가 부정적인 기분 상승과 삶의 만족도 저하와 관련이 있다는 걸 발견했다. 더욱이 포모, 그리고 그와 관련하여 행복감이 낮아진 것은 관계, 경쟁, 자율성에 대한 심리적 욕구가 충족되지 못했기 때문일 수도 있다.[31]

이 주제는 추후 다시 다루도록 하겠다.

지나치게 많은 선택지와 관련된 부정적 결과에도 불구하고, 우리는 선택지가 적거나 아예 없는 것보다는 많은 것이 좋다고 생각한다.[32] 사회심리학자 댄 길버트Dan Gilbert와 팀 윌슨Tim Wilson 박사는 이를 희망 오류miswanting라고 명명했다. 희망 오류는 무엇이 우리를 행복하게 해줄지를 우리가 잘못 예견할 때 발생한다.[33] 우리는 스크린이 주는 모든 선택을 열망하면서도 그것이 우리에게 얼마만큼의 행복을 가져다줄지를 잘못 예측하는 것 같다.

결정 피로감

문제를 초래할 수 있는 선택의 역설과 관련된 개념으로 소위 결정 피로감decision fatigue이 있다.[34] 우리 뇌는 혹사당해 피곤해진 근육과 같다. 특히 인지적 자원을 쥐어짜야 하는 일상의 결정을 많이 내릴수록 우리는 정신적으로 더욱 피곤해진다. 결국, 이런 피로감은 자제력이나 의지력을 더 많이 잃게 만든다(예: 건강에 나쁜 음식 섭취 자제에 실패). 또한 피곤하면 다양한 선택지를 면밀히 살펴볼 여력이 없어서 더 나쁜 결정을 내리는 경향이 있다. 이제 우리는 스크린으로 하루 종일 셀 수도 없을 정도로 많은 '초세분화된 결정microdecisions'을 내린다(예: 누구와 연락할지, 무엇을 포스팅할지, 무엇에 좋아요를 누를 것인지, 어느 링크를 클릭할 것인지 등). 이런 결정의 상당수가 의식적인 인식의 저변에서 이루어진다고 하지만, 어쨌거나 결정은 내려야 한다. 일부 연구는 선택이 자제력 감소로 이어질 수 있다는 걸 보여준다.[35] 결정 피로감으로 인해 우리 대다수가 더 나쁜 선택을 하게 되며, 이는 결국 행복의 감소로 이어질 수 있다. 미네소타대학교의 저명한 교수 캐슬린 바스Kathleen Vohs 박사는 "자제력과 의사결정은 인간의 문화 내에서의 기능을 위한 중추적이고 결정적인 기술이다"라고 언급한 바 있다.[36] 그러므로 테크놀로지가 우리에게 제공하는 무한한 듯 보이는 선택이 사회 내 효과적인 기능에 필수적인 제한된 자원(자제력)을 고갈시킬지도 모른다.

다른 사람과의 비교

다른 사람과 자신을 비교하는 것이 우리의 행복 수준에 영향을 준다고 암시하는 문헌이 많다.[37] 연간 1천만 달러를 벌어들이는 NBA 스타가 만약 자기보다 실적이 저조한 선수가 팀에 합류해 연간 1500만 달러를 벌면 상당히 화가 날 수 있는 이유가 여기에 있다. 우리는 그런 NBA 선수를 보며 자신이 사랑하는 스포츠를 하면서 매년 1천만 달러를 벌고도 징징대는 그를 엄살쟁이라 부를지도 모른다. 하지만 우리가 우리 수입과 그의 수입을 비교하는 것처럼, 그는 더 저조한 실적으로 일 년에 500만 달러를 더 버는 그 선수와 자신을 비교하는 것이다.

진정 모든 세상이 테크놀로지와 미디어, 그리고 광고로 하나의 무대가 되었다. 타당성과 관점에 대한 우리의 의식은 근본적으로 세계 전체와 비교된다. 그러므로 인스타그램에 셀카를 포스팅하는 십 대 소녀는 절친한 친구들은 물론 수많은 지인, 십 대 아이돌, 팝가수, 영화배우, 소셜미디어 셀럽들과 자신을 비교한다. 아울러 그녀는 다양한 필터와 사진 수정 앱을 사용해 '완벽한' 셀카를 만들어 정리한 다른 십 대 소녀들과 자신을 비교한다. 성인들 역시 페이스북을 통해 친구와 지인들이 공유한 모험과 멋진 휴가, 사랑스러운 아이들, 그리고 다양한 형태의 성공에 관한 게시물들을 볼 것이다. 이런 생각을 뒷받침하는 근거로 한 연구팀이 대학생들 사이에서 페이스북 사용이 우울감을 증가시킨다는 걸 발견했지만, 다만 그것이 질투심을 자극할 때만 그랬다.[38, 39]

주의력 감소

주의력 집중은 관계와 생산성, 그리고 궁극적으로는 행복 등 인생의 모든 멋진 것의 기반이다. 의식적인 주의력mindful attention은 스트레스를 저하시키고 행복을 증진시킬 수 있다는 연구가 증가하고 있다.[40, 41] 반대로 요즘 문자메시지나 소셜미디어 등에서 경험하게 되는 잦은 주의력 이동attention-jumping은 우리가 주의력을 장시간 유지하지 못한다는 의미이다. 둘 이상의 과제 사이에서 신속한 주의력 전환을 수반하는 '멀티태스킹'은 생산성과 행복에 부정적 영향을 미치는 것으로 보인다.[42, 43, 44] 또한 연구자들이 발견한 바에 따르면 휴대전화와 같은 방해물이 있을 때 활동의 즐거움이 감소하는데, 주의력의 이동이 이런 감소의 원인이다.[45] 흥미롭게도 멀티태스킹에 관한 어느 연구에서 자신을 멀티태스킹에 강한 사람이라고 인식하는 사람들이 실험실 테스트에서 오히려 최악의 결과를 내는 경향이 있다는 사실이 밝혀졌다.[46]

최근 한 연구에서 텍사스대학교 오스틴캠퍼스의 연구가 에이드리언 워드Adrian Ward 박사와 그 동료들은 스마트폰의 존재로 인한

'두뇌 유출brain drain' 효과를 발견했다. 즉 스마트폰의 존재는, 심지어 묵음으로 해놓았을 때도 인지능력의 감소를 보였다. 연구가들은 스마트폰 의존도가 가장 높은 사람의 경우 그보다 덜 의존적인 사람보다 스마트폰이라는 존재로 인한 악영향이 더 크다는 사실을 발견했다.[47] 스마트폰이라는 존재가 자신의 인지적 수행을 저해하지 않는다고 자신하는 연구 참가자들이 실제로는 악영향을 받았으며, 이는 자신을 능숙한 멀티태스커라고 평가한 사람들의 수행능력이 실은 형편없다는 연구 결과와 일치한다.[48] 이 연구에 따르면 기기로 인해 우리의 기능 수행 능력이 어떻게 손상되는지 우리가 크게 의식하지 못할 수 있다는 것이다.

몰입을 방해받다

클레어몬트대학원대학교Claremont Graduate University의 저명한 심리학 및 경영학 교수이자 긍정심리학 운동의 공동 창시자인 미하이 칙센트미하이Mihaly Csikszentmihalyi 박사는 수십 년간의 연구를 통해 '몰입flow' 상태가 우리의 복리와 행복에 결정적임을 규명했다.[49] 몰입은 하나의 활동에 온전히 주의를 집중하고 거기에 몰두한 나머지 종종 시공간 및 자신에 대한 감각마저 잃어버리는 상태로 설명된다. 일상용어로는 흔히 이를 가리켜 '무아지경being in the zone'이라고 한다. 일이든 취미든 몰입을 경험하려면 하나의 활동에 깊이 몰두한 상태가 필수적이다. 스크린이 주의력을 자주 방해하는 상태로는 그런 활동에서 생성될 수 있는 몰입 경험과 긍정적 감정이 약화될 수 있다.[50]

| 사회적 유대감의 저하

우리의 행복이 사회적 관계와 불가분의 관련이 있음을 시사하는 연구는 실로 방대하다.[51] 디지털 시대에 우리가 직면하고 있는 문제 중 하나는 전 세계 상당 비율의 아동과 십 대, 그리고 성인이 상대방이나 기타 필요 충족을 위한 관계, 또는 직접 대면하는 관계보다는 테크놀로지에 더 많은 시간을 쓴다는 것이다. MIT 교수이자 심리학자인 셰리 터클 박사의 관찰에 따르면 우리는 테크놀로지에 더 많이 기대하고 서로에게는 덜 기대하게 될 듯하다.[52]

사회적 유대감의 중요성을 보여 주는 독창적 연구의 일부는 해리 할로우Harry Harlow 박사의 붉은털원숭이 연구에서 비롯되었다.[53] 할로우가 행한 연구(그런데 이는 오늘날의 기준으로는 상당히 잔인해 보인다)에 의하면 젖먹이 원숭이들이 어미와 집단으로부터 분리되면 궁극적으로 심각한 우울증과 불안, 그리고 심지어 신체적 욕구(예: 음식, 물 등)가 충족되어도 정신병 증세를 보인다는 것이다. 그들은 다른 집단 구성원과 건전한 정서적 유대를 맺을 수 없어서 다시 그 집단에 성공적으로 재통합될 수 없었다.

안타깝게도 러시아와 루마니아 보육원에 방치된 아동에 관한 연구에서도 이런 아동들은 심지어 나중에 공감적인 보살핌을 받아도 인지적, 사회적, 정서적 결여를 겪는다는 것이 발견되었다.[54] 결정적 민감 발달 시기critical developmental windows에 방치를 경험했기 때문에 양육적인 보살핌도 이 아이들의 손상된 부분을 온전히 복구할 수는 없었다. 일반적으로 이런 방치가 영유아 초기에 발생할수록 이런 결함의 지속 시간이 더 길고 손상 정도도 더 컸다.

우리는 본래 사회적 존재들이다. 실제로 우리 뇌가 완전히 발달하려면 우리에겐 직접적인 사회적 유대감의 경험이 필요하다. 이것은 신생아를 안아서 수유하고, 위로하며 안아주고 포옹하는 부모와 양육자에게서 시작된다. 접촉과 눈 맞춤은 건전한 유대감 형성에 결정적이다.[55, 56, 57] 이런 건전한 애착의 마음은 아이들을 향한 따뜻하고, 집중된, 개인적인 관심이다.

우리의 애착과 사회적 욕구가 충족되지 못할 때, 이는 불안이나 우울증 같은 증상을 초래할 수 있다.[58] 또한 행복의 대부분은 사회적 유대감과 연결된다. 우리는 따뜻하고 유대감이 느껴지는 건전한 관계를 많이 맺을 때 행복을 느끼는 성향이 있다. 연구에 의하면 개인적인 친구 관계는 스트레스 호르몬인 코르티솔을 감소시키고 유대감과 쾌락 관련 호르몬인 옥시토신을 증가시킨다.[59, 60] 단절이나 소외, 배척, 고독, 또는 갈등을 느낄 때 우리는 몹시 불행해지는 성향이 있다. 실제로 사회적 거부는 육체적으로 고통받을 때와 동일한 뇌 중추 일부를 활성화시키는 것으로 밝혀졌다.[61] 그래서 거부는 말 그대로 정말 고통스럽다.

우리가 사용하는 문자메시지와 소셜미디어 같은 테크놀로지는 종종 우리를 여기저기로 건너뛰게 하며 결과적으로 더 깊고 의미 있는 개인적인 대화에 덜 참여하게 한다.[62] 우리는 일관성 있는 자아감과 공감 능력의 개발을 위해 방해받지 않는 시간이 필요하다. 우리가 성장하고 성공하려면 우리의 관계는 집중된 관심과 공감을 주는 유대감으로 보살핌을 받아야 한다. 인지적으로 뭔가에 사로잡혀 있거나 주의를 빼앗길 때 타인에 대한 공감력이 약화된다는 증거도 있다.[63] 게다가 소셜미디어의 잦은 사용은 행복에 부정적 영향을 미치지만, 직접적인 상호작용이 빈번하면 긍정적 영향을 주는 것으로 나타났다.[64] 역설적인 점은 애초에 타인과 유대감을 느끼려는 욕구 내지는 필요 때문에 문자메시지를 하고 소셜미디어를 이용하지만 결국 우리는 행복의 궁극적 원천인 개인적인 관계로부터 우리의 지속적인 관심을 거두었다는 점이다.

투자수익률을 따져야

›››

우리는 테크놀로지가 많은 장점을 제공하며 근본적으로 나쁘지는 않다는 걸 안다. 그것은 여러모로 우리의 행복에 기여하지만, 전반적인 행복을 증진시키지는 않는다. 아마 그 문제의 일부는 우리가 스크린 사용의 장점을 최대화하면서 단점은 최소화하는 데 딱히 효율적이지 못한 데 있을 것이다. 여기서 우리가 경제학에서 빌릴 수 있는 멋진 용어가 하나 있는데, 바로 투자수익률ROI, return on investment이다. 돌아오는 혜택이 투자 비용보다 큰가? 이것은 수지가 맞는가?

삶과 테크놀로지에 적용했을 때, 우리는 이렇게 물어볼 수 있다. "내가 이 스크린 사용에 투자한 돈, 시간, 에너지가 행복이라는 측면에서 긍정적인 보상을 산출하는가?" 때로 우리는 장기적인 이득을 위해 단기적인 행복의 '손실'을 감수한다(예: 대학 입학이나 취업의 문을 열기 위한 힘든 공부). 하지만 일정 시점에서 우리는 반드시 스크린 사용에서 긍정적인 투자수익률을 얻어야 한다. 만약 우리와 우리 아이들이 그렇게 하지 못하다면 스크린 타임을 매우 주의 깊게 살펴봐야 한다. 분명히 말하지만, 이는 흑백의 문제가 아니다. 어떤 때는 우리와 아이들의 테크놀로지 사용이 긍정적인 투자수익률을 내는가 하면, 그렇지 않을 때도 있다. 문제는 알곡으로부터 쭉정이를 분리하는 것이다. 데이비드의 상황을 살펴보자.

데이비드는 중상위층 가정 출신의 열일곱 살 청소년이다. 그는 상당히 부유한 공립 고등학교에 재학 중이다. 그는 매우 명석하면서도 대다수 과목의 성적이 부진해 점수는 B, C가 대부분이다. 그는 방과 후 아르바이트나 그 어떤 과외활동도 하지 않는다. 한때 크로스컨트리 달리기 같은 스포츠를 했지만, 그는 어느새 자신의 게임 세계로 더 빠져들게 되었다. 그는 리그오브레전드League of Legends의 열혈 플레이어다. 매일 서너 시간씩 게임을 하며 주말, 휴일, 여름에는 하루 종일 그 두 배까지도 한다. 그에겐 자신이 직접 조립한 최첨단 컴퓨터가 있다. 그는 첨단기기에는 매우 능통하지만, 그 에너지의 대부분을 게임에 쓴다. 부모와 열세 살 난 여동생과 함께 지내는 시간을 피한다. 가족 게임을 하자는 제안도 거절한다. 가족 여행을 가거나 외식을 할 때도 그는 자신의 휴대전화로 문자메시지를 보내거나, 소셜미디어를 이용하거나 게임을 한다. 친구들과 함께하는 활동에는 거의 참여하지 않는다. 게임을 하지 않거나 스마트폰이 없으면 그는 불안하고 안절부절못하며, 산만하고 불행해 보인다. 그는 토너먼트 연맹전에서 리그오브레전드 전문 플레이어가 되려는 야망을 갖고 있다. 자신은 행복하다고 말하지만, 오로지 원하는 만큼 얼마든지 게임을 할 수 있을 때만 그렇다.

데이비드를 어떻게 생각하는가? 분명 그는 '진보한' 테크놀로지가 주는 일부 혜택을 활용하고 있다. 그는 리그오브레전드 게임을 맘껏 해도 될 때는 정말 행복하다고 주장한다. 하지만 게임을 하지 않을 때 그는 딱히 행복하지 않다. 그가 스크린 사용에서 받는 장점들이 전반적인 삶의 만족도 면에서는 그다지 많은 걸 제공하지 못하는 듯하다. 만약 데이비드가 프로 게이머가 되겠다는 자신의 꿈을 추구할 기회가 있었는데 성공하지 못하면 어떻게 될까? 결국 그는 공부와 운동, 그리고 직접적인 관계 대신 게임에 집중하기로 한 자신의 선택 때문에 두고두고 괴로워할지도 모른다.

재미있는 건, 데이비드가 리그오브레전드에 들인 시간의 분량을 걱정하는 그의 부모 중 한 명은 만약 그가 체스나 테니스, 또는 바이올린을 했더라면 그다지 걱정하지 않았을지도 모른다는 점이다. 혹자는 이를 일종의 '테크노비난'으로 간주할 수도 있다. 체스나 바이올린을 하는 것이 리그오브레전드를 하는 것보다 근본적으로 다소 우월하다고 입증하기가 불가능하지는 않더라도 상당히 어려울 것이다. 하지만 운동이든, 악기든, 비디오게임이든 어떤 하나의 활동이 지나치면 결국은 해가 된다는 강력한 사례로 삼을 수는 있다. 이는 소위 전위 효과displacement effect 내지는 전위 가설displacement hypothesis이라는 것에 적어도 부분적으로나마 기인할 수 있다. 어느 시점에 이르면 어떤 하나의 활동에 집중하며 소비한 시간이 그보다 더 유익하거나 욕구를 충족할 수 있는 활동, 이를테면 수면, 실외 활동, 학업, 친구와의 교제에 쓸 수 있는 시간을 대체하기 시작한다. 리그오브레전드나 바이올린이 아무리 유익해도 만약 십 대 청소년이 매일 밤 다섯 시간밖에 못 잔다면 그는 만성적인 수면 부족의 영향을 겪을 것이다. 테크놀로지에 관한 한, 수많은 연구자가 전위 가설을 뒷받침할 근거를 밝혀냈다.[65, 66]

다음으로 엘리자베스의 사례를 살펴보자.

> 엘리자베스는 노동자 계층 가정 출신으로 열네 살이다. 그녀는 열세 살 때 생일선물로 스마트폰을 받았다. 그녀는 자신에겐 정말로 스마트폰이 '필요하다'며, 자기 친구들은 다 갖고 있는데 자기만 없어서 친구들 모임에서 소외되고 있다며 호소했다. 휴대전화를 받자마자 그녀는 친구들과 똑같은 소셜 네트워킹 플랫폼에 가입했다. 이제 그녀는 자신의 휴대전화를 매순간 확인하며 하루에 수백 번도 넘게 문자메시지를 보내거나 포스팅을 한다.
>
> 엘리자베스의 부모는 그녀가 스마트폰에 쓰는 시간의 분량에 관해 걱정한다. 부모와 함께 있을 때도 그녀는 항상 그것을 손에 쥐고 있으며 그것을 확인하고 문자메시지를 보내고 포스팅하느라 대화에서 벗어나곤 했다. 숙제를 하면서도 계속 확인하느라 숙제를 마치는 데 필요한 시간까지 늘어났다. 성

적도 떨어졌다. 부모의 바람을 저버린 채 밤에도 휴대전화를 자기 방에 두었다. 그녀는 점점 우울해지고 짜증이 늘었다. 엘리자베스와 그녀의 부모는 스마트폰 사용과의 전쟁을 치르는 중이며 그러다가 격렬한 언쟁으로 흐르기 일쑤였다. 무엇보다도 그녀의 부모는 그녀가 자신들에게서 그토록 소원해진다는 사실에 슬픔과 낭패감을 느꼈다.

엘리자베스가 스마트폰에 쏟는 수많은 시간에도 불구하고 그 시간이 그녀를 행복하게 해 주지는 못하는 듯하다. 스마트폰에 지나치게 몰두한 나머지 그것이 그녀의 수면, 성적, 기분, 나아가 부모와의 관계에까지 부정적인 영향을 주는 것 같다. '투자수익률'에 관해 질문하는 것이 항상 명쾌한 해답을 주지는 못해도 충분히 가치 있다는 걸 알 수 있다. 아이들이 스크린 타임의 투자수익률에 관한 이런 질문을 자신에게 던지는 법을 배우도록 우리가 돕는 것이 대단히 중요하다. 궁극적으로, 만약 아이들이 이런 전략을 내면화할 수 있다면 그들 평생의 자산이 될 수 있다.

기회비용은 얼마인가

>>>

왜 스크린 사용이 더 이상 우리를 전반적으로 행복하게 해 주지 못하는 것으로 드러나는지 연구할 때 유효한 또 다른 경제학의 개념이 있으니, 바로 기회비용

opportunity cost이다. 그것은 여러 개의 대안 중 하나를 선택했을 때 발생하는 잠재적 소득의 손실로 정의된다. 스크린 사용의 측면에서 이는 설령 우리의 스크린 사용이 장점을 산출할 때에도 우리는 다음과 같이 질문해야 한다는 의미다. 나의 스크린 사용이 더 유익할지도 모르는 다른 활동들을 대체하고 있지는 않은가? 데이비드와 그가 즐기는 리그오브레전드 게임의 경우, 그가 정말로 그것을 즐기는지에는 논란의 여지가 없다. 당연히 그는 즐긴다! 하지만 그가 게임을 하느라 하지 못하고 있는 일은 무엇인가? 혹시 게임이 다른, 아마 더 유익할 수 있는, 어떤 활동을 대체하고 있는 건 아닐까? 혹시 더 나은 투자수익률을 낼 수 있는 데도 그가 놓치고 있는 것은 무엇인가? 앞서 설명한 선택의 역설을 고려할 때, 이는 하기 어려운 도전이다! 하지만 반드시 물어보아야 할 중요한 질문이다. 아울러 그것은 부모로서 자녀들이 내면화하고 유익하게 활용하기를 바라는 또 하나의 개념이기도 하다.

스크린의 득실을 둘러싼 사투

>>>

스크린이 우리를 더 행복하게 해주지 못한다는 강력한 사례를 제시하는 것은 가능하다. 현재로선 우리 대부분이 스크린 사용의 기회비용을 저울질한다든지 확실히 좋은 투자수익률을 얻도록 자신을 통제하는 데 그다지 능숙해 보이지는 않는다. 왜 그럴까? 우리는 이에 대한 해답의 일부가 우리의 진화사에 있다고 믿는다.

인류가 존재한 이래로 인간은 상당 기간 수렵과 채취를 하며 약 100~150명씩 소집단으로 살았다.[67, 68] 150이라는 숫자는 인류학자인 로빈 던바Robin Dunbar 박사의 이름을 따서 '던바의 수Dunbar's number'로 알려져 있다. 이 숫자는 인간의 인지적 부담을 고려할 때 집단이 보존될 수 있는 안정된 사회적 관계의 최대수를 지칭한다. 이런 수렵채집인이던 시절, 인류는 오로지 자신과 그 후손, 확대 가족, 그리고 동료 부족민의 생존에만 관심이 있었다. 인류는 불확실하고, 모호하며, 장기적인 위협에 맞서 즉각적인 특정 위협에 집중하도록 진화했다. 우리는 즉각적인 관심사에 집중했는데 그편이 생존하는 데 가치가 있기 때문이었다. 그리하여 우리는 우리가 포획하는 동물들이나 우리가 일으키는 화재가 지구 반대편 사람들에게 어떻게 영향을 줄지 전혀 아무런 개념이 없었다. 진화론적인 측면에서 이런 유형의 사고는 거의 유용성이 없기 때문이다.

일례로 기후변화를 생각해 보자. 기후변화는 실제 상황이며 인간이 이 문제의 원인이라는 문건이 많다.[69] 과학 단체 간의 합의에도 불구하고 미국인의 상당 비율은 기후변화가 실제이며 그것이 인간의 탓이라고 믿지 않는다.[70] 여기에는 여러 가지 이유가 있겠지만 적어도 부분적으로는, 현재의 행동이 장기적이고 먼 결과들과 어떻게 연결되는지 인간으로서는 상상하기가 어렵기 때문이다. 심지어 기후변화가 실제라고 믿는 상당수 사람에게도 어린 아들을 축구 연습장에 태워다 주면서, 이것이 수십 년간 다른 수억 명 사람들의 비슷한 행동과 합쳐져 100년 내 섬나라 미크로네시아가 사라지는 식으로 지구온난화에 기여하게 될 것이라는 이유로, 화석연료 사용의 즉각적이고 단기적인 유익을 포기하기란 지극히 어렵다. 머릿속이 다소 복잡한가? 바로 그래서 우리 뇌가 그런 식으로 사고하도록 진화하지 않았다는 것이다. 그것은 너무도 멀고, 모호하며, 동떨어진 이야기라 우리는 그 정도의 가능성에 대한 우려만으로는 행동을 바꾸지 않는 성향이 있다.[71, 72] 인지심리학자 스티븐 슬로먼Steven Sloman 박사와 필립 페른백Philip Fernbach 박사가 그들의 저서 《지식의 착각: 왜 우리는 스스로 똑똑하다고 생각하는가The Knowledge Illusion: Why We Never Think Alone》에서 주장한 바에 의하면, 우리는 피상적이고 인과관계적인 추론이 당면한 생존에 필요한 전부인 세상에서 살게끔 진화했다.

마찬가지로 음식에 관해서도 우리의 뇌는 치즈버거와 프렌치프라이와 청량음료가 어떻게 수년 후 비만 및 신체 질환을 야기할 수 있는지에 대해 생각하도록 진화하지 않았다. 테크놀로지의 진화는 우리에게 인터넷, 스마트폰, 소셜미디어를 안겨 주었지만, 인류는 주의력 감소, 손상된 관계가 생존에 영향을 미칠 거라는 가능성만 있고 모호한 미래의 결과에 관하여 생각하는 그런 상황에서 진화하지 않았다. 테크놀로지의 진보로 일상생활은 급속도로 변하고 있지만, 우리 삶에 미치는 테크놀로지의 장기적 영향을 이성적으로 정확하게 평가하는 것은 우리 능력 밖의 일일 것이다. 앞으로 수십 년간 테크놀로지가 어떻게 진보하며, 그것을 우리가 어떻게 이용하게 될지, 또한 그것이 우리에게 어떤 영향을 미칠지 전혀 알 수 없다. 그것은 우리의 현재 행동을 바꾸도록 동기부여를 하기에는 너무도 복잡하고, 모호하며, 먼 이야기다. 지구 기후변화에 대한 대응이나 정크푸드 자제를 회피하는 것과 유사한 방식으로, 우리는 그런 우려 사항들을 보류하려는 성향이 있다. 그것이 매일의 행복과 관련 있는 위협으로 인식되지 못하기 때문이다.

진화의 유산에서 이탈하다

>>>

우리가 진화에 관해 더 깊이 이해하면 왜 스크린 사용이 행복에 부정적 영향을 미칠 수 있는지 밝히는 데 도움을 줄 수 있다. 단언컨대 문제는 우리의 스크린 사용이 우리가 진화한 환경과 매우 다른 방식의 삶으로 우리를 인도할 수 있다는 것이다. 인간은 수백만 년에 걸쳐 환경과 특정한 방식으로 상호작용하도록 진화했다. 진화론적 관점에서 우리의 뇌와 신체는 유전인자를 대대로 확실히 전수(즉 번식)할 수 있는 방식으로 우리를 둘러싼 세계와 서로 간에 상호작용하도록 진화했다. 따라서 우리가 호모 사피엔스로 존재한 대부분의 기간에 우리는 특정 음식을 먹고, 환경 내에서 특정 분량의 자극을 받으며, 항상 직접 만나는 소규모 사회적 집단을 형성하도록 진화해 왔다. 아울러 매일 밤 일정한 분량의 수면과 상당한 활동을 요구하게끔 진화했다.

오늘날 우리의 신체적 심리적 욕구를 충족시키는 '이상적인' 방식은 과거 수렵채집 생활을 하던 조상들이 그들의 필요를 충족하던 이상적인 방식과 같지 않다고 말할 수도 있다. 종종 스크린 사용은 인류 진화의 유산과 조화를 이루지 못하는 삶을 초래한다. 예를 들어 아마도 우리는 충분히 수면을 취하지 못하고, 신체 활동을 하지 못하거나, 혹은 직접적인 만남을 자주 갖지 못할 것이다. 스크린 사용이 인류 진화의 욕구 충족 능력을 방해하거나, 아니면 적어도 제한할 정도로 신체적 및 정서적 행복의 측면에서 대가를 치러야 할지도 모른다.

상상으로만 몸을 움직이다

우리가 얼마나 진화의 유산과 맞지 않는 삶을 살고 있는지 우리의 신체 활동을 한 예로 살펴보자. 역병처럼 번지는 비만 문제를 파고들면 미국인이 전반적으로 너무 많이 앉아서 지낸다는 사실을 발견하게 된다. 일반적으로 이렇게 의자에 앉아서 지내면 하루 5천 보 미만을 걷게 된다.[73] 우리의 신체는 수렵과 채집, 그리고 건설과 이동에 적합하도록 진화했다. 역사적으로 인간은 수렵채집 생활자로서 먹을 것을 찾는 데 엄청난 시간을 보냈다.[74] 수렵채집 활동자의 신체 활동에 드는 일일 에너지 소비량은 주로 앉아서 생활하는 현대인의 대략 3배에서 5배였다.[75]

조상들과는 대조적으로 현대인 대다수는 대부분의 시간을 매우 비활동적으로 보낸다. 보통 미국인은 매일 거의 13시간을 앉아서 지낸다.[76] 우리는 출퇴근도 차에 앉아서 하고, 컴퓨터도 책상에 앉아서 하며, TV 시청이나 콘텐츠 스트리밍, 또는 비디오게임도 앉아서 한다. 권장 수면 시간 8시간까지 합하면 미국인은 매일 21~24시간을 앉아서 생활한다는 의미다. 더욱이 최근 연구에 의하면 스포츠센터에서 매일 한 시간 운동하는 것으로는 이런 생활양식을 벌충할 수 없다고 한다.[77, 78] 저명한 심장전문의이자 학자인 제임스 오키프James O'Keefe 박사와 그 동료들은 갈수록 도를 더해가는 현대인의 생활양식에 관해 다음과 같이 언급했다. "(중략) 수백만 년에 걸친 자연선택을 통해 진화한 우리의 운동 능력 및 욕구는 근본적으로 석기시대 조상들과 동일한 수준으로 남아 있다. 그런 고유한 운동 양상으로부터의 현저한 이탈은 예상대로 신체적 장애와 질병을 초래한다."[79]

우리가 스크린에 더 많은 시간을 보내고 싶은 유혹이 들 때, 이것 때문에 조상들보다 훨씬 더 앉아서 생활을 하게 될 가능성이 있다. 픽사에서 만든 영화 〈월-E Wall-E〉에 묘사된 디스토피아적인 미래를 기억하는가? 이 영화에서 인류는 직접적인 상호작용이 아닌 스크린으로만 생활하며 너무 살이 쪄 걸어 다니지도 못해 공중 의자에 앉은 채로 다닌다. 그리고 우리는 영화관 좌석에 앉아 상대방이 아닌 스크린에 시선을 고정한 채 따뜻한 버터 팝콘 통과 초콜릿, 그리고 청량음료를 들고 있다. 영화에서 제대로 교훈을 얻기는 한 건가?

진화의 유산을 벗어난 결과

수많은 저명한 학자들은 진화의 유산과 일치하지 않는 방식으로 살아가는 우리의 성향이 초래할 결과들을 경고했다. 제임스 오키프 박사와 그의 동료들이 설명한 내용에 의하면, "실외 자연환경에서 신체적으로 매우 활동적이었던 생활양식에서 비활동적인 실내 생활양식으로의 체제적인 대체는 우리 문화에 고질적으로 퍼져 있는 만성질환의 근원이다."[80] 마찬가지로, 하버드대학교 고고인류학자인 대니얼 리버먼Daniel Libermann 박사는 제2형 당뇨, 요통, 천식처럼 구석기시대 신체가 현대적 상황에 잘 적응하지 못해 발생하는 다수의 흔한 '부적응 질환들'이 어떻게 존재하게 되었는지 설명한다.[81] 이런 관찰의 확장으로서, 케임브리지대학교의 표현형, 적응력, 변이, 진화University of Cambridge's Phenotypic, Adaptability, Variation, and Evolution 연구팀과 함께한 연구자 콜린 쇼Colin Shaw 박사도 "현대인들은 우리의 진화적 적응과 걸맞지 않은 문화적이고 기술적인 환경에서 살고 있다"[82]라고 언급했다. 종합하면, 우리의 스크린 사용은 인류 진화의 유산과 부조화를 이루는 생활양식에 기여(혹은 적어도 거기서 벗어나지 못하게)하는지도 모른다. 물론 일부 세부사항에 대해서는 논의의 여지가 있지만, 이런 근본적인 부조화는 왜 스크린이 우리를 더 행복하게 해 주지 못하는가의 기저를 이룬다.

진화의 관점에서 보면, 우리는 모두 디지털 이민자들이다. 우리의 신체와 뇌는 현재와 같은 세상에서 살도록 진화하지 않았다.[83] 신경과학자 애덤 가잘리Adam Gazzaley 박사와 심리학자 래리 로젠Larry Rosen 박사는 그들의 저서 《산만한 마음: 하이테크 세계의 고대 뇌The Distracted Mind: Ancient Brains in a High-Tech World》에서 우리의 테크놀로지 사용에서 발생하는 상당수 문제의 원인은 인간의 뇌가 이런 초연결 디지털 세상과는 다른 세상에서 살게 되어 있기 때문이라고 설명했다.[84] 우리는 정말 적응을 잘하는 생명체이지만 테크놀로지와 사회의 빠른 변화 속도는 진화가 따라잡을 수 있는 것이 아니다. 테크놀로지의 진화는 생물학적 진화를 초고속으로 지나친다.

우리가 행복하려면 구석기시대 조상과 동일한 생활방식이 필요하다고 주장하려는 게 아니다. 마치 우리 모두 반드시 먹어야 살 수 있듯, 테크놀로지도 사용할 수밖에 없다. 기계 파괴자가 되어 테크놀로지와 완전히 결별한다는 건 현실적이지 못하다. 하지만 우리는 진화의 유산과 부조화를 이루는 그런 생활방식을 위해 값비싼 대가를 치러야 한다는 걸 알 수 있다. 수백만 년에 걸쳐 진화해 온 우리의 생리학적, 심리적 욕구는 사실상 변하지 않았다. 반면에 현재 우리가 사는 세상은 우리 조상이 살던 환경과는 너무나도 다르다.

우리는 인류가 생존을 위해 필요로 했던 것들을 과거와 판이하게 다른 세상에서 충족해야 하는 도전을 떠안게 되었다. 그것도 반드시 건강하고 행복하게 말이다. 어떤 의미에서 우리의 신체적 건강과 행복은 이런 필요들을 효과적으로 충족한 것에 대한 '보상'이다. 반면 이런 필요들을 제대로 충족하지 못한 결과도 있다. 이것은 종종 다양한 신체적 정신적 건강 문제의 발현이라는 형태로 온다. 결국, 이런 신체적 정신적 건강 문제는 우리의 전반적인 행복에 부정적인 영향을 미칠 수 있다.

요점

>>>

우리는 모두 행복하게 살기 원하며, 우리 아이들도 그러길 바란다. 테크놀로지는 우리의 복지를 증진할 잠재력이 있는 다양한 혜택을 제공한다. 하지만 그런 바람은 이루어지지 않는 것처럼 보인다. 대체로 사회의 행복 수준은 제자리걸음이거나 낮아지고 있다. 이는 특히 젊은 세대에서는 명확해 보인다. 어떻게 이럴 수 있을까? 다른 여러 요인들이 있겠지만 아마 우리가 스크린의 단점은 제한하면서 그 유익을 활용하려고 씨름하고 있기 때문일 것이다. 이 난제를 좀 더 자세히 검토하면, 그 기저에는 우리의 스크린 사용이 진화적 혈통과 어긋난 방식으로 환경 및 사람과 상호작용하는 결과를 초래한다는 문제가 있는 듯하다. 만약 우리가 개인 또는 부모로서 이런 부조화에 유념하지 않는다면 결국 우리와 우리 아이들은 신체적 심리적 행복의 측면에서 엄청난 대가를 치르게 될지도 모른다.

궁극적으로, 단기간에 참여와 관계와 행복을 추구하려는 우리의 성향은 장기적으로 매우 실제적인 결과들을 경험하도록 만든다. 이런 결과들에 관한 우려는 타당하며 단순한 기우나 테크노비난의 한 형태도 아니다. 부모로서 우리의 목표와 책임은 우리 아이들에게 진정 행복하게 살 수 있는 환경과 도구를 제공하는 것이다. 우리는 그들이 성공하길 원한다. 따라서 테크놀로지의 장점을 활용하고 단점을 최소화하는 길을 찾아야 한다.

하지만 우리는 매우 도전적인 과제에 직면했다. 우리의 뇌와 신체는 현재 우리가 사는 세상과는 판이한 세상에서 살도록 진화했다. 인류가 존재한 순간부터 오랜 수렵채집 시기 동안 진화해 온 적응의 욕구는 우리가 창조한 테크놀로지의 유혹을 거부하는 걸 어렵게 한다. 몸에 나쁜 음식처럼 이런 테크놀로지를 거부하는 건 거의 불가능하다. 우리와 우리 아이들의 테크놀로지 사용을 보다 효율적으로 관리하려면 스크린의 흡인력에 대한 보다 나은 이해가 도움이 될 수 있다. 그것이 다음 장의 주제다.

왜 그토록 스크린에 끌릴까

고등학교 1학년인 제니는 밤에 휴대전화를 자기 방에 둔다. 그애는 문자메시지를 보내거나 소셜미디어를 하느라 취침 시간을 넘기기 일쑤다. 아침에 잠에서 깨면 침대에서 나오기 전에 먼저 휴대전화부터 확인한다. 제니는 어느 날 아침 등교 준비를 하다가 휴대전화를 잠시 잃었던 경험을 다음과 같이 이야기했다. "제 말은, 어딘가에 놓았다는 건 알았어요, 직전까지 제 손에 있었으니까요! 충전기에 꽂아두는 걸 깜빡해서 배터리가 다 됐어요. 엄마 전화로 걸어봤자 소용이 없었어요. 그거 없인 집을 나설 수 없었어요. 엄마는 학교 늦는다고 그냥 가라고 소릴 질렀어요. 전 미칠 것 같았어요! 다 뒤집어엎은 후에야 찾았어요. 20분이 걸렸어요. 엄마와 난 한바탕 말싸움을 했어요. 마침내 시리얼 상자 뒤에서 찾았어요. 그게 어떻게 거기 있었는지 정말 모르겠어요. 전 한시름 크게 놓았어요! 당연히 학교엔 지각이었죠. 게다가 엄마는 한동안 내게 잔뜩 화가 났어요. 하지만 집을 나서기 전 반드시 핸드폰을 갖고 가야 했어요. 제 말은, 그거 없인 전 아무 데도 못 가요."

이와 비슷한 경험을 한 적이 있는가? 휴대전화가 없으면 '불안한' 건 비단 십 대만이 아니다. 어른들도 대부분 마찬가지다. 그걸 찾을 수 없을 때의 그 묘한 느낌은 무엇일까? 왜 우리는 그토록 그걸 손에 쥐고 있어야 하는가? 〈반지의 제왕〉에 나오는 절대 반지는 주변 모든 것에 강력한 마법을 건다. 호빗 부족인 빌보와 그의 조카 프로도는 그 절대 반지에 너무도 집착한 나머지 그것과 오랫동안 떨어져 있으면서 자신들의 '소중한 것'과의 재회에 점점 더 필사적으로 되었다. 〈반지의 제왕〉 1편 〈반지 원정대〉 도입부 한 장면에서 빌보는 반지를 잘못 놔두고 자기 집 주변을 미친 듯이 찾기 시작한다. 그의 절망은 커져만 간다. 그게 어디로 갔을까? 마침내 그것을 자기 겉옷 주머니에서 찾자 그의 얼굴에는 안도감이 밀려온다.

제니와 우리 모두 빌보에게 너무도 공감이 간다. 우리와 휴대전화와의 관계도 그와 똑같아 보인다. 그것에 너무도 얽매인 나머지 그것 없이는 불완전하다고 느낀다. 이런 상태를 의미하는 신조어도 존재한다. 노모포비아nomophobia(No Mobile Phobia의 줄임말).[1] 왜 그것들은 그토록 강력한 힘을 발휘해 우리가 그걸 소유하고, 확인하며, 포스팅하고, 평가하며, '좋아요'를 누를 수밖에 없도록 만드는가? 십 대 청소년들이 성인들보다 휴대전화에 더 집착하는 것 같지만, 휴대전화는 우리 모두를 그것의 매력에 푹 빠지게 한다. 도대체 그 이유가 무엇일까?

이제 우리는 스크린의 흡인력을 살펴보려 한다. 스크린의 흡인력 이면의 기제를 이해하면 우리와 우리 아이들의 삶에서 테크놀로지의 균형을 이루기 위한 보다 효과적인 전략을 개발할 수 있을 것이다.

심리적으로 필요한 것들

>>>

문자메시지, 소셜미디어, 이메일, 게임 같은 테크놀로지는 우리에게 특별한 힘을 행사하는 듯하며, 그로 인해 종종 그것들을 반사적 또는 강박적으로 사용하게 만든다. 우리는 휴대전화에 '중독'된 것이 아니다. 그보다 우리의 휴대전화는 다른 사람들, 뉴스, 게임, 그리고 우리가 갈망하는 확인과 관계가 있다. 어쨌건 그런 접근을 제공하지 않는 옛날 폴더폰은 요즘 종이를 누르는 데 필요한 신세로 전락했다!

왜 문자메시지, 소셜미디어 같은 테크놀로지는 처음부터 그런 막강한 장악력을 갖게 된 걸까? 우리가 모두 이런 스크린의 힘에 그토록 끌리는 주된 이유는 그것이 사실상 무한대의 선택지를 제공해서 심리적 욕구 충족을 시도할 수 있기 때문이다. 생리적 욕구(예: 공기, 음식, 물)가 충족된 후부터는 심리적 욕구가 우리의 행동을 주도한다.

리처드 M. 라이언Richard M. Ryan 박사와 에드워드 L. 데시Edward L. Deci 박사의 자기결정이론에 의하면 인간의 내적 동기부여 저변

에는 다음과 같은 세 가지 심리적 욕구가 있다.[2]

1. 관계성relatedness: 사회적인 관계에 대한 욕구
2. 유능성competence: 효율성과 능숙함에 대한 욕구
3. 자율성autonomy: 경험과 행동조절에 대한 욕구

연구로 뒷받침된 이들의 이론에 의하면 우리의 심리적 건강과 행복은 우리가 어떻게 그 욕구들을 잘 충족하느냐에 달려 있다. 어떤 의미에서 관계성은 우리의 심리적 욕구 중에서 가장 중요하다고 생각되는데 자율성이나 유능성은 관계의 맥락 안에서 대체로 충족되기 때문이다. 예를 들어 만약 우리가 외딴섬에 좌초되어 사회적 맥락이 부재한 상태에서는 자율성이나 유능성의 느낌을 경험하기 어려울 것이다.

우리는 진화적 관점에서도 심리적 욕구들을 지니는데, 왜냐하면 그것들이 생존을 용이하게 하는 행동의 내적 동기가 되기 때문이다.[3] 요컨대, 하나의 활동으로 다양한 심리적 욕구의 충족이 가능하다. 일례로 한 아이가 친구들과 마인크래프트를 할 때 이런 심리적 욕구들이 어느 정도는 동시에 충족될 것이다.

스크린으로 유혹되어 사람에게서 멀어지다

›››

가끔 스크린을 통해 우리의 심

리적 욕구들을 채울 수 있다는 건 분명하지만, 여기엔 비용이 들 수 있다. 우리는 디지털 세상이 아닌 '현실' 세계에서 이런 욕구들을 충족하도록 진화하였다. 그러므로 안전하고 건강한 애착 관계 형성을 위해서는 직접적인 접촉이 필수다. 우리는 배우자와 자녀와 친구의 눈을 바라보아야 한다. 우리에겐 접촉과 인사와 포옹이 필요하다. 유아들을 따뜻하게 팔로 안고 수유하는 동안 양육자는 아이의 눈을 바라보아야 한다. 접촉은 건강한 발달에 필요하며, 이는 물론 항상 직접적이다.[4, 5] 설사 페이스타임Facetime이나 스카이프Skype를 한다고 해도, 접촉과 같은 직접적인 관계가 주는 일부 다양한 유익은 경험하지 못한다.

26세인 리엔은 육 개월 된 아들 현을 애지중지한다. 수많은 젊은 엄마들처럼 그녀도 인스타그램, 페이스북, 스냅챗 같은 소셜 네트워킹 앱을 이용해 아이 사랑을 공유한다. 그녀는 소셜 네트워킹과 문자메시지를 통해 거의 항상 친구들이나 가족과 연락을 주고받는다. 현의 사진을 자주 포스팅하며 소셜 네트워크에 모자의 근황을 업데이트한다. 유모차에 현을 태워 동네를 돌거나 수유를 할 때, 그녀는 대개 스마트폰을 한다. 심지어 아이에게 책을 읽어 줄 때도 휴대전화를 곁에 둔다. 그걸 확인하고, 문자메시지를 보내거나, 포스팅하느라 아이에게 책 읽어 주는 것이 자주 끊긴다.

우리와 우리 자녀들의 주의력이 현실 세계와 서로로부터 디지털 세계로 돌아설 때, 그 결과는 무엇일까? 리엔처럼 상당수 부모가 스크린을 보는 데 더 많은 시간을 들이고, 자녀들에게 주의를 기울이는 시간은 줄어든다.[6] 스크린의 수많은 혜택은 우리가 진화해 온 '이상적인' 방식으로 우리의 욕구가 충족되지 않을 때 대가를 치를 수 있다. 실제로 여러 학자가 밝힌 바로는, 자기 삶의 만족도를 낮게 평가한 사람들이 삶의 만족도를 높게 표시한 이들에 비해 게임이나 소셜미디어를 더 오랜 시간 사용할 가능성이 크다.[7, 8, 9] 우리의 입장은 테크놀로지가 우리의 개인적인 사회적 관계를 대체하기보다는 반드시 증진하고 지원하는 데 사용되어야 한다는 것이다.

왜 그토록 스크린에 끌릴까

›››

트리스타는 전업주부이고 아들 타이슨은 네 살이다. 타이슨은 힘이 넘쳐서 엄마가 잘 지켜보지 않으면 어느새 소소한 말썽을 저지른다. 그는 엄마의 관심과 인정을 받고 싶어서 "엄마, 나 좀 봐요!", "내가 뭐 하는지 좀 봐요!"라며 엄마를 자주 부른다. 트리스타는 스마트폰을 활발히 하고, 친구들에게 자주 문자메시지를 보내며 페이스북에 포스팅도 한다. 그녀와 타이슨은 종종 동네 공원에 가는데, 주로 둘이 함께 집에서부터 걷는다. 타이슨이 자전거를 타고 앞서가는 동안 트리스타는 대개 걸으며 문자메시지를 한다. 하루는 공원 벤치에 앉아 휴대전화 삼매경에 빠져 있는데, 타이슨이 유치원생들에게 금지된 놀이 기구 꼭대기까지 높이 올라갔다. 아이가 "엄마, 나 좀 봐요!"라고 여러 번 소리친 후에야 트리스타는 겨우 전화기에서 눈을 떼고 올려다보았지만, 타이슨이 놀이 기구에서 자갈로 떨어지는 모습을 지켜볼 따름이었다. 그녀는 달려가 오열하는 타이슨을 달래며 더 주의를 기울이지 못한 자신에 대해 참담함을 느꼈다. 다행히 타이슨은 약간의 찰과상과 타박상만 입었다. 하마터면 큰일이 날 뻔했다는 걸 트리스타는 잘 안다.

이런 일은 지금도 전 세계에서 다양한 모습으로 벌어지고 있다. 스마트폰에 정신이 팔린 부모들에 더하여, 아이들도 종종 친구들과의 자유로운 실외 활동을 희생하며 실내에서 스크린에 시간을 보낸다.[10] 흔히 십 대는 함께 모이는 걸 좋아하지만 주로 각자 자기 스마트폰에 열중한다. 만약 우리가 서로를 통해 심리적 욕구나 애착 욕구를 충족하도록 진화했다면 어째서 계속 스크린으로 빨려 들어갈까? 본성에 충실하다면 디지털보다 개인적인 상호작용을 선호해야 마땅하지 않을까? 왜 이 문제로 이토록 씨름하는 걸까?

초자극이 범인이다

›››

우리가 스크린을 사용하는 데는 다양한 이유가 있지만, 인류가 진화해 온 방식도 스크린의 강력한 주문을 수용하는 데 일조한다. 이상한 말 같지만, 우리가 개인적인 관계보다 스크린을 선호할 만큼 그토록 스크린이 유혹적인 걸 이해하는 데 큰가시고기 물고기 이야기가 도움을 줄 수 있다.

큰가시고기 수컷은 암컷을 유혹하려고 얕은 물에 자신이 지어 놓은 둥지 주위를 천천히 유영한다. 큰가시고기는 약 5센티미터 정도의 가는 몸체에 붉은 아가미뚜껑을 지녔다. 그것이 자기 둥지 주위를 선회하는 동안 다른 수컷이 가까이 헤엄쳐 온다. 이는 둥지 주인 큰가시고기의 적대적인 반응을 촉발한다. 주인은 침입자 뒤를 공격적으로 헤엄쳐서 쫓아낸다.

이 수컷이 도전자로부터 자신의 영역을 방어하려는 신호탄 역할을 한 단서는 무엇일까? 노벨상 수상자인 네덜란드 생물학자 니콜라스 틴베르헨Nikolass Tinbergen 박사는 이것을 밝혀내야 한다고 느꼈다. 그 해답은 그를 위대한 발견에 이르게 했으며 그는 이를 초자극supernormal stimuli이라고 명명했다.[11] 틴베르헨은 큰가시고기 수컷과 같은 동물들이 어떻게 붉은색과 같은 특정 자극에 본능적이고 행동적인 반응을 하는지에 주목했다.

틴베르헨은 관찰과 실험을 통해 이런 공격적인 반응의 신호탄이 바로 붉은 아가미뚜껑이라는 걸 발견했다. 그러고 나서 틴베르헨은 붉은 아가미뚜껑으로 다른 자극을 만들어 보았다. 예를 들어 대략 큰가시고기 크기만 한 나무토막을 깎아서 현란한 붉은색으로 하단을 칠하고는 물속 수컷 큰가시고기 가까이에 두었다. 당연히 그 큰가시고기는 나무토막을 맹렬히 공격했다. 틴베르헨이 이 물고기를 관찰하는 도중 붉은색 우편물 차량이 지나가자 창가 수조에 있던 큰가시고기가 공격 태세에 돌입하는 게 아닌가! 틴베르헨은 종종 굳이 물고기 형태가 아니더라도 과장된 형태의 붉은 자극을 통해 수컷 큰가시고기로부터 영역 상의 공격적인 반응을 도발할 수 있게 되었다. 흥미롭게도 틴베르헨이 과장된 형태의 자극에 대해 어느 한 수컷 큰가시고기가 다른 수컷 큰가시고기들보다 더 강하고 우선적으로 반응하게 만드는 것도 가능했다!

틴베르헨은 다른 동물들을 관찰하면서 그들 상당수 역시 이런 과장된 신호에 강하게 반응한다는 걸 발견했다. 예를 들어 어미 새는 자기 알보다 더 크고 알록달록한 석고로 만든 알을 우선적으로 품었다. 틴베르헨은 이런 신호를 '초자극'이라 명명했는데, 그 이유는 그것이 일반적으로 진화되어 온 지연적 자극보다 과장된 자극에 대한 더 강한 반응 성향을 유발할 수 있었기 때문이다.

인간을 포함한 동물들은 특정 자극에 반응하도록 프로그램화되어 있는데, 이유는 그것이 진화론적 관점에서 생존을 위한 가치가 있기 때문이다. 요컨대, 초자극은 자연적인 반응 성향을 장악해 동물들이 자연적 형태의 자극에 대해서 더 강하고 종종 우선적으로 반응하게 만든다.[12] 중요한 것은, 우리는 실제로 자연 상태에서는 초자극을 찾을 수 없다. 디어드리 배럿Deirdre Barrett 박사는 자신의 저서《인간은 왜 위험한 자극에 끌리는가Supernormal Stimuli: How Primal Urges Overran Their Evolutionary Purpose》에서 다음과 같이 언급했나. "동물들은 대부분 실험자가 만든 초자극에 직면한다. 우리 인간은 자신의 초자극을 생산할 수 있다."[13]

인간과 초자극

인간은 대부분의 동물보다 자각 능력이 월등해서 마땅히 초자극의 흡인력에 저항할 수 있다고 생각할 것이다. 불행히도 우리는 초자극에 대한 저항에서 수컷 큰가시고기보다 크게 나을 게 없다. 거의 불가항력적인 초자극의 흡인력은 허다한 부정적 결과를 초래할 수 있다.[14] 불량 식품의 매력을 생각해 보자. 우리는 소금, 설탕, 그리고 지방에 본능적으로 끌린다. 이들은 자연 상태에서 공급 부족이지만 우리 생존에 필수불가결하다. 과일 같은 식품에 들어 있는 당은 열량, 영양소, 에너지의 풍부한 원천이다. 그렇지만 식품 제조업자들은 이런 식품에 이끌리는 우리의 자연적 성향을 이용해 어떻게 하면 시나본Cinnabons(미국 식품 체인점으로 시그니처 상품은 계피롤-편집주), 베이컨 더블 치즈버거, 그릴드 치즈, 치즈 크러스트 피자, 프라푸치노 벤티를 우리에게 팔지를 알아냈다. 학자들은 윤리상 인체 연구는 불가능했지만, 쥐를 대상으로 한 한 연구에서 쥐들이 선호하는 보상물로 고도의 달콤함이 코카인을 능가했다.[14] 많은 학자는 초자극이 뇌에서 중독성 약물과 동일 보상 기제를 활성화하는 것으로 드러난 걸 확인했다.[15, 16]

식품에서 우리가 이끌리는 초자극은 매년 수많은 목숨을 앗아가는 원인인 역병과도 같은 비만의 적어도 부분적인 원인이다.[17] 미국의 과체중 또는 비만 인구 비율은 68.4퍼센트이며 연간 추산 건강관리 비용만 1,470~2,100억 달러이다.[18] 비만은 미국에서 예방 가능한 사망 원인 중 흡연 다음으로 두 번째를 기록한다. 매년 미국에서 약 30만 명이 비만과 관련된 건강 문제로 사망한다.[19] 참고로, 미국

역사상 일어났던 모든 전쟁을 통틀어 미국인 전사자 수는 1991년 페르시아 걸프 전쟁 종료 시점인 1991년 기준으로 약 57만 5천 명이다.[20] 따라서 단 2년 만에 미국 역사상 모든 전사자를 합친 수와 맞먹거나 그 이상의 사망자가 비만으로 인해 발생한다. 불건전한 식습관을 지닌 미국인 수백만 명의 결과는 분명 지극히 현실적이다.

혹자는 우리가 불량식품보다 생과일이나 채소에 끌린다고 생각할지도 모른다. 하지만 초자극의 위력은 자연적이고 건강한 선택지보다 비자연적인 식품을 택하도록 우리를 유혹한다. 만약 우리가 불량 식품보다 신선 과일이나 채소에 더 끌린다면 분명 우리의 상황은 훨씬 양호했을 것이다!

초자극으로서의 테크놀로지

대학 신입생인 알렉사는 토요일 밤 친구들과 파티에 있다. 밴드는 그녀가 좋아하는 노래들을 연주하고 있다. 여러 명의 친구와 함께 신나는 파티에 있지만 그녀는 항상 휴대전화를 손에 들고 있다. 끊임없이 그것을 확인하며 파티에 오지 못한 다른 친구들은 뭘 하는지 궁금해한다. 그녀는 문자메시지와 스냅챗을 읽고 답하느라 음악이나 주위의 친구들과는 딴 세상에 있다. 다른 친구들이 자신과 지금 함께 있는 친구들보다 더 재미있는 시간을 보내는 건 아닌지 궁금하다. 그녀는 더 좋은 경험을 놓치고 있다는 두려움을 갖고 있다.

그렇다면 이메일, 페이스북, 문자메시지, 게임, 그리고 심지어 인터넷 포르노 같은 테크놀로지는 초자극과 무슨 관련이 있을까? 우리가 끌리는 테크놀로지의 상당수가 초자극으로 간주될 수 있다.[21, 22] 다시 말해 그런 테크놀로지는 초자극의 과장된 형태로서 진화론적으로 우리는 거기에 반응하도록 체질화되어 있다.

예를 들어 문자메시지에 대한 우리의 집착은 초자극에 의해 부분적으로 설명될 수 있다. 진화론적 관점에서 타인과의 소통이나 공고한 관계 유지는 우리의 생존에 결정적으로 중요하다. 우리는 본질상 사회적 존재다. 연구 결과, 공고한 사회적 관계는 심리적, 신체적 행복과 수명을 증진하는 반면, 사회적 고립과 약한 사회적 유대관계는 반대의 영향을 준다고 한다.[23] 자기결정이론의 관점에서 '관계성'은 강력한 심리적 욕구로서 그것은 우리 행동의 본질적 동기이다.[24] 많은 학자들이 발견한 것에 의하면, 사회적 상호작용은 뇌에서 마약 중독 시 활성화되는 것과 동일한 보상회로를 자극할 수 있으며, 특히 청소년들에게서 그렇다.[25, 26]

하지만 우리가 진화론적 역사를 통틀어 사회적 관계망 전체를 향해 온종일 문자메시지를 보낸 적이 없었는데, 더구나 수신자 중 일부는 지구 반대편의 다른 시간대에 있는 사람이다. 그러므로 우리가 문자메시지를 시작하고 회신하는 적어도 부분적인 이유는 그것이 초자극이기 때문일지도 모른다. 이런 관점에서, 문자메시지와 소셜미디어는 과거 진화론적 생명 유지 관계의 과장된 형태로 볼 수 있다. 요컨대, 이런 초자극은 우리의 두뇌를 장악해 우리가 문자메시지나 소셜미디어를 통해 타인에게 반응하고 다가가게 만드는 강력한 유혹의 역할을 한다.

테크놀로지가 우리에게 매력적인 여러 가지 이유가 있겠지만, 우리는 다양한 형태의 테크놀로지에서 초자극을 볼 수 있다.

새로움 우리는 환경 내에서 새로움과 느낌을 찾으려는 강력하고 본질적인 동기를 갖고 있다. 그것이 우리 생존에 결정적인 정보를 제공할 수 있기 때문이다.[27, 28] 일례로 그것은 포식자나 먹이, 혹은 짝이 근처에 있다는 신호가 될 수 있다. 만약 우리가 새로움을 찾아 위험을 감수하지 않는다면, 특히 사춘기나 청년기에 그럴 경우, 우리의 진화는 난관에 봉착할지도 모른다. 그러므로 새로움과 느낌의 추구는 진화적 관점에서 적응의 산물이다.[29, 30, 31] 실제로, 새로움은 음식과 같은 보상과 동일한 뇌의 보상 중추를 활성화하는 양상을 보인다.[32] 스크린은 뉴스, 사회적 상호작용, 소문, 게임, 비디오 등으로 우리에게 무한한 새로움과 느낌을 제공한다. 새로움이 무한히 공급될 때 그저 클릭하거나, 터치하거나, 쓱 밀기만 하면 된다. 종종 이런 새로움은 거부하기 어려운 벨소리, 진동음, 푸시 알림의 형태로 우리를 부른다.

정보 다른 많은 생명체와 더불어 인간은 본래 호기심이 많은데 그 이유는 호기심이 환경에 관한 지식을 학습하려는 동기 유발제가 되기 때문이다.[33] 진화론적으로 우리가 정보 탐색에 끌리는 건 그것이 우리가 사는 세계를 더 잘 이해할 수 있게 해 주는 인과적 연결을 도와주어서이다.[34] 이는 결국 우리의 생존 가능성을 높인다. 학자들은 인간의 정보 탐색 방식이 인류 조상의 먹잇감 탐색과 어떻게 유사한지 설명했다.[35] 사실 지식은 권력이며, 권력의 도움으로 우리는 생존하고 번영한다. 새로움과 마찬가지로 새로운 정보의 탐색과 학습도 뇌의 보상회로를 활성화한다.[36, 37] 왜 우리가 진화론적 역사를 통해 정보를 찾을 수밖에 없었는지 충분히 이해할 수 있다. 예를 들어 수렵채집기의 인류에게는 어떤 나무가 익은 과실을 생산하는지, 어디서 물을 발견할 수 있을지, 누가 적합한 배우자일지를 학습하는 것이 중요했다.

홍미롭게도 우리는 종종 부정적인 뉴스와 정보에 더 끌리는 것처럼 보인다. 예를 들어 만약 우리가 어떤 나무가 좋은 과실을 맺는지 알지 못한다고 해도 우리는 좌절하지 않고 분발했을 것이다. 하지만 만약 근처에 한 무리의 사자가 있다는 '뉴스'에 주의를 돌리지 못한다면 우리는 최후를 맞이했을 수도 있다. 그러므로 사람은, 특히 남성의 경우, 긍정적인 뉴스를 넘어 부정적 뉴스에 끌리는 성향이 있는데, 이는 때때로 '부정적 편향negativity bias'의 한 형태로 지칭된다.[38] 선거 운동과 관련된 진흙탕 싸움은 왜 우리가 긍정적 뉴스보다 부정적 뉴스에 끌리는지에 대한 적절한 예이다. 인터넷과 스마트폰으로 흥미로운 정보에 무한히 접근할 수 있는 우리는 손끝 하나로 뉴스와 지식의 초자극에 끌려간다.

비디오와 게임 비디오와 게임은 모두 움직임에 대한 우리의 본능적 반응에 편승한다. 우리는 동작을 보며 자극과 심리적 흥분을 경험한다. 우리는 동작에 유의할 필요가 있는데, 왜냐하면 그것이 포식자나 먹잇감의 움직임처럼 생존에 결정적일지도 모를 중요한 정보를 제공할 수 있기 때문이다.[39] 이것이 TV 앞을 지나가며 내용 불문하고 그것을 보려고 잠깐 멈춰서지 않을 수 없는 이유다. 거듭 말하지만, 테크놀로지는 우리가 자연계에서 흔히 접하는 것에 관해 온갖 비범한 움직임과 행동을 끝없이 제공한다.

포르노 우리는 본능적으로 짝짓기와 번식에 끌리기 때문에 특정한 신체적 특징에 관심을 보인다. 만약 그렇지 않았더라면 우린 여기에 없었을 것이다! 인터넷 포르노는 이런 본능적 충동에 편승해 육체와 성, 관능, 새로움의 과장된 형태로 우리의 주의를 끈다.[40] 약간의 상황 정보를 제공하자면, 세계적으로 가장 인기 있는 포르노 사이트인 폰헙Pornhub의 2015년 보고에 의하면, 폰헙을 전 세계에서 시간당 240만 명이 방문했으며 그해에만 사용자들은 콘텐츠 시청에 43억 시간을 소비했다.[41] 달리 표현하면, 단 1년 동안 인류의 시간 중 50만 년이 포르노 시청에 쓰였는데, 단 하나의 포르노 사이트가 그랬다. 사람들이 인터넷에서 포르노를 보는 데는 여러 가지 이유가 있겠지만, 초자극으로서의 매력이 그 하나일 수 있다.

'좋아요' 왜 우리는 '좋아요'를 좋아하는 걸까? 우리는 다른 사람이 나를 어떻게 생각하는지 신경을 쓰도록 진화했다. 앞에서 말했듯이, 공고한 사회적 관계는 우리의 생존을 향상하며, 선천적으로 우리는 다른 사람들이 우리를 좋아하기를 원한다. 소셜미디어에서의 좋아요는 사랑받고 싶은 기본적인 심리 욕구의 과장된 형태로 간주될 수 있다.

심리적 욕구 라이언과 데시는 최근작 《자기결정이론: 동기부여, 발전, 건강상의 기본적인 심리 욕구Self-Determination Theory: Basic Psychological Needs in Motivation, Development, and Wellness》에서 비디오 게임, 가상환경, 인터랙티브 테크놀로지가 어떻게 관계성, 유능성, 자율성이라는 인간의 기본적인 심리 욕구를 충족할 수 있는지 설명했다.[42] 그들의 욕구밀도 가설need density hypothesis에 의하면, 특히 현실 세계에서 자신의 심리적 욕구를 적절히 충족하지 못한 개인이 테크놀로지를 과용하기 쉬우며, 이는 연구 결과와도 일치한다.[43, 44] 게임은 종종 그런 욕구의 즉각적이고 일관적인 충족이 가능한 특징과 역학의 밀도로 제작되므로, 게임과 가상 환경 내에서는 욕구 충족이 훨씬 용이하다. 비록 라이언과 데시가 그것을 이런 식으로 설명하지는 않았지만, 게임과 가상 환경 내 욕구 충족 접근 지점의 밀도와 접근성을 초자극으로 간주하는 사람이 있을지도 모른다. 테크놀로지는 우리의 심리적 욕구 충족을 위해 과장된 형태의 자극을 제공한다. 라이언과 데시는 그 안에서 우리가 심리적 욕구를 충족할 수 있는 가상 세계와 인터랙티브 테크놀로지의 능력에도 불구하고, 그 유혹적인 특성에 대해 경고하면서, 그것이 사람들을 진짜 삶에서 유인할 수 있다고 했다.

테크놀로지는 우리의 일상생활을 초자극 천지로 만들고 있다. 어떤 의미에서는 디지털 기기들이 '극초자극super-supernormal stimuli'으로 간주될지도 모른다. 다시 말해 스마트폰은 수많은 초자극에 접근할 수 있는 단 하나의 편리하고 항구적인 거점을 제공한다. 그것은 초자극의 응집체이다. 이런 초자극은 마약 중독 관련 보상 중추와 동일한 뇌의 영역을 활성화시킨다.[45] 이런 관점에서 볼 때, 스마트폰은 우리가 원할 때 언제든 베어 먹을 수 있는 따뜻한 크리스피 크림 도넛의 디지털 등가물에 해당한다. 물론 가끔 그것에 저항할 때도 있지만, 결국 우리는 욕망에 굴복해 디지털 도넛을 야금야금 베어 문다. 종일 수시로 도넛을 야금야금 베어먹으면 건강에 부정적 영향이 누적되기 시작하듯이, 우리가 디지털을 야금야금 먹는 것 역시 그럴 수 있다. 그리고 물론 가끔 이는 심지어 폭식으로 이어지기도 한다.

변동강화계획과 '베이거스 효과'

›››

테크놀로지가 우리 세상을 불가항력에 가까운 초자극 천지로 만드는 한편, 테크놀로지가 우리를 유혹할 수 있는 또 다른 강력한 방식이 존재한다. 수많은 형태의 테크놀로지(예: 페이스북, 문자메시지, 트위터, 인스타그램, 이메일, 트리비아 크랙Trivia Crack 같은 게임)는 도박이나 심지어 마약과 동일한 방식으로 강력하게 우리를 끌어들일 수 있다. 그 이유는 종종 그것들이 소위 변동강화계획variable reinforcement schedule으로 작용하기 때문이다.[46, 47, 48]

존스 박사는 저명한 대학의 존경받는 고고학자이다. 고고학 분야에서 그의 일이 종종 미화되거나 과장되기도 하지만, 그가 하는 작업의 상당 부분이 컴퓨터 앞에 앉아서 이뤄진다는 사실을 아는 사람은 거의 없다. 존스 박사는 탐사를 다니며 자신의 여행 가방에 넣어둔 꾸깃꾸깃한 공책에서 자신이 발견한 것을 분석하고 요약하는 데 상당 시간을 보낸다. 그는 그것의 일부가 그 분야 최고의 동료 평가 저널에 실릴 거라는 기대에 부풀어 있다. 하지만 존스 박사에게는 작은 비밀이 하나 있다. 그는 자신의 컴퓨터에서 생산적으로 작업하려고 몸부림을 친다. 그는 자신의 제자, 동료, 박물관 학예사, 친구, 가족에게 하루에 1백 통이 넘는 이메일을 받는다. 그는 연구 논문 발표를 위해 일해야 할 그 시간에 강박적으로 메일을 확인한다. 그는 이것이 자신의 생산성을 방해한다는 사실을 알지만 충실한 답장을 쓰기 위해 장시간 이메일을 확인하는 것을 멈추기 힘들어하는 자신이 창피했다.

심리학 개론을 청강한 적이 있는 사람은 B. F. 스키너B. F. Skinner 박사에 대해 들어보았을 것이다.[49] 그는 심리학자이자 행동주의자로 행동적 반응이 어떻게 다른 강화 계획에 의해 확립되고 강화되는지에 관한 연구로 유명하다. 일례로 사육 상자 안의 쥐에게 사료를 얻기 위해 지렛대를 누르는 훈련을 시키는데, 지렛대를 세 번 누를 때마다 사료 하나를 얻도록 훈련시킨다. 이것은 고정간격 강화계획fixed interval reinforcement schedule의 한 예이다.

서로 다른 행동 반응의 가능성에 영향을 미칠 수 있는 다양한 형태 혹은 하위 형태가 있지만, 변동강화계획은 종종 우리의 강박적인 스크린 사용에서 작동하기 시작한다. 변동비율 강화계획variable ratio reinforcement schedule은 변동적인 행동 횟수 이후 특정 보상이 얻어질 때 일어난다. 보상이 오긴 하는데, 보상을 얻기 위해 정확히 얼마만큼의 특정 행동이 필요한지 우리는 알 수 없다. 변동비율 강화계획의 실제적인 한 예가 슬롯머신이라서 간혹 이를 일컬어 '베이거스 효과Vegas effect'라고도 한다.

변동비율 강화계획은 기대하는 보상을 언제 경험하게 될지 모르기 때문에 우리를 기대 상태에 있게 만든다. 우리가 이런 기대 상태에 있을 때, 우리 뇌의 가운데 부분에 있는 원시 보상 체계가 활성화된다. 여기에는 일명 측좌핵nucleus accumbens과 복측 피개영역VTA ventral tegmental area이라는, 뇌 속 깊이 위치한 뉴런 클러스터가 포함된다. 그때 동기부여와 학습 관련 신경전달물질인 도파민이 분비된다. 이 도파민은 다음에 무슨 일이 일어날지 기대할 때 느끼는 열망과 흥분의 원인이다.[50, 51] 그런 감정은 우리에게 행동의 동기를 부여한다.

혹자는 애초에 왜 변동강화계획이 그토록 강력하게 우리 뇌에 작용하는지 궁금할지도 모른다. 그것은 학습의 문제로 귀결되는 것으로 보인다. 생존을 위해서는 환경의 작동 방식을 습득하는 것이 매우 중요하다. 이 세계 내부를 보다 성공적으로 탐색하려면 우리 뇌에서 인과적 연결이 이루어져야 한다. 이런 인과적 연결에 대해 학습하면 우리의 환경 내에서 더 나은 예측을 할 수 있고, 역사적으로도 이것이 생사를 결정했다.[52]

뇌의 보상 체계는 특정 행동이 갈망하는 보상으로 이어질지에 관한 예측과 관련된다.[53] 이런 보상 체계는 행동과 보상이 연계될 때

고도로 활성화된다. 예측한 보상과 실제로 받은 보상 간의 차이를 일명 보상예측오류reward prediction errors라 한다. 변동강화계획은 본질상 보상예측오류를 유발한다. 예측 오류는 변동성에 의해 발생한다.

뇌의 보상 체계는 학습 체계의 한 부분인데, 왜냐하면 그것이 주의력 집중이나 인과적 연결과 연상 작용(예: 내가 이렇게 하면, 저렇게 될 것이다)을 돕기 때문이다.[54, 55] 관계가 변동적이면 잠재적 예측 오류로 인해 뇌의 보상 체계가 특히 더 활성화된다. 우리의 보상회로는 도파민을 분비해서 주의를 기울이게 하며 갈망하는 보상을 얻으려고 행동하도록 충분히 동기부여를 한다.[56] 뇌의 학습체계는 우리가 이런 연관성을 '터득하기'를 원하는데, 학습이 생존 가능성을 높이기 때문이다.[57] 하지만 관계가 변동적 내지는 예측 불가하면 도파민이 계속 분비되면서 우리가 가능한 연관성을 찾고자 노력하며 지속적으로 주의를 기울이게 만든다. 결국, 우리 뇌는 변동적인 상황의 '의미를 찾고자' 노력하면서 우리가 갈망하는 보상(예: 뉴스, 정보, 사회적 피드백, 관계)을 얻을 수 있다.

수렵채집을 하던 조상들이 십만 년 전 숲속에서 사냥감을 찾아 나섰다고 상상해 보라. 특정 동물이나 다른 먹을 것이 언제 가장 많이 나는지 그들이 분별할 수 있다면 수렵채집을 위한 노력이 더 성공적일 수 있을 것이다. 동물의 움직이는 양상이 어떠한가? 동물들을 가장 많이 잡을 수 있는 때를 우리가 예측할 수 있을까? 경계해야 할 포식자의 증거가 있는가? 여기 이 숲에는 우리가 먹을 수 있는 좋은 과실들이 있는가?

| '베이거스 효과'와 스크린

다시 한번, 기기를 사용하는 데는 다양한 이유가 있다는 걸 우리는 인정한다. 하지만 스크린을 강박적으로 확인하는 방식을 점검해보면, 여기에는 분명 심리적인 '훅hooks(고리, 낚시 바늘)'이 관여한다. 그것을 알면 왜 우리가 휴대전화를 확인하느라 눈앞의 친구와 아이들을 아랑곳하지 않으며, 일 대신 이메일을 강박적으로 확인하고, 심지어 운전 중에도 문자메시지의 유혹에 굴복하는지 설명할 수 있다. 일상적인 테크놀로지 사용(예: 문자메시지, 이메일, 소셜미디어 이용)의 수많은 국면이 광범위하게 변동강화계획에 작용하는 것으로 드러난다.[58] 그래서 뇌의 원시적 보상 체계가 활성화되고, 우리는 기기 사용에 '걸려'든다. 정보나 사회적 관계와 같이 갈망하는 어떤 보상을 찾으려면 부득이 스크린을 확인할 수밖에 없다고 느끼며, 이런 강박감에 저항한다는 건 매우 어렵다.[58]

우리는 모두 휴대전화가 가방이나 호주머니 속에서 울릴 때의 그 느낌을 안다. 진동이 울리는 순간, 중뇌의 보상 체계가 활성화되면서 신경 경로 투사를 통해 뇌의 다른 영역들로 도파민이 분비되면서 휴대전화를 확인하려는 강렬한 충동을 느낀다. 중요한 것은, 우리가 매번 문자메시지를 볼 때마다 베이거스 슬롯머신에서 돈을 딴 것처럼 느끼지는 않는다는 점이다. 뇌 도파민 보상 체계의 역할에 대해서 여전히 약간의 논란이 있으나 이 체계는 우리가 기대 상태에 있을 때 활성화되는 것으로 드러난다.[59] 일면 그것은 '좋아함'보다는 '원함'과 더욱 관련이 있는 듯하다.[60] 우리 대부분에게 그것은 긁어주어야 하는 가려움증을 유발한다.

첨단산업은 변동강화계획의 위력에 관한 모든 것을 알고 있다. 실제로 첨단산업 관계자이며 컨설턴트이자 《훅: 습관을 만드는 신제품 개발 모형Hooked: How to Build Habit-Forming Products》의 저자 니르 이얄Nir Eyal은 자신의 '훅 모델'의 네 가지 구성 요소 중 하나로 변동적 보상을 포함시켰다.[61] 이얄은 첨단산업 종사자들에게 훅 모델의 비윤리적 이용에 반대하며 경고했지만, 변동보상계획은 소셜미디어나 문자메시지, 뉴스, 정보, 게임 등의 테크놀로지에 대한 우리의 여러 가지 강박적인 사용 방식에서 발견된다. 그 변동성은 강한 동기(또는 훅)를 유발해서 우리가 그런 보상을 얻고자 특정 행동에 참여하도록 동기를 부여한다.

강박적 확인의 문제

존스 박사와 그의 강박적인 이메일 확인과의 씨름으로 되돌아가 보자. 분명 그것은 그의 생산성에 부정적인 영향을 미친다. 그도 이성적으로는 이 사실을 안다. 이러한 '머리로 아는' 지식에도 불구하고, 그는 여전히 몇 분에 한 번씩 이메일 확인을 위해 마우스를 클릭하는 자신을 발견한다. 그는 사료를 얻기 위해 지렛대를 누르도록 훈련된 쥐와 그다지 다를 바 없다. 강화 계획이 다각화되면 쥐들은 강박적으로 지렛대 누르는 일에 빠져들며, 이는 존스 박사가 이메일 '사료'를 얻으려고 강박적으로 마우스를 클릭하는 것과 흡사하다. 새로움과 정보 두 가지 모두 먹이나 다른 보상과 동일한 보상회로를 활성화시킨다는 사실을 상기한다면, 왜 명망 높은 존스 박사가 이메일 확인 충동에 저항하는 데 그토록 어려움을 겪는지 이해할 수

있다.[62, 63]

우리는 강박적으로 문자메시지와 이메일, 뉴스 업데이트, 소셜미디어, 뉴스피드, 클래시오브클랜 같은 게임 활동을 확인한다. 우리는 어딜 가든 스마트폰으로 항상 휴대전화 서비스나 와이파이에 접속하므로 언제나 기기를 확인할 수 있다. 그리고 다른 사람들도 항상 메시지를 보내고, 우리는 알림을 받는다. 종종 경험하는 바이지만, 우리가 의식적으로 기기 확인을 선택하는 것이 아니다. 그보다는 반드시 기기를 확인해야만 한다는 어떤 강박증처럼 느낀다. 뉴욕대학교 마케팅 심리학 교수 애덤 올터Adam Alter 박사가 자신의 저서 《멈추지 못하는 사람들: 무엇이 당신을 끊임없이 확인하고 검색하게 만드는가Irresistible: The Rise of Addictive Technology and the Business of Keeping Us Hooked》에서 언급한 내용에 의하면 우리는 항상 기기를 들고 다니기 때문에 행위 중독에서 벗어나기 어렵다.[64]

앞서 언급된 니르 이얄의 《훅: 습관을 만드는 신제품 개발 모형》에 보면 우리가 어떻게 기기를 강박적으로 확인하는지 볼 수 있는 유용한 방법이 나온다. 이얄은 종종 투자가들이 자신들이 투자할 가능성이 있는 새로운 제품이나 서비스가 '비타민'인지 아니면 '진통제'인지를 얼마나 알고 싶어 하는지를 설명했다. 이 문맥에서 비타민은 사용자의 감정적 욕구를 충족하는 반면, 진통제는 몇몇 부위의 통증을 경감시킨다. 종종 소셜미디어 같은 테크놀로지는 우리 삶을 향상한다고 인식되어 온 '비타민'으로 출발한다. 하지만 종종 진통제처럼 거기에 중독되어 그걸 확인하거나 반응하지 않으면 아프다고 느낀다. 어찌 보면 기기를 확인하고 싶은 충동에 저항하는 것이 단순히 확인하는 것보다 더 '고통스럽다.' 다른 많은 중독성 약물처럼 우리가 소셜미디어 같은 테크놀로지를 강박적으로 사용하는 것은 몸이 좋아졌다고 느끼기 위해서가 아니라, 그걸 확인하지 않았을 때의 아픈 느낌을 중지하기 위해서다.

> 브리트니는 열여덟 살이자 고등학교 3학년이다. 그녀는 스마트폰을 주로 손에 들고 다니며, 운전 중에는 무릎에 놓아둔다. 하루는 차를 몰고 등교해서 막 학교 주차장에 들어서는데 벨이 울렸다. 잠깐 그걸 내려다보는데, 하필 앞에 있던 차가 급정거했다. 결국, 같은 반 친구 차를 들이받고 말았다. 다행히 아무도 다치지는 않았지만, 양측 차 모두 파손되었다.

자신이 핵심 일원이고 정보에 밝아야 한다는 강박관념이 있다. 상당수 십 대 청소년들이 '나만 놓치고 있다는 두려움(포모)'으로 고통받는다. 이는 친구나 지인들이 누리고 있을지 모르는 가치 있는 경험을 자기만 놓치고 있다는 우려로 인해 발생한다.[65] 그리고 이런 두려움 때문에 소셜미디어를 지나치게 자주 확인한다. 특히 십 대는 메시지와 소셜미디어 게시글에 반응하지 않을 때 어떤 사회적 결과를 경험할지도 모른다. 디지털 세상은 신속한 반응을 기대한다. 이런 두려움에 초자극의 흡인력과 변동강화계획이 합쳐져 우리 모두를 계속해서 확인, 또 확인하게 만든다.

고전적 조건형성

›››

테크놀로지를 그토록 불가항력적으로 만드는 또 다른 강력한 테크놀로지의 '훅'은 고전적 조건형성classical conditioning(행동주의 심리학 이론. 특정 반응을 이끌어 내지 못하던 자극이 그 반응을 무조건적으로 이끌어 내는 자극과 반복적으로 결합하여 그 반응을 유발하는 과정-편집주)의 형태로 온다고 주장할 수 있다. 이반 파블로프Ivan Pavlov(1849~1936) 박사는 러시아의 생리학자로 학습의 일종인 행동적 조건화를 최초로 설명하고 연구했다.[66] 일련의 획기적인 연구에서 파블로프는 개들을 행동적으로 조건화시킬 수 있었는데, 반복적으로 메트로놈의 소리(조건 자극)와 먹이(무조건 자극)를 연계해서 먹이에 대한 기대로 침을 흘리던(무조건 반응) 개가 먹이를 주기 전 단지 메트로놈 소리만으로도 침을 흘리도록(조건 반응) 할 수 있었다. 따라서 그의 실험에서 고전적으로 조건화된 개들은 먹이 없이 그저 메트로놈 소리만 울려도 먹이에 대한 기대로 침을 흘렸다. 고전적 조건형성 패러다임에서 중뇌 도파민 작용성 보상 체계가 활성화된다는 것이 여러 연구를 통해 발견되었다.[67, 68, 69]

고전적 조건형성은 개에게만 해당하지 않는다. 이러한 기제들은 인간에게도 강력한 영향을 미칠 수 있다.[70] 고전적 조건형성과 인간이라는 주제와 관련된 수많은 연구 외에도, 우리도 그런 현상을 직접 경험한 적이 있다. 어린 시절 경험에 비추어 어떤 향은 아빠에 관한 좋은 느낌을 즉각적으로 떠오르게 할 수도 있다. 라디오에서 나오는 너바나의 〈스멜 라이크 틴 스피릿Smells Like Teen Spirit〉은 대학

기숙사에서 친구들과 어울리는 장면을 생각나게 하는데, 똑같은 노래를 친구 중 한 명(또는 전원이!)이 반복적으로 연주했기 때문이다. 맥도날드의 상징인 황금 아치형 간판에 치즈버거를 상상하며 군침을 흘리는 반응을 할지도 모른다. 헤로인 중독자에게 피하주사기 바늘을 보여 주는 것이 강렬한 욕구를 끌어낼 수도 있다.[71, 72]

광고와 마케팅의 관점에서 브랜딩은 그 목표가 고객이 브랜드나 이미지를 긍정적 사고나 감정과 연결하도록 한다는 점에서 고전적 조건형성 원칙과 관련이 있다.[73] 일례로 우리가 젊고 아름다운 사람들이 출연해 콜라를 마시며 즐거운 시간을 갖는 광고를 충분히 본 것이 효과를 낸다면 우리에게 익숙한 붉은색 바탕에 흰색 글씨로 된 코카콜라의 이미지는 긍정적 감정을 불러일으킬 것이다. 물론 그 광고주의 바람은 그런 긍정적인 감정이 유사 상품을 제치고 코카콜라를 구매하도록 동기를 유발하는 것이다.

테크놀로지에 관한 한, 특히 스마트폰에 있어 우리는 파블로프의 개와 상당히 유사하게 반응하고 있는지도 모른다. 우리의 스마트폰은 관계, 새로움, 정보와 같은 형태의 강력한 보상에 대한 접근을 제공한다. 그래서 스마트폰의 알림음(예: 메시지 알림음)은 고전적 조건형성기제를 통해 뇌의 보상 체계를 활성화할 수 있다. 소위 이차 조건형성second-order conditioning을 통해, 휴대전화를 보는 것만으로도 조건 반응을 활성화해 부득불 확인할 수밖에 없도록 하거나, 적어도 그럴 생각을 하게 만든다. 고전적 조건형성 원칙으로 왜 단지 휴대전화의 존재만으로도 우리의 인지능력과 사회적 상호작용 모두의 질을 떨어뜨리는지 설명할 수 있다.[74, 75]

우리는 모두 휴대전화를 장기간 사용하면서 강력한 연계를 발전시켰다. 친구, 뉴스피드, 비디오, 게임 이 모든 걸 터치 한 번이면 접근할 수 있다. 이처럼 스마트폰 사용과 연계된 다양한 알림음과 진동음 형태의 행동 신호들은 우리의 의식적인 통제 너머에 있는 감정적, 인지적, 생리적 반응을 촉발할 가능성이 크다. 파블로프의 개처럼 우리는 어쩔 수 없이 그런 반응을 보이게 된다. 침 흘리는 것을 대신하는 행동적 반응은 기기를 확인하는 것이다.

그런 초자극과 변동강화계획, 그리고 고전적 조건형성 모두가 중독성 약물과 마찬가지로 동일한 뇌의 보상 체계를 활성화하는 것으로 나타난다. 그런 의미에서 우리의 일상적인 테크놀로지 사용은, 적어도 부분적으로나마 뇌에서 동일한 보상회로를 상승적으로 활성화하는 세 개의 다른 기제들에 의해 강제되는 것으로 보인다. 예를 들어 스마트폰의 진동음은 초자극(예: 관계, 뉴스, 새로움)에 대해 우리를 일깨우지만, 무엇을 얻을지 알 수 없기 때문에 초자극으로의 접근은 변동적이다(즉, '베이거스 효과'). 이리하여 변동보상계획과 고전적 조건형성, 그리고 초자극의 결합은 기기를 확인하려는, 아니면 적어도 그에 반응하려는 그야말로 '삼중고'을 창출한다.

아무리 좋은 것도 지나치면 해롭다

>>>

테크놀로지가 우리 뇌에 어떻게 영향을 미치는지와 관련해서, 우리가 무엇을 소비하느냐는 가장 문제가 되는 측면이 아닐 수 있으며, 오히려 얼마나 많이(또는 얼마나 자주) 소비하느냐의 문제일지도 모른다. 공중보건 모델로 잠시 되돌아가 보자. 비록 이따금 비난의 대상이 되긴 하지만, 지방은 우리 식사의 필수 성분이다. 그중에는 불포화지방산과 오메가3-지방처럼 '좋은' 지방으로 간주되거나, 건강한 식사에 필요한 것(예: 견과류, 아보카도, 엑스트라 버진 올리브유)도 있다. 다음으로 '트랜스' 지방이나 부분 경화유partially hydrogenated oils와 같은 다른 지방류가 있는데, 단언컨대 건강상 이들을 섭취하는 건 결코 바람직하지 못하다(예: 쿠키, 프렌치프라이). 이렇게 본다면 도넛은 절대로 건강한 식품이 아니라고 말할 수 있다.

우리는 모두 '능지처참'이라는 표현을 들어봤을 것이며 앞서 1장에서 테크놀로지 사용과 관련해 언급한 바 있다. 우리가 종일 테크놀로지를 자주 사용하는 것을 능지처참에 비유할 수 있을까? 한 번 칼로 베는 것만도 치명적이므로 이를 최상의 비유라 하기는 어렵다. 하나하나가 모두 피해야 할 것들이다. 반면, 테크놀로지는 종종 유익하다. 하지만 그 빈번한 사용은 능지처참에 필적한다.

어떻게 그럴 수 있을까? 지방의 문제로 되돌아가서, 호두 같은 식품을 섭취하는 것은 영양가 높은 지방의 유익을 얻는 탁월한 방법이 될 수 있다. 하지만 호두 천 개를 먹으면 지방 3000그램, 열량 2만6천 칼로리에 해당한다. 아무리 영양가 높은 호두지만 천 개를 먹으면 죽을 수 있다.

인터넷 포르노, 사이버폭력, 성 포식자들, 산만한 운전, 노골적 폭력 모두가 스크린 사용에 관한 근거 있는 우려 사항들이다. 그것들은 마땅히 테크놀로지 사용에 있어 '불량식품' 같은 존재들로 간주될 것이다. 이런 형태 혹은 다른 형태의 테크놀로지 사용 전부가 사용자에게 해를 끼칠 수 있으며 아이들은 특히 더 취약하다. 하지만 우리는 이보다 더 만연하고 은밀한 테크놀로지의 유해가 사용 빈도와 사용량과 더불어 온다고 믿는다.

모든 메시지, 이메일 확인, 그리고 소셜미디어 게시물이 호두 한 알과 같다고 가정해 보자. 하루가 끝날 무렵 누군가 디지털 '호두' 수백 개를 섭취했다고 치자. 매일 너무 많은 호두를 먹으면 소화불량과 체중 증가를 낳을 수 있다. 마찬가지로 종일 테크놀로지를 많이 사용하면 주의력, 행복, 그리고 관계에 부정적 영향이 누적될 수 있다.[76] 실제로도, 용량 증가에 따라 부정적 영향이 작동하는 방식으로 테크놀로지의 '용량 영향dose effect'이 존재하는 듯하다.[77, 78, 79] 앤드루 시빌스키Andrew Przybylski 박사와 네타 와인스타인Netta Weinstein 박사는 십 대의 테크놀로지 사용에 관해 '골디락스 가설Goldilocks hypothesis'을 뒷받침하는 증거를 발견했다.[80] 그 연구에서 두 학자는 테크놀로지의 잦은 사용이 행복에 대한 부정적 영향과 관련이 있다는 걸 발견했으며, 반면 적당한 테크놀로지 사용은 유해하지 않으며 심지어 유익할 수도 있다는 걸 발견했다. 과유불급이라는 고사성어가 진리로 다가온다.

'평균'이 '건강하다는' 의미는 아니다

미국인의 식품 섭취에서처럼 미국인이 스크린을 사용하는 평균적이고 전형적인 방식도 건강하지 않다고 말할 수 있다. 퓨리서치

센터Pew Research Center는 미 농무부 자료를 이용해 다음과 같은 사실을 발견했다. 미국인이 섭취하는 평균 열량 수치는 1970년(2,025칼로리/일)과 2010년(2,481칼로리/일) 사이에 23퍼센트 상승했다. 당연히, 학자들은 열량 섭취량 증가가 비만율 상승의 원인이라고 생각했다.[81] 미국인 평균 열량 섭취는 건강하지 않으며, 그 대가를 치르는 셈이다.

아이들이 게임이나 소셜미디어 확인, 콘텐츠 스트리밍을 위해 스크린을 사용하고, 대부분의 아이들이 그렇게 하기 때문에 불건전하지 않을 거라 짐작한다. 하지만 우리와 아이들이 스크린에 소비하는 시간의 분량과 확인 빈도를 고려할 때, 우리는 '평균' 또는 '전형적'이라는 단어를 '건강한 것'과 혼동하지 않도록 주의해야 한다. 우리와 우리 아이들이 적정 스크린 사용으로 유익을 얻을 수 있는 한편, 그것을 사용하는 전형적인 분량과 빈도는 적정 수준을 넘어섰다고 주장할 수 있다.

요점

›››

종종 우리는 하루에도 수백 번 스크린의 흡인력을 느낀다. 그 부름에 너무도 조건화된 나머지 심지어 다른 사람의 휴대전화 벨소리나 진동음에도 반사적으로 자신의 전화기에 손이 간다. 자신의 전화가 진동하거나 울렸다고 생각하게 하는 '환청'을 경험한다. 아니면 실제로 울렸나? 성 포식자 같은 스크린 사용의 극단적인 위험이 실제로 존재하는 반면, 스크린 사용의 가장 심각한 위험은 대부분 일상적 사용 안에 내재한다. 우리가 스크린에 빠져들수록 우리와 우리 아이들이 극단적인 위험에 더 많이 노출될 가능성은 커진다.

적어도 사회적 차원에서는 디지털 기기의 일상적 사용이 심각한 문제를 일으킬지도 모른다. 종종 우리는 직접적인 관계와 신체활동, 그리고 지속적인 관심을 희생하며 스크린에 빨려드는 것처럼 보인다. 스크린에 끌리는 데는 긍정적인 사용을 포함해 여러 가지 이유가 있지만, 우리는 모두 꼭 스크린을 확인해야만 할 것 같은 느낌을 경험한다. 스크린이 초자극과 변동강화계획의 형태로 뇌의 원시적 보상 체계에 편승하는 방식은 우리가 스크린에 그토록 '걸려드는' 두 가지 중요한 이유인 것 같다. 여기에는 고전적 조건형성 원칙 역시 작용하는 듯하며, 디지털 기기의 소리와 모습으로 무의식적인 반응을 불러일으킨다. 우리는 지금의 디지털 세상과는 판이한 세상에서 살도록 진화했다. 그런데도 뇌의 원시 부위는 종종 기기에 의해 장악되곤 한다.[82]

첨단산업 종사자의 상당수는 뇌의 이런 원시 부위를 어떻게 착취해 엄청난 수익으로 연결할지를 안다. 그들은 우리의 눈이 스크린에 머물길 원하며, 그것이 그들이 돈을 버는 방식이다. 물론 그게 근본적으로 나쁘지 않을 수도 있지만, 스크린을 통해 우리의 관심을 끌려고 각축전을 벌이는 수많은 기업의 누적 효과로 인한 대가를 치러야 할지도 모른다. 기업들은 계속 그럴 것이며 심지어 더 효과적으로 그렇게 할 거라고 믿을 만한 합당한 이유가 있다. 실리콘 밸리의 저명한 투자가 폴 그레이엄Paul Graham의 견해에 의하면, "이 세계는 40년 전보다 더 중독되었다. 그리고 만약 이런 기기들을 생산하는 테크놀로지의 진보 형태가 일반적인 테크놀로지 진보와는 다른 법칙에 종속되지 않는 한, 향후 40년간 이 세계는 그 이전 40년보다 더 중독될 것이다."[83]

우리는 우리의 시간 사용 방식에 의해 영향을 받는다. 그리고 경험상, 그것은 부분적으로 우리의 존재를 형성한다. 요즘 우리는 모두 수많은 디지털 호두를 섭취하고 있다. 일부 스크린 사용은 분명 유익하지만, 종종 우리와 우리 아이들의 눈은 점점 더 스크린을 향하고 서로에게서 점점 더 멀어지고 있다. 스크린에 쏟는 시간이 욕구 충족을 위한 여타 활동, 그중에서도 특히 서로 함께 하는 개인적인 시간을 대체하고 있다.

분명 우리의 스크린 사용에는 유익과 대가가 공존한다. 5장에서는 스크린 사용이 우리와 우리 아이들에게 미치는 영향을 살펴본다. 지식은 힘이며, 테크놀로지의 영향에 관한 지식으로 무장한다면 스크린을 최대한 활용하는 데 도움을 얻을 수 있다. 하지만 우리는 서로 간의 개인적인 만남을 통해 각자의 욕구를 충족하도록 진화했다는 사실을 항상 반드시 기억해야 한다. 따라서 우리의 스크린 사용이 아무리 유익한들 그것이 우리의 개인적인 관계를 지나치게 약화하거나 대체한다면 해가 된다는 것이 우리의 신념이다.

5장

스크린이 가족의 소통을 방해한다

1973년 우디 앨런이 출시한 영화 〈슬리퍼Sleeper〉에 등장하는 마일즈 먼로Miles Monroe는 초저온 동면에 있다가 200년 후 미래에 깨어난다. 그를 관찰한 과학자들은 그의 아침 식사 요청에 놀란다.

멜리크 박사: 그가 뭐라더라, 맥아, 유기농 꿀, 타이거스 밀크를 요청했어요.

아곤 박사: (웃음) 오, 그래요. 그게 과거 사람들이 생명에 필요하다고 생각했던 마법의 음식이군요.

멜리크 박사: 그럼 튀김은 없었다는 말인가요? 스테이크나 크림파이도요? 핫 퍼지는요?

아곤 박사: 그런 건 건강에 안 좋다고 생각했다고 해요. 지금 우리가 알고 있는 사실과는 정반대인 셈이지요.

멜리크 박사: 믿을 수 없군요.[1]

현재 세상에서 통용되는 영양상의 조언은 무엇인가? 달걀이 몸에 나쁘다, 아니다 몸에 좋다, 의견이 분분하다. 최신 연구에서는 뭐라고 하는가? 전문가가 영양에 관한 과학적 연구를 근거로 강력히 추천(예: 콜레스테롤 섭취를 줄이시오)했는데 나중에 정반대의 의견(예: 달걀과 낙농제품은 혈중 콜레스테롤에 크게 영향을 주지 않아서 섭취해도 괜찮다)을 읽을 때면 난감하다. 하지만 연구 방법론상의 약점과 연구 결과를 과장하는 학자, 언론인, 정치인들의 성향을 고려할 때 아마 상반되는 보도를 접해도 놀라선 안 되는지도 모른다. 건강에 좋은 음식을 먹고 싶은 사람은 선택에 도움이 될 정보를 위해 타당성 있는 과학에 의지하지만, 여전히 신뢰할 만한 지침을 찾는 데 애를 먹는다. 일례로 니나 티콜츠Nina Teicholtz는 《뉴욕타임스》의 기사에서 가장 기본적인 식사 권고에조차 충분한 과학적 증거가 결여되었다며 "육류를 제외한 식단이 미국인 모두의 건강에 좋다고 주장하다 갑자기 아니라고 할지도 모른다. 우리는 그저 모를 따름이다"[2] 라고 말했다. 그렇다면 달걀을 먹어야 하나? 포도주를 마셔도 되나?

디지털 미디어 소비는 달걀 섭취와 약간의 공통점이 있다. 연구 결과는 예비 단계이며, 뒤섞여 있고, 종종 과장되어 있다. 명심할 것은 달걀 섭취에 관해서는 훨씬 오래전부터 연구해 온 반면 디지털 기기의 영향에 관한 연구는 비교적 최근이라는 사실이다. 테크놀로지의 영향에 관해서는 최근 연구뿐이다.

5장은 테크놀로지가 관계와 기분, 생산성, 그리고 아동 및 가정의 다른 주요 영역들에 미치는 영향에 관한 연구 중 일부를 요약한다. 철저히 검토하려는 게 아니라 다만 몇몇 문제들을 조명하려 한다. 테크놀로지가 무차별적으로 퍼지는 형국이라 스크린의 영향을 요약하려는 것은 마치 인생의 영향을 요약하려는 것과 같다. 디지털 세상에서 경험은 현실 세계와 마찬가지로 좋은 것부터 나쁜 것까지 두루 있다. 때론 좋은 효과와 나쁜 효과가 동시에 나타날 수도 있다.

이 문제를 다루며 아직 연구가 초기 단계이고 테크놀로지는 빠르게 변하지만, 왜 아이들이 스크린에 무제한으로 접근하면 안 되는지에 대한 몇 가지 확실한 이유를 강조할 것이다. 그렇지만, 앞에서 논의한 내용을 근거로 생각할 거리뿐만 아니라 약간의 지침도 제시하려 한다. 결국, 스크린이 어떻게 우리와 우리 가족에게 영향을 미치는지를 우리는 정확히 알고 있어야 한다. 본격적으로 논의하기 전에 많은 부모가 자기 아이를 더 똑똑하게 만들어 줄 거라고 기대하며 구매하는 한 상품에 관한 이야기로 시작해 본다.

베이비 아인슈타인이 준 교훈

›››

주아니타는 한 살, 네 살 난 두 사녀의 엄마다. 그녀는 작은 회사를 경영하며 지역 사회 도서관에서 자원봉사도 한다. 그녀는 아이들에게 책을 읽어 주거나 함께 바깥에서 노는 걸 즐기지만, 회사의 업무를 할 수 있는 시간도 필요하다. 가끔 아이들을 텔레비전 앞에 앉혀

놓고 교육적 내용이 담긴 비디오를 틀어 주면 일할 수 있는 약간의 시간을 가질 수 있다. 하지만 죄책감이 들어서 그렇게 하지 않으려고 최대한 노력한다.

베이비 아인슈타인Baby Einstein을 기억하는가? 1990년대 유아용 비디오가 제작되어 교육교재로 판매가 되었다. 그 제품은 대단한 성공을 거두었고 2001년 월트 디즈니사가 베이비 아인슈타인 컴퍼니를 2천5백만 달러에 매입해, 장난감과 기타 제품을 생산하는 인기 있는 프랜차이즈로 키웠다.[3] 학자들이 베이비 아인슈타인 시청의 효과를 연구하면서, 일부 매력적인(그리고 상반된) 결과들이 드러났다. 그 제품이 인지적 발달에 긍정적인 영향을 주지 못한다는 혐의로 결국 디즈니사는 고객들에게 환불하기로 결정했다. 비디오, 태블릿, 또는 기타 디지털 기기에 대한 노출을 포함하여 '스크린 타임'이 영유아에게 어떤 영향을 주는가?

발달기의 정신에 미치는 테크놀로지의 영향에 관한 연구 자료를 바탕으로, 미국소아과학회는 스크린 타임과 유아들에 관한 권고를 발표했다. 미국소아과학회는 2016년 갱신된 권고에서 다음과 같이 조언했다. "18개월 미만의 아동에게는 화상 채팅 이외의 스크린 미디어의 사용을 권장하지 않으며" 아울러 "디지털 미디어에 접근하려는 18~24개월 아동의 부모에게는 양질의 프로그램/앱을 선택하여 아동과 함께 시청하기를 권하는데, 이것이 유아들이 배울 수 있는 최상의 방법이기 때문이다. 아동 혼자 미디어 사용을 배우도록 하는 것은 피해야 한다."[4]

권위 있는 의학단체에서 그토록 분명하고 강력하게 권고하는 데도 불구하고, 왜 그토록 많은 가정에서 아이들을 베이비 아인슈타인 비디오 앞에 앉히려 했을까? 결국, 미국소아과학회는 베이비 아인슈타인의 인기 절정기에 두 살 미만에 대한 스크린 타임 불허를 권고했다. 내과의들의 권고보다 상업제품 홍보가 더 공격적이라는 사실을 고려한다면, 많은 부모가 영유아를 위한 미디어 지침을 모를 수도 있다.[5] 아마도 일부 부모들은 경쟁사회에서 자기 아이들이 인지적 우위를 선점할 수 있다면 뭐든 기꺼이 했을 것이다. 이런 비디오가 긍정적인 차이를 만든다는 생각을 그 연구가 지지했을까?

한 연구는 비디오를 시청하는 아동이 비디오를 시청하지 않는 아이들에 비해 언어 발달 면에서 아무런 향상을 보이지 않았다고 시사했다.[6] 다른 연구 결과는 비디오를 시청한 아동이 시청하지 않은 아이들에 비해 아는 단어 수가 더 적다는 걸 발견했지만,[7] 그 데이터에 대한 분석은 동일한 결론을 도출하지 못했다.[8] 2세 미만 아동의 텔레비전/비디오 시청에 관한 일련의 연구를 살펴본 결과, 우리는 명백히 근거 있는 유익이 나타나지 않을뿐더러 명백히 근거 있는 인지적/언어적 감퇴를 나타내는 것 같지도 않다고 결론지을 수 있다. 그렇다면 부모들은 이렇게 질문할 것이다. 2세 미만의 아동에게 유아용 미디어를 보여 주면 무엇을 얻을 수 있으며, 그 대가는 무엇인가?

텔레비전에 관한 발달적 연구를 주제로 한 최근 논문은 영아들이 텔레비전에서 배우는 것이 거의 없으며 "주위에 항상 텔레비전이 있을 경우, 자주 유아들의 주의력을 사로잡아 산만해지고 집중력이 떨어지고, 부모-자녀 간의 상호작용을 감소시킨다"는 사실을 발견했다.[9] 생후 첫해 동안 최적의 학습은 영아들이 성인 및 다른 아동들과 교감할 때 이루어지며, 스크린 앞에 있는 시간은 사람과 더불어 그 관계에 참여하는 데 쓰인 시간이 아니다.

부모와 자녀가 교육용 비디오를 함께 시청할 때 어떤 일이 일어날까? 당연히, 텔레비전이 켜진 상태에서 부모-자녀 간 상호작용의 질은 떨어지며, 학습 향상용으로 설계된 교육 비디오를 부모가 영아와 함께 시청해도 참여도가 떨어진다.[10] 다른 테크놀로지의 '용량 영향'과 마찬가지로 적은 용량으로 약간의 유익이 있을지는 모르나, 텔레비전 앞에서 많은 시간을 보내는 것은 유익보다 해가 많다.

테크놀로지 영향에 관해 생각할 것들

›››

앞에 나왔던 주아니타의 경우, 그녀의 아이들은 한 살과 네 살이었다. 바쁜 부모로서 그녀는 미국 소아과학회 권고나 스크린 타임과 유아에 관한 연구 자료들을 훑어볼 시간이 없을지도 모른다. 만약 그녀가 연구 자료들을 보았다면 일부 상반되는 결과들을 발견했을 것이다. 주아니타는 아이들이 활동적인 놀이나 운동, 또는 사회적 작용에 썼으면 더 좋았을 그 시간에 텔레비전 앞에 앉아 있었던 것을 걱정했을지 모른다. 그녀는 해답을 찾으면서 왜 일할 시간을 얻기 위해 아이들에게 비디오를 보여주는 것에 대해 불편한 감정이나 죄책감을 느끼는지 자문하며 내면을 들여다볼지도 모른다. 어쩌면 스크린 타임의 분량을 고민했을 수도 있다. 유아들에게 매주 다섯 시간의 스크린 타임과 매일 다섯 시간과는 차이가 크다. 결국, 아이들의 테크놀로지 사용에 관한 결정을 내리려는 부모는 반드시 비용-편익 분석을 통해 스크린 타임의 장점과 단점에 대해 질문을 던져야 한다.

물론 장점이 있을 수도 있다. 예를 들어 아이가 알파벳을 배울 수 있게 도와주는 앱의 사용은 약간의 긍정적이고 주목할 만한 학습 결과를 낳을 수 있다. 그러나 아이가 그 앱에서 배운다고 반드시 부모나 다른 어른들에게 배우는 것보다 우월한 방법이라는 의미는 아니다. 분명 그 앱은 학습 과정에서 정서적 유대를 활용하거나 아이가 'O'자를 그날 아침에 먹었던 오트밀과 연결 짓게 할 수는 없다. 아이들은 수많은 다양한 방식으로 배우며, 사람과 앱 모두를 통해 배우는 것이 아이들에게 도움이 될 수 있다. 하지만 교육, 돌봄, 오락에서 기기에 지나치게 의존하면 가족 간의 상호작용, 어울림, 놀이, 관계의 기회가 줄어들 수 있는데, 그것들은 모두 건강한 발달에 중요하다.[11] 3장에서 논의했듯, 스크린 앞에서 보내는 시간과 관련된 기회비용이 있다. 주어진 시간은 일정해서 스크린 타임은 다른 중요한 활동에 참여할 기회를 뺏는다.[12, 13]

우리는 모두 자녀 양육에 있어 명쾌한 해답과 지침을 갈망하며, 테크놀로지에 관해서는 특히나 그렇다. 하지만 인생이 그렇듯 테크놀로지도 복잡하다는 게 현실이다. 학자들은 신화를 거뉩하는 테크놀로지의 영향에 관한 수많은 세부사항을 전부 살펴보는 건 사실상 불가능하다는 걸 발견했다. 그래서 그 연구에서 권고하는 사항은 확고부동할 수가 없다. 이 상황을 더 잘 설명하기 위해 비디오게임의 폭력성이 아동들에게 미치는 영향을 보다 자세하게 살펴볼 텐데, 그것이 테크놀로지에 관한 부모들의 우려 중 항상 상위권을 차지하기 때문이다.

비디오게임이 아동과 청소년에게 미치는 영향

리 저우는 열네 살 아시아계 미국인 소년으로 학교 공부를 곧잘 하는 편이다. 대다수 자기 또래와 마찬가지로 그도 비디오게임을 즐긴다. 그는 네 살 무렵부터 다양한 형태의 게임을 했다. 그의 부모는 그가 무슨 게임을 얼마나 오래 하는지 유년기 내내 관리하고 관찰했다. 그들은 아이에게 어떤 게임을 허용할지 결정하는 지침으로 오락소프트웨어 등급위원회ESRB, Entertainment Software Rating Board의 등급을 참조했다. 그들은 게임 시간을 하루 한 시간, 주말이나 휴일, 그리고 특별한 날엔 약간 더 하는 정도로 제한하려고 노력했다. 리가 커가면서 부모는 게임에 관해 더 많은 자유를 허락했다. 그들은 리에게 친구들이 많고, 규율상의 문제도 없으며, 스스로 알아서 우수한 성적을 유지하고, 테니스와 피아노를 비롯한 취미도 다양하다고 판단했다. 또한, 십 대가 되면서 아잇적보다 더 많은 자율성을 주어야 한다는 걸 그들은 알았다.

리는 최근 콜오브듀티Call of Duty 시리즈 중 인피니트워페어Infinite Warfare 게임을 시작했다. 이것은 일인칭 슈팅 게임으로, 리는 몇 명의 친구들과 함께 온라인에서 팀으로 게임을 즐긴다. 그것은 오락소프트웨어 등급위원회로부터 '성숙Mature' 단계(17세 이상)를 의미하는 'M' 등급을 받았다. 그가 게임을 하는 모습을 유심히 지켜본 리의 부모는 불필요한 폭력성이 그에게 부정적 영향을 끼치지 않을까 우려했다. 그가 더 폭력적이고 공격적으로 되지는 않을까? 그들은 이 문제에 관해 리에게 이야기했고, 그는 그들의 우려를 일축했다. "엄마, 아빠, 이건 그냥 비디오게임일 뿐이에요! 제가 이걸 한다고 무슨 사이코 킬러로 변하는 건 아니잖아요! 그냥 친구들과 재밌게 노는 거예요! 게다가, 친구들과 저는 마리오Mario 게임을 할 나이는 지났어요. 지금 친구들도 다 이 게임을 해요." 리의 부모는 그런 시각을 이해하면서도, 전적으로 동의하지는 않는다. 그들은 그런 폭력적 게임이 그와 친구들에게 부정적 영향을 주지는 않을지 걱정이었고, 리가 매일 두 시간, 주말엔 더 오래 하게 된 이후로는 특히 더 그러했다.

1970년대 후반 비디오게임이 대중문화 속으로 들어온 이후로 비디오게임의 폭력성은 부모와 정치인, 그리고 아동 발달 전문가에게 경종을 울렸다. 예를 들어 1982년 전 미국 보건국장 C. 에버렛 쿱C. Everett Koop 박사는 이 주제에 관해 개인적인 의견을 피력하면서 "게임에는 건설적인 요소가 전무하며 (중략) 제거하고, 죽이며, 파괴하는 게 전부"라고 말했다.[14] 1983년 스탠퍼드대학교 심리학자 필립 짐바르도Philip Zimbardo는 다음과 같이 이 의견에 공감했다. "협상과 협력보다는 먹고, 태우고, 해치워 버리는 것이다. 게임 대부분이 남성적인 통제와 권력, 그리고 파괴의 환상을 부추긴다."[15]

학자들은 1980년대부터 시작된 텔레비전의 폭력성 시청과 공격성 증가 간의 인과관계를 뒷받침하는 일련의 연구를 이용하여 비디오게임과 폭력성과의 이런 연결고리를 추적하고 발견했다.[16] 수많은 연구가 계속해서 공격적 행동, 적대감, 친사회적 행동 감소와 폭력적인 비디오 간의 연관성을 뒷받침한다.[17, 18]

하지만 폭력적인 비디오게임을 그런 부정적 결과와 연결하는 일련의 연구에 비판의 목소리가 없지는 않았다. 실제로 2013년 228명의 교수와 학자들은 미국심리학회APA, American Psychological Association에 보낸 공개서한에서 미국심리학회의 미디어 폭력 전담팀이 빈약하고 불충분한 데이터와 출판편향(실험이나 연구 결과가 출판 또는 배포의 여부에 영향을 미치는 것-편집주)에 근거해 미디어 폭력의 부정적 영향에 대해 과잉 일반화된 강압적인 결론을 내린 것에 대해 우려를 표명했다.[19] 비디오게임과 미디어 폭력의 영향에 관한 연구 문헌의 면밀한 검토는 왜 이것에 관한 논의와 지속적인 연구의 여지가 있는지 보여 준다. 수많은 연구가 공격성, 호전성, 폭력에 대한 둔감화, 공감력 감소와 같은 부정적 결과와 폭력적인 비디오게임 간의 관계를 찾지 못했다.[20, 21, 22] 2009년 《소아과학저널Journal of Pediatrics》에 발표된 한 연구에서 심리학자이자 스테트슨대학교Stetson University 교수이며 《모럴컴뱃: 게임 중독과 게임의 폭력성을 둘러싼 잘못된 전쟁Moral Combat: Why the War on Violent Video Games Is Wrong》의 공저자인 크리스토퍼 퍼거슨Christopher Ferguson 박사와 사회학자이자 텍사스A&M국제대학교 교수인 존 킬번John Kilburn 박사는 미디어 폭력과 공격성 간의 관계에 관한 연구 문헌을 분석했으며, 그런 관계를 보여 주는 연구를 선호하는 조직적인 출판편향을 확인했다. 그들이 이런 출판편향을 통계학적으로 통제하자 미디어 폭력과 공격성 증가와 같은 부정적 결과 간의 관계는 사실상 사라졌다. 2015년 비디오게임 폭력의 영향에 관한 메타분석에서 퍼거슨은 다음과 같이 결론지었다. "폭력적이든 비폭력적이든, 비디오게임은 아동의 행복에 미미한 악영향을 준다."[23]

심지어 아동 청소년 텔레비전 시청의 부정적 영향에 대한 방대한 연구도 주목할 만한 제한과 비평이 없는 것은 아니다. 예를 들어 오마하의 네브래스카대학교 범죄학 교수 조셉 슈워츠Joseph Schwartz 박사와 플로리다대학교 범죄학 교수 케빈 비버Kevin Beaver 박사는 텔레비전 시청과 폭력적 행동을 비롯한 다양한 범죄 행동 간의 인과적 관계를 주장하는 문헌을 대대적으로 재검토했다.[24] 그들은 다른 연구에서 적절히 실험되지 않았던 유전적 영향이 이런 부정적 결과와 인과적 관계를 보이는 것이지, 텔레비전 시청 그 자체가 그런 것은 아니라고 결론지었다.

여전히 이는 비디오게임(또는 TV와 같은 다른 형태의 미디어)이 아이들에게 아무런 영향을 미치지 않는다고 말하려는 것이 아니다. 간단히 말해, 비디오게임은 경험을 만들고, 이 경험은 우리에게 영향을 미친다. 이런 맥락에서 보면, 경험은 거기에 몰입할수록 더 큰 영향을 주는 게 분명하다. 우리 모두 이 사실을 직관적으로나 자신의 삶을 통해 안다. 우리는 뭔가를 더 많이 연습할수록 그 일을 더 잘하게 된다. 일주일에 1시간 기타나 체스 연습을 하거나 외국어를 공부하면 지금보다 그다지 나아지지 않겠지만, 매주 10~20시간씩 집중적으로 연습하면 급속히 실력이 늘 것이다. 이와 같은 선상에서 수많은 연구가 아동들이 이런 게임을 자주 할수록 긍정적/부정적 영향이 더 많이 나타날 수 있다는 이른바 게임의 '용량 영향'을 지적했다.[25, 26, 27]

비디오게임의 폭력성이 초래하는 공격성 증가와 같은 부정적 영향의 범위에 대한 일부 논란이 여전한 가운데, 그런 부정적 영향이 사회적 폭력의 전반적인 수준에 어떻게든 기여를 하겠지만 그것은 근소하다.[28] 미국에서 지난 30년간 사춘기 청소년 폭력 수준을 포함해 폭력 수준이 급격히 떨어졌다는 관련 증거가 많다.[29, 30] 하버드 대학교 심리학자 스티븐 핑커Steven Pinker 박사는 그의 흥미진진한 저서 《우리 본성의 선한 천사: 인간은 폭력성과 어떻게 싸워 왔는가The Better Angels of Our Nature: Why Violence Has Declined》에서, 언론이 우리를 어떻게 믿게 만들든, 인류 역사상 가장 평온한 시대에 사는 우리의 상황을 통계학적으로 뒷받침한다.[31]

미국심리학회의 미디어 폭력에 관한 입장에 비판적인 공개서한에서 교수와 학자들이 언급한 것처럼, 갈수록 지능화되는 폭력적인 비디오게임의 확산에도 불구하고 이런 사회 폭력은 감소했다.[32] 비디오게임 폭력성이 계속해서 상당히 인기가 있을 거라는 데는 이견이 없다. 예를 들어 2010년 중반 이후 M등급의 일인칭 슈팅 게임 콜오브듀티와 그 시리즈는 2017년 6월로 전 세계에서 2억 5천만 장이 팔렸다.[33] 얼마나 많은 수의 17세 미만 아이들이 그런 게임을 하는지 정확한 수치는 얻기 힘들지만, 남자아이들 대부분과 여자아이들 다수가 한다는 연구 결과가 있다.[34] 공격성에 영향을 미치는 요소는 많지만, 만약 이런 폭력적 게임이 다수가 두려워하는 공격적 행동을 심각하게 유발한다면, 사회 폭력은 엄청나게 증가했을 것이다. 하지만 그런 현상은 보이지 않고 있다.

결단코 여러 비디오게임에서 발견되는 전형적인 폭력 수준에 대한 온건한 노출이 착하고 공감력 있고 책임감 있는 아이들을 사이코패스나 대단히 공격적인 폭력배로 돌변시키는 그런 경우는 아니다. 하지만 특정 폭력적 비디오게임을 일정 분량 충분히 하는 것이 일부 아이들의 공감력을 떨어뜨리고 더 호전적이고 공격적으로 만들까? 그 질문에 대한 대답은 '그렇다' 이다. 설사 그렇더라도 폭력적인 행동에 기여하는 변수들은 너무도 많고 복잡하다. 이처럼 수많은 학자는 아동 청소년에 미치는 비디오게임과 미디어 폭력의 영향을 보다 정확하게 설명하려면 세심한 접근이 필요하다고 했다.[35, 36, 37, 38]

그렇다면 우리 부모들이 할 일은 무엇인가? 폭력적인 비디오게임이 더 공격적이고 공감력을 떨어뜨린다는 이유로 못하게 제한해야 할까? 아울러 텔레비전 폭력에의 노출도 제한해야 할까? 삶의 모든 것이 그렇듯, 사회과학에서 확정적인 대답과 확실성을 얻기는 힘들다. 만약 이런 게임들의 영향에 관해 의구심이 든다면, 다음의 질문을 해 봐야 할지도 모른다.

- 자녀가 몇 살인가? 신체적, 정신적 발달상 얼마나 성숙한가? 정신 건강 이상 이력이 있는가? 자녀가 공격성과 호전성을 보인 전력이 있는가?
- 어떤 비디오게임이 좋은가? 어느 등급인가? 거기에 어떤 형

태의 폭력이 묘사되어 있는가? 자극적인가? 자녀가 '악당' 역할을 할 가능성이 있는가?

- 어떤 미디어(또는 플랫폼)를 통해 게임을 하는가? (예: 스마트폰, 태블릿, 콘솔, 가상현실 헤드셋)
- 자녀가 게임을 하루 몇 시간씩, 그리고 어느 시간대에 하는가?
- 가족 구성원과 또래들, 그리고 지역사회가 폭력적인 행동이나 태도를 용인하는가?

이쯤 해서 우리가 비디오게임에 관한 어떤 지침을 제시할지 궁금할 것이다! 더 광범위한 권고 사항 목록은 부록 2에 제시했고, 다음은 간결하게 정리한 것이다.

- 오락소프트웨어 등급위원회의 등급을 확인하고 자녀의 연령/발달단계 수준에 적절한 게임을 선택한다. 전형적인 폭력성 비디오게임을 적당히 한다고 극히 해롭지는 않겠지만, 잠재적인 부정적 영향은 있다. 그러므로 조금 지나친 감이 있더라도 안전지대에 서는 편이 낫다는 게 우리의 신조다.
- 자녀를 폭력성이 덜한 게임으로 잘 유도하되, 특히 게임에 묘사된 폭력이 현실적이거나 자녀가 '악당' 역할을 하게 된다면 더 그래야 한다. 요즘엔 아이들이 이용할 수 있고, 재미있고, 매력적이며 폭력성이 낮거나 전무한 게임이 굉장히 많다.
- '용량'과 '대체'의 문제를 고려할 때, 자녀의 게임 시간을 대략 주중 하루 한 시간, 그리고 주말 두 시간으로 제한하라.

- 특정 게임을 할 때 아이의 분노, 적대감, 공격적 행동이 증가하는 게 눈에 띄면 바로 그때가 개입과 다른 대안으로의 재조정이 필요한 시기일 수 있다. 그런 문제가 발생하면 테크 해피 라이프 모델의 황색등 단계에 있을 가능성이 크다. 그런 상황을 어떻게 다룰지는 뒤에서 논의토록 하겠다.

건강한 관계가 우선이다

›››

피터는 주체할 수 없을 정도로 흥분해서 집으로 왔다. 그는 아버지에게로 달려가 학교에서 이번 주에 시작한 미라 프로젝트에 관해 말하기 시작한다. 선생님의 도움으로 자신과 친구들이 어떻게 미라를 만들고 매장할지 설명하자 피터의 아버지는 건성으로 고개를 끄덕이며 피터가 이야기하는 동안 동료에게 문자메시지를 보낸다. 거기엔 눈 맞춤도, 진정한 관계도 없었고, 피터는 아버지가 그저 건성으로 듣고 있다는 걸 깨닫는다.

건강한 관계는 우리의 전반적인 복지와 행복의 핵심이며, 따라서 테크놀로지가 어떻게 우리의 관계를 향상 또는 저해하는지 자세히 살펴보는 것은 주목할 가치가 있다.[39] 부모와 양육자에 대한 최초의 애착은 직접적인 상호작용을 통해 형성되는데, 태블릿과 스마트폰의 도입으로 서로 얼굴을 쳐다볼 시간이 적어졌다. 생후 첫해에 눈 맞춤을 제대로 하지 못한 영아들은 나이 든 후 심리적 어려움을 겪을 위험이 더 크다는 걸 보여주는 증거들은 많다.[40] 여기에 양육과 유전과 관련된 요소가 얼마나 많은 부분을 차지하는지는 불분명하지만, 다른 연구 결과를 참조하여 연관성을 끌어낼 수 있다.

흥미롭게도 학자들은 스크린 타임을 줄이면 심지어 단기간이라도 더 나은 관계와 연관된 몇 가지 기술이 향상된다는 것을 보여 준다. 한 연구에서 10세 미만의 아동들을 디지털 기기 없이 여름 캠프에서 5일을 지내게 한 후 디지털 기기를 사용한 동기들과 타인의 비언어적 감정 신호를 인식하는 능력을 비교했다. 캠프에 갔던 (사회적 상호작용의 기회가 더 많았던) 아동들이 그렇지 않았던 아동보다 감정 신호 인지면에서 더 큰 향상을 보였다.[41]

건강한 관계를 개발하고 유지하는 일은 우리의 집중적인 관심을 요구한다. 가족 구성원과의 진정한 관계를 위해 우리는 사회적 상호작용 내에서 미세한 것들에 주의를 기울이고 인정할 수 있어야 한다. 온전한 관심을 주고받음으로써 우리는 사랑하는 이들에게 그들이 중요한 사람이며 내게 소중하다는 사실을 소통할 수 있다. 적극적인 듣기, 눈 맞춤, 상호적 의사소통은 공감력을 개발하고, 사회적 관계를 형성하며, 궁극적으로 우리의 행복을 촉진한다.

우리는 모두 자신이 중요하고 가치 있는 사람이라고 느끼고 싶어 한다. 타인의 집중된 관심, 특히 무조건적인 긍정적 관심의 대상이 되는 것은 근본적인 차원에서 우리가 타인이 보기에 중요하다는 느낌을 경험하게 한다. 우리가 실생활에서 시선을 다른 사람에게서 거두어 스크린에 집중할 때, 스크린에 있는 것이 무엇이든 그것이 신체적으로 같이 있는 사람보다 중요하다는 메시지를 전달할 수 있다.

우리는 사회적 존재이며, 서로 좋은 관계 속에 있고 서로와의 관계성이 우리의 전반적인 행복에 필수적일 때 번영한다.[42] 상호 관계의 중요성을 고려한다면, 그 관계에 미치는 테크놀로지의 영향을 이해하는 것이 결정적이다.

인터넷과 스마트폰, 소셜미디어, 그리고 이메일은 상호 연결의 방법을 제시하며 디지털 미디어를 통한 소통의 옹호자들은 테크놀로지가 우리를 더 가까워지게 할 수 있는 잠재력을 지니고 있다고 주장한다. 다음을 고려해 보자.

- 텍사스에 있는 손주가 캘리포니아에 사는 조부모와 화상으로 대화를 할 수 있다
- 이탈리아 외국인 교환 학생이 뉴욕에 있는 자신의 사진을 피렌체에 있는 부모에게 이메일로 보낸다
- 십 대 여러 명이 방과 후 온라인상에서 과제와 관계, 그리고 대중문화에 관해 대화한다.

그렇더라도, 얼굴과 얼굴을 맞대고 소통하도록 진화해 온 뇌가 메시지, 트위터, 페이스북 게시물들을 통해 소통하기 시작할 때 어떤 일이 일어날까? 셰리 터클 박사의 말처럼 '모여도 각자', 각자 자신의 스크린을 쳐다보며, 신체적으로 같이 있지 않은 사람들과 대화를 나눌 때 이것이 가정 내 상호작용에 미치는 영향은 무엇일까? 잠깐 자신의 가족에 대해 생각하는 시간을 갖고 다음의 질문에 답한다.

1. 나와 내 가족 구성원과의 관계의 질이 스크린 타임에 의해 부정적인 영향을 받고 있다.
   (그렇다 / 아니다 / 가끔 그렇다.)
2. 스마트폰, 비디오게임, 혹은 컴퓨터를 하는 시간이 가족의 시간을 방해한다.
   (그렇다 / 아니다 / 가끔 그렇다.)
3. 테크놀로지가 직장에 일을 두고 퇴근하기 어렵게 만든다.
   (그렇다 / 아니다 / 가끔 그렇다.)

만약 이 중 어느 하나라도 '그렇다' 또는 '가끔 그렇다'로 대답했다면 가족의 시간을 어떻게 보내기를 원하는지, 가족의 원만한 상호작용이 어떤 모습일지, 테크놀로지가 어떻게 자신과 사랑하는 사람들에게 영향을 미치는지 숙고해야 한다.

우리의 테크 해피 라이프 모델에는 건강한 관계와 테크놀로지가 공존할 수 있는데, 그것은 어디까지나 우리가 약간의 경계를 유지하며 우선순위를 기기가 아닌 관계에 둘 때 가능하다. 부모로서 우리는 자녀들에게 적절한 관심을 주며 눈 맞춤을 해 주고, 직접 참여하며 가족의 시간과 스크린 타임을 어떻게 분리하는지 보여 주면서 아이들에게 모범을 보일 책임이 있다. 이런 행동들을 통해 우리가 아이들에게 어떻게 테크놀로지를 통하지 않는 놀이와 접촉, 개인 간의 소통, 진정한 참여를 비롯한 균형 있는 삶을 살 것인지 보여 주는 것은 테크 해피 라이프 모델의 토대와 정확히 맞아떨어진다. 우리는 반드시 아이들과의 관계에 투자해야 하며, 그래야 그들도 타인과 관계를 맺을 수 있는 능력을 가질 수 있다. 이것은 그들(그리고 우리)의 행복에 중추적 역할을 한다. 아이들과의 관계를 통해 우리는 1단계이자 예방 전략인 녹색등 단계를 가장 효과적으로 사용할 수 있다. 여기서 우리는 우리의 관계와 행복을 저해할 잠재력을 지닌 테크놀로지의 과도한 사용을 예방하고자 한다.

> 리즈는 열세 살이며 소셜미디어 사용과 사진 촬영을 즐긴다. 시각 예술가가 되려는 포부를 지닌 그녀는 자신과 친구들의 사진을 페이스북에 올리는 것뿐만 아니라 자신의 그림과 사진을 인스타그램에 올린다. 다른 사람들로부터 긍정적인 피드백을 받으면 기분이 좋았고, 불쾌한 평이나 마음 상하는 반응은 무시 내지는 차단하는 법을 빠르게 익혔다. 소셜미디어는 다른 사람들과의 유대감을 촉진했으며, 심지어 시에서 추진하는 하계 예술 프로그램에서 주는 장학금도 받게 해 주었다. 최근에는 정치에 관심이 생겨 소셜미디어를 사용해 근래의 사건들에 대한 최신 소식은 물론 예술에 대한 지원이나 여성의 권리, 빈곤처럼 중요한 현안들에 대해 사람들과 대화하는 창구로 소셜미디어를 활용한다.

스크린 타임 우려에 관한 문헌 대다수에는 관계의 어려움이 포함된다. 사실, 문제성 인터넷 사용PIU, Problematic Internet Use에 관한 상당수 연구는 다양한 관계 문제와 더불어 온라인상에서의 과도한 시간(예: 용량 영향)과 연관이 있다.[43] 관계와 문제성 인터넷 사용을 둘러싸고 닭이 먼저냐 달걀이 먼저냐의 논쟁이 있는 듯한데, 혹자는 취약한 관계성이 문제성 인터넷 사용의 원인이라고 하는 반면, 다른 연구는 그 반대라고 지적하기도 한다. 일부 학자들은 문제성 인터넷 사용을 인터넷중독 또는 충동조절장애로 지칭한다. 분명 인터넷 사용자 모두가 심각한 관계 문제를 안고 있는 것은 아니지만, 스크린 앞에서 지나치게 많은 시간을 보내는 사람들에게 대인관계의 어려움이 있을 수 있다는 건 놀랄 일이 아니다. 이런 우려들은 집착, 기분 장애, 사회성 결여, 과민 반응과 관련이 있는지도 모른다.

우리는 여전히 스마트폰과 비디오게임, 그리고 인터넷 사용 증가가 가족생활과 부모-자녀 상호작용, 그리고 행복에 어떻게 영향을 미치는지에 대해 배우는 중이다. 하지만 발달심리학, 아동 발달, 그리고 가족 체계에 대한 방대한 연구는 건강하고 적응을 잘 하는 사람이 주변 사람들과 유대감을 지닌다는 사실을 말해 준다.[44] 가장 친밀하고 애정 어린 관계를 형성하고 유지하는 일에 실패한다면 우리의 가장 기본적인 욕구를 돌보는 일에 실패하는 셈이다. 테크놀로지가 이런 관계를 저해할 때 가족은 서로에게 다시 연결될 방법을 찾아야 한다. 설령 그것이 기기로부터의 차단을 의미하더라도 말이다.

기분을 살펴보다

›››

"기분은 좀 어때요?" 자주는 아니더라도 가족들끼리 이런 질문을 주고받을 것이다. 기분이 최상의 상태일 때 우리는 사랑하는 사람들의 응대에 귀를 기울인다. 만약 자신을 잘 돌보는 사람이라면, 내면을 들여다보며 이렇게 자문한다. 나는 지금 기분이 어떤가? 이런 질문들은 테크놀로지와 스크린 타임의 맥락에서도 중요하다. 예를 들면 다음과 같다.

- 비디오게임을 세 시간 한 아이에게: 너, 기분 괜찮아?
- 한 시간이나 소셜미디어 게시글을 훑고 난 자신에게: 그러고 나니 어떤 기분이 들어?
- 종일 컴퓨터에서 일하고 있는 애인에게: 괜찮았어요? 그렇게 오래 스크린 앞에 있으면 어떤 기분이 들어요?

디지털 미디어는 근본적으로 나쁜 것이 아니며 고려할 중요한 요소는 미디어의 질과 양이라는 것을 우리는 안다. 그렇다 해도 '문제성 있는 미디어'(예: 폭력적인 비디오게임, 온라인 도박, 포르노)의 과다 사용은 부정적 결과와 관련된다.[45] 소셜미디어와 관련해, 180명의 대학생을 대상으로 한 한 연구에서 학생들이 페이스북에 더 많은 시간을 보낼수록 가벼운 우울 증상을 경험할 가능성이 더 컸다.[46] 연구자들은 이런 부정적 감정은 주로 비우호적인 사회적 비교에 기인한다고 결론지었다. 다른 학자들은 페이스북 사용이 가져온 부정적 감정은 거기에 들인 시간이 유의미한 시간이 아니었다는 자각에 기인할 수도 있다는 걸 발견했다.[47] 포모, 즉 나만 놓치고 있을지 모른다는 두려움은 낮은 삶의 만족도와 충족되지 못한 심리적 욕구와 관련이 있다.[48]

스크린 사용이 우리의 행복에 부정적 영향을 줄 수 있다는 걸 고려할 때, 어떤 식으로 영향을 미치는지를 의식하는 것이 중요하다. 우리 가족 구성원들의 행복을 살펴보는 시간을 갖는다면 잠재적 문제들을 선별하는 데 도움이 될 수 있다. 그렇다면 가정 내 스크린 타임의 질과 양에 약간의 제한을 둔 상태로 현재 사용 수준에서 아이들이 문제를 일으킬 위험이 있는지 알고 싶다고 가정하자. 다음 질문들이 도움을 줄 수 있다.

- 아이들이 스크린에 접근하지 못하면 지루하다고 불평하는가?
- 스크린 타임이 무기력이나 짜증을 유발하는가?
- 가족이 인터넷 사용을 놓고 짜증을 부리는가?
- 가족이 슬프거나 쓸쓸할 때 스크린 앞으로 가는가?
- 스크린을 끄거나 치워야만 하는 상황이 짜증, 감정 폭발, 갈등을 일으키는가?
- 스크린 타임이 가족 관계와 다른 활동을 많이 대체하는가?

부록 1에 있는 가족 스크린 타임 평가FAST, Family Assessment of Screen Time 도구도 이 과정에 도움을 줄 수 있다. 여기서 핵심은 자가 평가에 있으며, 더불어 가족 구성원에게 미치는 테크놀로지의 영향에 대한 이해도 중요하다. 테크놀로지는 다양한 방식으로 우리에게 영향을 미치며 질과 양 모두 중요한 요소로서 개인차 역시 중요한 역할을 한다. 가끔 우리는 우리의 행동 양식이나 이와 관련된 기분을 살펴보면서 무엇이 우리 삶에 작용하고 있으며, 그렇지 않은 것은 무엇인지에 대한 통찰을 얻을 수 있다. 아무리 이런 정보가 우리 코앞에 있어도, 집중력과 자기의식 없이는 못 볼 수도 있다. 어린 자녀의 경우 테크놀로지가 어떻게 자신에게 영향을 미치는지 보다 잘 이해하려면 어른의 지도가 필요하다.

기분에 미치는 테크놀로지의 영향을 생각할 때 스크린이 무엇을 대체하고 있는가도 고려해야 한다. 우리의 기분은 다양한 요인들에 의존하는데, 여기에는 수면, 운동, 사회적 상호작용이 포함된다. 우리는 아동의 건강한 발달에 놀이가 필수적이라는 걸 알지만, 상당수 아이는 학교에서 제한된 자유 놀이의 기회만 얻는다.[49] 아동들이 매시간 스크린 앞에서 보낼 때마다 그 시간에 할 수 있는 놀이, 사회적 참여, 언어발달의 기회를 빼앗긴다.[50] 이런 중요한 발달적 요구가 충족되지 않으면 아이들은 더 큰 인지적, 사회적, 정서적 어려움으로 인해 더 큰 위험에 처한다. 중독 전문가이자 《글로우 키즈Glow Kids》의 저자 니컬러스 카다라스Nicholas Kardaras 박사는 이렇게 말했다. "유년 시절 핵심 발달기에 적절한 사람과의 접촉과 양육의 뒷받침을 얻지 못하면 심각한 정서적 심리적 문제를 초래할 수 있다."[51]

멀티태스킹을 잘하면 좋은 걸까

>>>

자기가 먹을 식품을 직접 가꾸고, 입을 옷을 만들고, 살 집을 짓는다고 한번 상상해 보라. 기술 혁신은 현대생활을 여러모로 편리하게 만들어 다른 것을 추구할 수 있는 여가를 마련하였다. 컴퓨터와 인터넷 접근의 혜택 없이 이 책을 썼다면 훨씬 오래 걸렸을 것이다. 그런 용이성과 신속성으로 현재 우리가 소통하고, 자원을 공유하며, 창출할 수 있음을 고려할 때, 생산성 면에서는 테크놀로지가 굉장한 선물일 수 있다.[52] 이런 인식에도 분명 일말의 진리는 있지만, 동전의 다른 면이 존재한다.

스크린 타임이 뇌에 미치는 영향을 비롯한 신기술의 영향은 여전히 드러나는 중이지만, 일부 연구는 우리가 신중히 진행해야 하며, 특히 유아들의 경우는 그렇다는 걸 시사한다. 일례로 일부 동물연구는 발달기의 과도한 뇌 자극은 기억을 포함한 인지적(생각하는) 기술에 치명적 영향을 미칠 수 있다는 걸 보여 준다.[53] 생산성 향상을 위해 계획된 테크놀로지이지만, 유아의 인지적 잠재 능력 감퇴와 그것이 미래의 생산성에 미칠 영향은 반드시 재고되어야 한다.

최근 연구는 스크린 타임과 주의력결핍 과다행동장애ADHD, attention-deficit hyperactivity disorder 간의 관계를 시사한다. 분명 스마트폰과 비디오게임과 같은 테크놀로지가 ADHD의 근본 원인은 아니지만, 연구자들은 스크린 사용 시간이 주의력 문제 발생 증가와 관련이 있다는 걸 발견했다.[54] 흥미롭게도 연구자들은 주의력 감퇴 가능성이 반드시 스크린에서 비롯되지는 않지만, 아마도 사용자의 신속한 결정을 요구하는 비디오게임 같은 오락물의 급진전하는 변덕스러운 성향에 기인하리라 생각했다.[55] 싱가포르에서 3년에 걸쳐 3천 명 이상의 아동들을 대상으로 시행된 또 다른 연구에서 아이오와주립대학교 더글러스 젠타일Douglas Gentile 박사와 그 동료들은 비디오게임과 ADHD 간의 쌍방향적, 인과적 관계의 증거를 발견했다.[56] 따라서 비디오게임은 심지어 이전의 주의력 문제가 통계학적으로 통제되었음에도, 향후 주의력 문제 증가를 예고했다. 학습과 일을 위한 주의력 유지의 중요성을 고려할 때 이런 발견은 우려스럽다.

비록 현재 청소년들이 유아들만큼 아이패드와 스마트폰에 노출되지는 않았지만, 그들 역시 디지털 테크놀로지로 인한 주의력 산만과 씨름을 하고 있다. 열아홉 살 심리학 전공자의 경험을 생각해 보자.

> 나와 내 친구들이 모여 함께 공부할 때, 5분 이상 전화기를 확인하지 않고는 못 배긴다. 나도 심각하지만, 내 친구 중에는 훨씬 더한 애도 있다. 지난번 우리가 모였을 때 나는 친구가 공부에 집중하도록 아예 전화기를 빼앗았다. 웃기는 노릇이다!

우리의 일상에서 스마트폰과 스마트워치의 강림으로 테크놀로지는 어디에나 존재하게 되었다. 우리는 어딜 가나 기기를 휴대하며 심지어 그게 없으면 빈털터리가 된 느낌마저 든다. 게다가 푸시 알림은 우리를 여기 그리고 지금에서 빼간다. 자녀에게 책을 읽어 주는 도중에도 메시지와 트위터 알림으로 방해받는 부모를 생각해 보라. 심지어 스마트폰은 존재만으로도 인지능력을 저해해서 뇌의 유한한 정보 가공력을 유출시켜 학습, 문제 해결, 창의력을 떨어뜨린다.[57] 역설적이게도, 생산성 증대를 마케팅 요소로 내건 기기들이 사실상 그들이 광고하는 목표를 방해하는지도 모른다.

우리는 자신을 멀티태스커, 즉 저녁 준비와 이메일, 아이 돌보기, 날씨 앱 확인이 동시에 가능한 사람이라 생각할지 모른다. 그러나 사실 대부분의 사람들은 형편없는 멀티태스커이다. 놀랍게도 멀티태스킹을 잘하는 것이 더 많은 우울증 및 사회적 불안과 관련이 있다.[58]

진정한 멀티태스킹(예: 윌리엄 셰익스피어에 관한 에세이를 쓰면서 동시에 메시지를 보내는 십 대) 대신 우리는 과제들 사이를 부리나케 오간다(예: 작업 전환task-switch).[59] 하나의 일에서 다른 일로의 전환은 학자들이 말하는 '주의력 잔유물attention residue'을 낳는다.[60] 이는 곧 여러 일 사이를 옮겨 다닐 때 앞선 일에 기울였던 주의력의 일부가 남는 현상을 가리키는 용어이다.

일반적으로 우리는 생산성이나 효율성의 손실 없이 주의력을 급작스럽게 옮길 수 없다. 이런 초연결사회를 사는 데서 오는 숱한 방해는 '주의력 과실attention blink'을 일으켜 우리의 인지적 통제를 저해하며 정확성과 반응속도, 그리고 주의력 유지가 요구되는 그 어떤 일을 막론하고 수행력을 약화시킨다.[61, 62] 드러났듯이 한 번에 하나의 일에 집중할 때 보다 더 생산적일 수 있다. 이것은 워드 작업과 다른 생산성 앱뿐만 아니라 페이스북, 메시지, 다른 방해 요소들을 지닌 컴퓨터 작업자들에게는 하나의 도전이다. 연구 자료들이 반대의 결과를 말하지만, 보통의 십 대 청소년들은 자신이 한 번에 6~7가지 미디어를 효과적으로 오갈 수 있다고 믿을 것이다.[63] '멀티태스킹multitasking'에 대한 부분적인 반발 속에서, '모노태스킹monotasking' 또는 '유니태스킹unitasking'의 중요성이 현재 몇몇 사람들에 의해 알려졌다.[64]

스크린의 영향력을 모르다

>>>

스크린 사용의 일부 부정적 영향을 난제로 만드는 기기 사용 방식에 관한 또 다른 우려가 있다. 종종 우리는 스크린 사용이 어떻게 우리(그리고 다른 사람들)에게 영향을 미치는지 의식하지 못한다(또는 부인한다). 일례로 스마트폰 사용 추정치와 실제치를 비교한 한 연구에 의하면, 종종 청소년들의 실제 스마트폰 확인 빈도는 자신이 생각하는 바의 2배였다.[65] 텍사스경영대학원 교수 에이드리언 워드Adrian Ward 교수와 그 동료들은 단순한 스마트폰의 존재에 기인하는 '두뇌 유출brain drain'을 입증하는 연구를 시행했는데, 그에 의하면 연구 참여자 대다수는 스마트폰의 존재가 자신들의 과제 수행에 영향을 미치지 않는다고 생각했다.[66] 십 대들은 아무런 지장 없이 여러 개의 스크린을 동시에 효율적으로 조작할 수 있다고 믿었다. 한 연구에서는 멀티태스킹 실험 결과 멀티태스킹 성향이 가장 높은 청소년들이 상대적으로 일상에서 멀티태스킹 비율이 적은 청소년들보다 저조한 수행력을 보였다.[67] 이런 결과에 고무된 학자들은 다음과 같이 결론지었다. "자신의 멀티태스킹 능력에 대한 참여자들의 자각은 현실적 근거가 빈약하다."[68] 이런 연구들과 유사 연구들이 주는 통렬한 깨달음은 우리가 그 존재조차 인식하지 못하는 문제에 대해서는 해결하려는 동기부여가 되지 않는 것 같다는 사실이다.

요점

>>>

본 장에서 우리는 테크놀로지가 우리 삶의 중요한 영역들과 맞물리는 방식을 설명하려고 노력했다. 테크놀로지는 긍정적이건 부정적이건 우리의 기능에 영향을 미칠 가능성이 상당하다. 테크놀로지의 영향에 관한 연구는 여러모로 여전히 걸음마 단계이지만, 현재까지의 연구 문헌에 대한 검토를 통해 다음과 같은 일반적인 결과들을 얻을 수 있다.

- 스크린의 부정적 영향은 과도한 사용에 기인하는 경향이 있으며(예: 용량 영향), 물론 적당하고 발달단계에 맞는 사용은 종종 유익할 수 있다. 포도주나 달걀이 건강에 좋은가에 관해서는 여전히 논란의 여지가 있지만, 지나친 섭취는 분명 좋지 않다! 이는 스크린 사용에서도 마찬가지이며, 극단적인 수준의 테크놀로지 사용은 유익하지 않다.
- 테크놀로지의 영향은 양방향인 듯하며, 적어도 여러 사례에서 보았듯이, 과도한 테크놀로지 사용 성향을 보인 개인의 경우, 몇몇 기존의 질환(예: 우울증)을 앓고 있다. 역으로 테크놀로지의 과용은 기존 질환을 악화시킬 수 있다(예: 소셜미디어의 과용으로 인한 우울증 정도 증가).
- 멀티태스킹과 테크놀로지가 어떻게 영향을 미치는가를 우리는 의식하지 못하는 성향이 있다(예: 멀티태스킹으로 인한 생산성 감소). 우리는 종종 스크린 사용을 과소평가 한다.

- 테크놀로지를 과용하는 사람들은 상대적으로 삶의 만족도가 낮은 듯하며 역으로 이는 '현실' 세계에서의 관계성, 자율성, 유능성을 위한 심리적 욕구가 적절히 충족되지 못한 데 기인한다.
- 테크놀로지의 영향은 매우 미묘하며, 사용자가 어떻게 그리고 어느 정도로 영향을 받느냐에 관계된 다양한 변수가 존재한다.

부모로서 이런 도전은 자기진단, 성찰, 그리고 관계와 정신 건강 유지, 생산적 기여자라는 기본적 욕구 해결을 위한 계획 실행의 기회를 제공한다. 저널리스트이자 작가인 리디아 덴워스Lydia Denworth는 접촉의 발달적 유익에 관한 과학적 연구에 대한 자신의 보고서에서 다음과 같이 언급했다. "개인적 접촉을 가상의 소통으로 대체하기를 밥 먹듯 하는 사회에서, 애정 어린 접촉에 관한 발견들은 우리에게 모든 포옹의 기쁨을 만끽하고 몇 초라도 더 오래 안으려고 껴안은 손을 풀지 않겠다고 거듭 생각하게 만든다. 그런 순간들은 가장 풍요로운 관계의 기반이 될 수 있다."[69]

우리가 디지털 테크놀로지를 '포옹'해야 할 타당한 이유는 관계와 기분, 그리고 생산성 향상을 위해서다. 하지만 이런 동일한 혁명이 이런 영역들에서 우리의 욕구와 목표를 저해하기도 한다. 요컨대 스크린 사용이 삶과 진화적 유산과 일치하는 상호작용 방식으로부터 지나치게 멀리 벗어난다면 거기에는 결과가 따를 것이며, 그중 가장 심각한 것은 서로에 대한 진정한 친밀감의 감소일지도 모른다.

테크놀로지는 없어지지 않는다. 그래서 신중한 테크놀로지 사용은 결정적이다. 테크놀로지가 어떻게 관계, 기분, 그리고 생산성에 영향을 미치는지에 대한 의식을 키워서 가족 구성원들은 유익을 얻되 위험은 피하는 일을 더 잘 해낼 것이다.

이어지는 장들에서 우리는 가족이 좀 더 나은 균형을 유지하도록 도울 테크 해피 라이프 모델을 적용하려 한다. 우리가 제시하는 모델은 관계의 기초에서 출발한다. 관계는 이 모델의 기초이며, 우리가 이 균형을 찾지 못하면 관계의 약화를 가져올 수 있다.

6장

부모의 사랑과 권위가 자녀교육의 출발점이다

메건은 아침 내내 열 살 난 아들 잭슨을 닦달하는 중이다. 이미 등교 준비에 늦은 아들은 잠옷을 바닥에 내동댕이친 채 간신히 학교 버스에 올라타긴 했지만, 시리얼 그릇은 식탁에 그대로 있고, 방에는 풀다 만 숙제가 있다. 아들이 학교에서 돌아오자 메건은 그날 아침 그가 잘못한 일을 조목조목 따지기 시작한다. 아들은 숙제를 끝내면 되지 않냐고 말한다. 그러더니 터덜터덜 방으로 가서 문을 닫는다. 한 시간 후, 숙제는 하지 않고 지오메트리대쉬Geometry Dash 게임에 열중하고 있는 아들을 본 메건은 화가 폭발한다. 여전히 아이패드로 게임 중이던 아들은 이렇게 말한다. "이 단계는 한 번도 넘어 본 적이 없었단 말에요! 1분만 더 하고 숙제할게요." "그놈의 아이패드를 한시도 손에서 놓질 못하지!" 엄마는 이를 악물고 쏘아

붙인다. 게임을 멈추지 않으려는 아이와 옥신각신하며 언성이 높아진다. 메건은 아들의 손에서 아이패드를 그야말로 낚아채다시피 한다. 정말 어려운 단계를 거의 마치려는 중이었던 아들은 눈물을 글썽였다. 이것은 메건네 가족의 전형적인 일상을 보여주는 하나의 예이다. 모자 간의 오랜 감정적 줄다리기로 둘 다 지치고 화가 난 상태이다.

이런 상황이 익숙하게 들리는가? 부모로서 우리는 모두 가끔 아이들과 이와 비슷한 상황에 봉착하곤 한다. 스크린을 둘러싼 언쟁은 가족에게 타격이 크다. 우리는 한 번씩 스크린을 놓고 아이들과 그야말로 밀당을 벌인다. 이 문제를 해결할 최선의 방책은 과연 무엇인가? 위의 사례에서 메건은 어떻게 아들이 게임을 멈추게 할까?

어디에서 시작할까

›››

메건은 어떻게 아들에게서 아이패드를 떼어 놓을 수 있을까? 아마도 이는 잘못된 질문일 것이다. 우리는 메건처럼 이런 어려운 상황에 놓인 부모들에게 도움을 주고 싶지만, 그보다는 애초에 그런 갈등의 빈도를 낮추는 쪽을 선호한다. 본 장에서는 우선 테크 해피 라이프 모델의 기초인 관계를 논할 것이다. 공중보건 모델은 예방을 위한 노력으로 시작한다. 하지만 예방 노력이 성공을 거두려면 반드시 강하고 건강한 부모-자녀 관계가 확립되어야 한다. 여기서 모든 것이 시작된다.

관계를 통해 영향을 준다

>>>

우리는 본래 서로 관계를 맺고 살도록 진화한 사회적 존재이다. 따라서 긴밀한 관계에 대한 욕구는 생래적이다. 그야말로 생존을 위해 서로에게 의지한다. 만약 삶에서 최고의 순간을 생각한다면, 그것은 십중팔구 다른 사람(가족, 친구, 그리고 사랑하는 이들)과 함께했던 순간일 것이다. 온정과 애착 관련 신경 화학물질이 사회적 관계의 맥락에서 활성화되기 때문에 서로 연결되어 있다는 건 기분 좋게 느껴진다.[1, 2] 실로 관계가 행복에 어찌나 중추적인지 학자들의 발견에 의하면 사회적 거절은 뇌에서 신체적인 고통을 경험할 때 활성화되는 것과 똑같은 몇몇 영역들을 활성화시킨다.[3] 관계에서 고전할 때 우리는 고통을 겪는다.

부모로서 우리는 아이들이 자신에게 유익한 방식으로 영향을 주도록 테크놀로지를 균형 있게 사용해서 행복하고 건강하게 자라길 원한다. 이는 아이들이 자신들의 테크놀로지 사용으로 인해 행복하고 만족스러운 삶을 살 기회를 저해하지 않고 향상시킬 가능성을 높이도록 도와준다. 핵심은 바로 이것이다. 부모로서 우리의 영향력은 우리가 아이들과 맺고 있는 관계의 질에 강력히 의존한다. 방대한 연구가 우리와 아이들의 관계가 강할수록 아이들의 행복에 긍정적인 영향을 미칠 수 있다는 생각을 뒷받침한다.[4, 5] 어떤 의미에서 관계는 우리가 아이들에게 영향을 미치는 하나의 통로다.

요컨대, 부모는 유년기 내내 자녀들의 건강에 대한 신념과 행동에 영향을 미치며, 이런 영향이 청소년기까지 지속된다는 생각은 연구가 뒷받침한다.[6] 아이들은 십 대가 되어 또래들이 그들 사회의 중심이 되면서 자연히 부모와 거리를 두려고 할 것이다. 이런 예상을 하는 이유는 십 대는 자율성과 유능성 모두에 대한 심리적 요구를 지니는데 특히 청소년기에 이를 충족하는 것이 중요하기 때문이다. 그래서 그들은 종종 유년기에서 청소년기로 옮겨가면서 부모와 거리를 둔다. 그리하여 우리는 사실상 하루아침에 '태연할 수 없게' 될지도 모른다! 그럼에도 불구하고 십 대에게 영향을 미칠 만한 어떤 영향력이 남았는지는 여전히 우리가 그들과 가진 관계의 질에 크게 의존한다.

우리는 서로 간의 관계를 통해 관계성을 위한 심리적 욕구를 충족한다.[7] 어떤 이들은 두려움이나 위압감, 기타 회유적 수단을 통해 타인에게 권력을 행사하기도 하지만, 결국 우리가 타인에게 더욱 효과적으로 영향을 미칠 수 있는 길은 긴밀하고 따뜻하며 긍정적인 관계를 통해서다.[8] 아이들과의 건강하고 공고한 유대를 통해 우리는 그들이 자율성과 유능성을 위한 자신의 심리적 욕구를 충족하도록 성장하고 발전할 수 있는 여지를 남긴다. 따라서 아이들에게 긍정적 영향을 주려면 아이들과의 관계 형성과 유지가 결정적으로 중요하다. 이런 부모-자녀 유대감은 유아기에 시작되며 흔히 이를 일컬어 애착attachment이라고 한다.

애착 이론은 20세기 심리학의 가장 중요한 업적으로 양육, 교육,

그리고 정신 건강mental wellness의 이해에 엄청난 영향을 미쳤다. 애착 이론의 기본 전제는 유아 및 아동과 주양육자 사이에 생기는 초기의 유대감이 전 생애에 걸친 발달과 건강에 필요불가결하다는 것이다.[9] 이상적으로는, 아기들은 기본적인 신체적 정서적 욕구 충족 시 한 명 또는 그 이상의 양육자와 '확고한 애착'을 발전시킨다. 예를 들어 유아는 정서적 온정(안아주기), 수유(모유/분유), 반응(기저귀 갈아 주기, 울음 달래 주기)을 제공하는 엄마에게 유대감을 갖는다. 이런 유형의 양육은 아이에게 세상이 안전한 곳이며 사랑과 돌봄을 든든히 제공하는 누군가가 있음을 전달한다. 이런 확고한 애착을 지닌 아이는 언제든 돌아갈 수 있는 양육자라는 안전한 기지가 있다는 걸 알기 때문에 안심하고 더 큰 세상을 탐구하고 참여할 수 있다.[10] 아이들이 클수록 행동과 사회적 교류는 한층 복잡해지지만 이런 애착은 남아 그 기초 위에 다양한 유형의 양육이 이루어진다.

관계가 스크린 문제를 예방한다

›››

최적의 환경에서조차 힘든 것이 양육이다. 온통 스크린 천지인 세상은 가족 고유의 문제를 발생시켜 상당한 긴장과 갈등의 원천이 된다. 간단한 해법은 없다. 하지만 문제가 불거진 후 해법을 찾기보다는 애초에 이런 문제를 예방하는 편이 훨씬 효과적이다.

자녀를 이해하려는 노력이 중요하다는 신념뿐만 아니라 부모의 양육 방식이 테크놀로지 사용에 관한 행동을 결정할 것이다. 심리학자인 다이애나 바움린드Diana Baumrind 박사는 양육 방식 분야의 가장 영향력 있는 몇몇 연구를 통해 통제와 온정이라는 주제로 자녀를 이해할 방안을 깨닫도록 도와준다.[11] 부모의 자녀에 대한 통제 수준은 낮음에서 높음으로 평가할 수 있다(여기서 저통제는 허용적임을 뜻하고 고통제는 제한을 많이 두는 것을 나타낸다). 여기서 이런 질문이 나올지도 모르겠다. "부모로서 나는 어디쯤 해당할까?" 극도의 허용성 또는 통제를 보이는 부모도 있지만, 대부분이 중간 어딘가에 해당한다는 점을 염두에 두기 바란다.

다음으로 부모의 온정(따뜻한 태도)도 역시 낮음에서 높음으로 평가할 수 있다(여기서 저온정은 무시 또는 무관심을 뜻하며 고온정은 양육에 적극적으로 관여함을 의미한다). 이제 이를 자신의 양육에 적용하여 이렇게 자문하길 바란다. "나는 온정도 연속선warmth continuum의 어디에 해당할까?" 거듭 말하지만, 대부분의 부모는 양극단이 아닌 그 사이의 어느 지점에 해당한다.

자신의 양육 방식을 이해하기 위해 이 표에 근거해 생각하면서, 상황에 따라 양육 방식이 다양하다는 걸 염두에 두기 바란다. 부모가 짜증이 나 있거나 아플 때는 덜 온정적이 되지만, 휴일이나 특별한 날

양육 방식

독재형	저온정, 고통제	권위형	고온정, 고통제
허용적 무시형	저온정, 저통제	허용적 방임형	고온정, 저통제

에는 더 허용적으로 될 수 있을 것이다. 하지만 통제와 온정이라는 맥락에 따른 부모-자녀 간 상호작용의 전형적인 방식을 생각할 때 독재형, 권위형, 허용적 무시형, 허용적 방임형이라는 4가지 보편적인 양육 방식 중 자신이 어디에 속하는지 생각할 수 있다.

> 지난해 미카의 스크린 타임은 상당히 제한되었었다. 가끔 부모의 스마트폰으로 게임을 할 뿐, 자신의 기기를 갖지 못했다. 그러다가 조부모로부터 노트북을 생일선물로 받은 후로는 자기 방에서 온라인으로 동영상을 보거나 게임을 하면서 상당 시간을 보냈다. 미카의 부모는 이 시간이 너무 길다고 느꼈지만, 실제 아이가 얼마나 많은 시간을 컴퓨터 앞에서 보내는지는 알 길이 없었다. 시간도 시간이지만 독서, 실외 놀이, 가족 활동 등 다른 활동이 스크린 타임으로 대체되고 있다는 점도 걱정이었다. 매우 심각한 정도는 아니어도 이것이 '새로운 표준적 일상'의 서막이 될지도 모른다는 우려로 마음이 불안했다.

미카의 부모에게 어떻게 조언하겠는가? 기억하라, 이것은 단지 스크린 타임의 문제만은 아니다. 그것은 관계의 문제이기도 하다. 스크린 타임이 다른 중요한 활동(예를 들어 실외 놀이, 가족 시간, 교육적인 활동)에 보내야 할 시간을 너무 많이 빼앗는다면, 발달상 적절하고 건강한 활동을 확보하기 위해 부모가 전자 기기를 압수해야 하는 상황에 놓일 수도 있다. 갑자기 게임 시스템을 차단하면 갈등이 생길 것이다. 부모가 온정적 사랑의 관계라는 맥락에서 주의 깊게 통제한다면 갈등을 최소화하면서 원하는 결과를 얻을 가능성이 더 커진다. 미카 가족의 경우, 부모가 미카의 노트북 사용을 계속 허용할 수도 있지만, 분명한 시간 제한을 두고 거실에서만(부모 감독하에) 사용하게 하겠다는 결정을 내릴 수도 있다.

권위형 양육 방식의 틀을 사용해 미카의 가족이 스크린 타임 문제를 어떻게 다룰 수 있을지 살펴보자. 미카의 지나친 컴퓨터 사용을 우려하는 부모가 취할 수 있는 대응 방식을 4가지 양육 방식별로 제시하면 다음과 같다.

- 독재형Authoritarian: 미카의 부모는 이런 스크린 타임 문제의 싹을 자르겠다는 열의를 보인다. 일단 노트북을 회수하고 엄격하게 제한한다. 일체 비디오게임을 할 수 없다고 결정한다. 미카가 느낄 분노와 상처는 뒷전이다. 부모는 미카가 좋아하건 말건 축구가 좋다고 판단해 그를 축구팀에 등록한다. 이런 접근법은 아이들에게 뭔가를 주면 더 요구할 테니, 단호히 거절하고 물러서지 말아야 한다는 것이다.
- 허용적 무시형Permissive neglectful: 미카의 부모는 아이의 필요나 또래 남자아이에게 적절한 스크린 타임에 크게 신경 쓰지 않는다. 미카가 하고 싶은 대로 하도록 허용한다. 컴퓨터 사용 시간이나 어떤 유형의 콘텐츠를 사용해야 하는지에 대해 지침을 주거나 감독하지 않는다. 테크놀로지가 아이의 행복과 발달 형성에 어떤 영향을 미칠지에 관심이나 우려를 보이지 않

는다.

- 허용적 방임형Permissive indulgent: 미카의 부모는 아이의 행복을 위해 상당한 온정을 보이며 즉각적인 욕구는 채워 주지만 장기적인 필요는 크게 고려하지 않는다. 미카가 컴퓨터 시간을 원하면 허락한다. 만약 새로운 게임 시스템이나 비디오게임을 요구하면 얼른 사 준다. 아이의 연령과 발달단계를 위한 게임의 적절성에는 유의하지 않는다.
- 권위형Authoritative: 미카의 부모는 일관성 있고 합리적인 제한이 미카에게 유익하다고 이해하며, 온정적이고 지지하는 태도로 신중하게 제한을 정한다. 그들은 미카로 하여금 스크린 타임이 재미있고 유익하지만, 반드시 다른 활동이나 필요한 것들과 균형을 이루어야 한다고 이해하도록 돕는다.

보편적 접근 안에서 유연하게 대처하라

이런 4가지 방식은 부모가 자녀를 키울 때 사용할 수 있는 매우 일반적인 접근이며, 우리는 이들 방식처럼 단순화된 체계가 일상적인 양육 현실과 정확히 맞지 않는다는 걸 인정한다. 우리 경험상, 이상적인 양육과 독특한 환경, 스트레스, 그리고 통제를 넘어선 다른 요소들로 인해 다양한 상황에 놓인 행동 방식 간에는 종종 간격이 존재한다. 그렇지만, 상이한 양육 선략을 인식하고 자신을 위한 목표를 설정할 수 있으면 원하는 양육 방식을 그릴 능력을 갖추게 되며, 이것이 올바른 방향으로 나아가는 첫걸음이다.

심리학자로서 우리는 양육에 관한 연구를 검토해서 최선의 결과를 산출한다고 보이는 것을 결정한다. 앞서 언급한 바움린드의 연구 사례 데이터는 고온정 고통제(권위형) 방식을 권장하는데, 아이들은 사랑과 한계 모두 필요로 하기 때문이다.[12, 13, 14] 권위형 부모들은 대화와 이해를 통해 아이들의 행동을 지도한다. 그들은 자기결정이론에 의거하여, 아이들이 관계, 자율성, 유능성을 위한 욕구를 충족할 수 있는 환경을 창출한다. 이 권위형은 굳건한 관계의 기초를 고려하기 때문에 테크 해피 라이프 모델과 잘 맞는다.

아이들의 성장과 발달에 맞추어라

우리의 관점에서는 자녀들이 더 많은 요령과 책임감을 터득하면서 부모의 통제를 서서히 줄여 갈 때 자녀들은 더욱 적응력 있는 십대 청소년으로 자라난다. 이는 자녀들이 자율성과 유능성을 위한 자신들의 심리적 욕구를 충족할 수 있게 한다. 자기결정이론처럼 더 큰 자율성을 뒷받침하는 양육 관행은 더 긍정적인 결과와 관련이 있다.[15] 십 대가 지나친 부모 통제에 반발할 때 부모-자녀 관계가 고통받을 수 있다. 이는 관계에 대한 요구를 좌절시키고 부모에 대한 분노를 유발해 불안정한 애착 관계에 일조한다.[16] 그렇다면 이렇게 물어야 할 것이다. "무엇이 더 중요한가? 지속적인 통제냐? 아니면 관계 유지냐?" 명심할 것은, 성장과 발달은 일관되지 않아서 간혹 일보 전진하다가 이보 후퇴하는 것처럼 보일 때도 있다는 사실이다. 자녀들의 신체적 발달이 고르지 않듯 그들의 인지적, 정서적, 사회적 발달도 그러하다. 한계를 둘러싼 갈등은 온정과 통제가 교차하는 지점이다. 부모가 제한을 정하고 자녀가 이를 꺼리는 상황이라도 부모의 온정이 있기 때문에 아이는 심지어 부모가 "안 돼"라고 말해도 자신이 여전히 사랑받는 존재라고 느낄 수 있다.

통제와 온정의 조합은 더 어린 자녀들에게 적절한 제한을 정하는 3단계 접근에서도 쉽게 찾아볼 수 있다. 만약 자녀가 비디오게임을 원하는데 그것이 발달단계에 적합하지 않다면(이를테면 6세 자녀가 폭력적인 일인칭 슈팅 게임을 원하는 경우), 독재형 방식을 쓰는 부모는 단순히 "안 돼"라고 말할 것이다(고통제, 저온정). 하지만 권위형 전략을 지닌 부모는 ACTacknowledge, conversation, target alternatives(인정→대화→목표) 모델로 알려진 3단계 접근법을 사용할 것이다.[17]

1. 인정하라acknowledge: "네가 콜오브듀티를 얼마나 하고 싶은지 나도 잘 알아…" (자녀의 욕구를 인정한다.)
2. 대화하라conversation: "하지만 그 게임은 17살이나 그보다 나이 많은 형들이 하는 게임인데 어쩌지?" (제한을 정한다.)
3. 대안을 목표로 제시하라target alternatives: "대신 마리오 카트나 컷더로프는 할 수 있는데" (대안을 제시한다.)

이런 3단계 접근은 부모에게 제한 설정에서 더욱 신중하길 요구하며 단순히 "안 돼"라고 말하는 것 이상의 몇 가지 확실히 더 유익한 점들이 있다. 1단계에서는 자녀들의 욕구를 인정하면서 그들이 부모에게 얼마나 중요하며 가치 있는 존재인지를 그들에게 전달한다. 부모는 그들의 욕구를 인정하며 그들의 필요를 충족시킬 다른 기회를 제시하고 실망에 대처하는 효과적인 방법을 개발하도록 돕는다(롤링 스톤즈의 노래처럼, "네가 원하는 걸 항상 얻을 수는 없어"). 2단계에서는 몇 가지 합리적인 이유를 말하며(네가 아직 너무 어려서) 적절한 한계를 정한다. 3단계에서는 자녀에게 필요한(또는 원하는) 것이 충족될 수 있는 대안을 알려 주면서 도움을 준다. 열 살 미만의 아동에게는 2개의 대안을 제시해서 선택하는 데 도움을 준다.

연령이 좀 더 높은 아이들의 경우, 그들의 독립성 개발을 존중하는 것과 연령에 적합한 제한을 온정적으로 정하는 것 사이의 균형을 유지하는 것이 바람직하다. 우리가 살펴본 바로는 로스 그린Ross Green 박사의 협력적 선제적 해법CPS, Collaborative and Proactive Solutions이 가장 좋은 사례였다.[18] 협력적 문제해결Collaborative Problem Solving이라고도 불렸던 이 모델은 가정과 학교라는 환경 모두에 성공적으로 적용되었다. 이것은 행동상의 우려 사항들을 처리하기 위해 시도되었던(큰 성과 없이) 처벌 수단에 대한 참신한 대안을 제공한다. 그린 박사의 협력적 선제적 해법은 아이들에게 이미 긍정적인 목표가 있다는 사실을 인정하는 것으로 시작한다. 이를테면 아이들도 타인의 호감을 얻고, 모범적인 학교생활을 하며, 말썽 피우지 않고, 궁극적으로는 성공하길 원한다는 것이다. 지금까지 상담했던 아동 청소년들에게 진심을 말해 보라고 했을 때 학교를 중퇴하고 성인이 되기까지 한참을 부모 밑에서 살아도 개의치 않는다는 학생은 단 한 명도 없었다. 그린의 협력적 선제적 해법으로의 접근은 라이언과 데시의 자기결정이론과 정확히 맞아떨어지는데, 거기서는 인간을 유능성, 자율성, 관계성이라는 자신의 심리적 욕구를 충족하려는 내재적인 동기에 의해 움직이는 존재로 설명한다.[19]

협력적 선제적 해법은 처벌을 강조하는 대신 '아이들은 자기가 하고 싶으면 잘한다'가 아닌 '아이들도 할 수만 있으면 잘한다'는 생각에 바탕을 두고 있다. 이는 수많은 아동 청소년의 성장통을 무관심이나 불량한 의도가 아닌 기술 부족의 시각으로 본다는 의미다. 그리하여 부모는 자녀의 협력자로서 자녀가 자신만의 목표를 스스로 이루도록 근본적으로 도와줄 것을 장려한다. 부모와 자녀는 협력해서 공동의 문제에 대한 해법을 찾으려고 노력하는 한 팀이다.

요점

›››

아이들의 행복에 기여하는 다양한 요소가 있지만, 그중 가장 결정적인 것은 우리와 그들과의 관계다. 그것은 돌봄과 확고한 애착의 형성과 유지로 시작된다. 그리고 아이들이 자랄수록 온정과 제한으로 특징지어지는 권위형 방식의 활용을 시도해야 한다. 바로 그런 관계 속에서 아이들은 관계성, 자율성, 유능성을 위한 그들의 욕구를 가장 잘 충족할 수 있다. 따라서 발달상 우리는 이런 욕구들에 민감하도록 노력하면서 아이들의 성장에 따라 통제와 관리를 줄여야 한다. 아이들은 인생에서 성공하길 원하며, 부모로서 우리가 할 일은 안전한 성장의 여지를 허용하는 환경을 마련하는 것임을 명심해야 한다. 이는 어려운 균형 잡기이며, 특히 사춘기에 접어들면 더욱 그러하다.

초연결사회에서 테크놀로지의 확산은 부모에게 새롭고도 급속히 변하는 도전을 나타낸다. 하지만 우리는 이 도전을 여전히 효율적인 양육 관행의 틀 안에 있는 것으로 봐야 하며, 역으로 이는 강력하고 건강한 부모-자녀 관계에 의존한다. 이는 부모로서 우리의 영향력을 행사하는 데 중요하다. 다음 장에서는 이러한 관계의 형성 및 강화에 도움을 줄 몇 가지 전략들을 다루겠다.

7장

어떻게 아이와 좋은 관계를 맺을까

메건은 아들 잭슨과 함께 직접 초콜릿 쿠키를 만든다. 쿠키 만드는 일은 재미있었고, 갓 구운 쿠키를 차가운 우유와 함께 맛보며 즐거워한다. 그 후 메건은 잭슨에게 장난감 치우는 일을 상기시킨다. 그는 자주 실랑이를 벌이거나 그런 책임을 소극적으로 회피했었지만, 장난감을 치우러 가겠다며 순순히 동의한다. 잭슨은 아주 잠깐 아이패드를 하고 싶은 유혹을 느꼈지만, 엄마가 화낼 거라는 걸 안다. 그래서 그는 엄마가 기뻐할 거라고 기대하며 장난감을 치운다. 메건은 잭슨이 방에 어질러 놓은 장난감을 치운 걸 알고는 이렇게 말한다. "잭슨, 내가 부탁한 대로 장난감을 치워서 고마워. 그리고 너랑 같이 쿠키 만든 것도 정말 즐거웠어!"

어떤 부모라도 시간이 얼마나 빠르게 지나는지 실감할 것이다. 젖먹이가 거의 눈 깜짝할 새 아장아장 걷는다. 언제 그렇게 컸는지도 모르게, 십 대가 되고 대화는 대학과 직업 선택으로 옮겨 간다. 하루는 길지만, 세월은 짧다.

이런 시간을 우리는 어떻게 보내길 바라는가? 그것은 한정된 자원이라 너무도 빨리 사라져 버린다. 우리는 자녀들이 건강하고 행복하며 성공한 성인으로 자라길 바란다. 힘들겠지만, 우리가 자녀들의 미래를 전적으로 통제할 수 없다는 사실을 받아들여야 한다. 역설적으로 들리지만, 그들이 이런 목표를 달성하려면 우리는 그들의 발달 과정에서 조금 뒤로 물러서야 한다. 반드시 그들이 자율성과 유능성 욕구를 충족할 여지를 남겨야 한다. 궁극적으로, 자신의 행복과 성취를 위한 책임과 공로를 그들이 취할 수 있어야 한다.

하지만 우리가 어떻게 자녀들을 양육하느냐는 매우 중요하다. 우리는 유아기부터 그 이후까지 그들의 삶에서 변화를 만들어 낼 수 있다. 일반적으로 자녀들은 우리가 온정과 제한 설정의 균형을 이루는 권위형 방식에 가장 잘 반응한다. 자녀들이 성장하면서 우리는 갈수록 증가하는 그들의 자율성과 유능성 욕구 충족을 위해 그들을 위한 공간과 기회를 마련해 주어야 한다. 아이들과의 건강한 관계를 형성하고 유지하는 것은 그들의 삶에 대한 만족도를 보여주는 가장 좋은 예측 지표 중 하나다.[1] 더욱이 우리와 그들과의 관계는 우리가 최고로 영향을 미칠 수 있는 통로다.[2, 3] 그러므로 강하고 긍정적인 관계 형성에 투자하는 것은 자녀와 부모 모두에게 유익하다.

다음에서 우리는 우리가 아이들과의 관계를 강화할 수 있는 두

가지 강력한 방법을 다룰 것인데, 그것은 바로 아이들과 양질의 시간 보내기와 '마법의 비율' 사용하기다.

함께 양질의 시간을 만들어야

>>>

아이들과 양질의 시간을 보낸다고 해서 그들이 우리 말을 경청하거나 지시를 따른다는 보장은 없다. 그것은 만병통치약이 아니다. 부모로서 우리는 모든 것을 '제대로' 하려 하고 아이들은 여전히 발버둥을 치는데, 왜냐하면 아이들도 우리처럼 자유의지를 가진 존재로 그들의 자율성 욕구를 주장할 것이기 때문이다. 다른 요소들, 이를테면 유전적 요소, 또래 집단, 학교 환경, 교사, 지역사회, 우연한 사건 또한 그들의 행동에 영향을 미칠 수 있다. 하지만 우리와 아이들과의 관계에 투자하는 것은 그들이 우리에게 호의적으로 반응할 가능성을 높인다.

회의론자는 이를 일종의 조작이라고 생각할지도 모른다. 하지만 우리는 그렇게 생각하지 않는다. 이는 윈윈win-win전략의 한 사례다. 자녀들을 긍정적인 방식으로 지도하는 것은 부모의 책임이다. 유대감이 강한 관계는 그런 목표를 이룰 수 있게 도와주며, 그것은 따뜻함, 배려, 함께 하는 양질의 의미 있는 시간을 특징으로 한다. 게다가 가족 구성원들은 가정이 화목할 때 더 행복할 수 있다.

분명히 해 두지만, 우리는 뒷짐지고 그저 '하는 대로 내버려 두는' 태도를 옹호하지 않는다. 아이들에겐 부모의 제한과 지도가 필요하다. 분명 훈육은 나름 가치가 있지만 훈육은 처벌이 아닌 교육의 문제라는 걸 기억하는 것이 중요하다. '훈육discipline'의 어원은 '제자diciple'이다. 아이들에게 그들의 의무를 이야기하고 보상을 약속한다든지 할 일을 하지 않거나 약속을 어겼을 때 처벌하겠다며 위협하는 것은 그다지 교육적이지 않다. 이는 외부적 통제의 형태에 불과하다. 궁극적으로 우리는 아이들이 자기 조절(즉 상황적 욕구 충족을 위해 감정과 행동을 조절하는 것)을 할 수 있길 원하며, 자기 조절은 자율성 구조 안에 있다. 따라서 아이들이 이런 기술을 습득하고 개발할 방법을 배우는 것이 결정적이다.

만약 아이와 우리의 관계가 주로 명령과 비평으로 이루어진다면 그것은 좋은 관계가 아니다. 예를 들어 메건과 잭슨의 언어적 상호작용에 다음과 같은 말들이 포함될 수 있다.

- 방 청소해라.
- 숙제해야지.
- 신발 좀 치워.
- 아이패드 끄라고 몇 번을 말해야 알아듣겠니?!
- 그만 설치고 잠이나 자!
- 쓰레기 내다 버려.
- 채소 좀 먹어.
- 수학 시험 몇 점 받았어?
- 저녁 식탁을 엉망으로 해 놨잖아.
- 축구할 때 네 포지션을 벗어났어.

이런 말을 했다고 메건이 '나쁜' 엄마는 아니다. 사실 우리 모두 자신의 아이들에게 비슷한 말들을 한다. 그들에게 방향과 지침이 필요하지만, 우리는 관계를 형성하는 다른 방식으로 아이들과 상호작용하기를 원한다. 활동을 할 때는 단지 아이들을 향해 또는 그들을 위해서라기보다는 그들과 함께 하는 것이 중요하다.

우리는 지나친 통제나 회유 없이 최선을 다해 아이들을 교육하고 지도할 수 있기를 원한다. 옛 속담에도 있듯, "생선 한 마리를 주면 하루를 먹인다. 고기 잡는 법을 가르쳐 주면 평생을 먹이는 것이다." 자녀들의 행동을 통제하는 건 실제로는 그들에게 생선 한 마리를 주는 것이다. 우리는 자녀들에게 고기 잡는 법을 가르쳐야 한다.

관계를 형성하는 활동들

부모로서 긍정적 영향을 미치려면 관계가 형성되도록 아이들 삶에 개입할 방안을 찾아야 한다. 아이들이 현실 세계와 건강한 가족 관계 내에서 자신의 욕구가 충족되면 스크린을 통해 욕구를 충족하려는 유혹의 기회를 줄일 수 있다.[4] 좋은 출발점은 아래와 같이 함께 즐길 수 있는 몇 가지 활동을 찾는 것이다.

- 요리하기
- 공예 활동
- 모형 만들기 또는 레고 맞추기
- 액세서리 만들기
- 캐치볼

- 등산이나 자전거 타기
- 외식하기
- 공원 산책
- 연날리기
- 곤충채집
- 술래놀이, 보드게임, 카드 게임
- 책 읽어 주기, 함께 책 읽기
- 운동을 가르치거나 한 가지 운동을 훈련하기

아이들을 얼마나 사랑하고 아끼는지 말하는 것도 좋지만, 아이들과 함께 하는 활동은 확실히 이런 메시지를 전한다. "널 사랑해. 넌 내게 소중해. 너와 함께 시간을 보내고 싶어." 역으로, 우리 눈이 아이들을 향하는 것보다 스크린에 더 많이 머문다면 어떤 메시지가 전해질까? 아마 어떤 부모들은 해리 채핀Harry Chapin의 노래 〈요람 속 고양이Cat's in the Cradle〉에 담긴 교훈을 떠올릴지도 모른다. 만약 우리가 지금 아이들과의 관계에 시간과 관심을 투자하지 않는다면, 훗날 그들과의 관계에 있어 많은 부분을 전혀 누리지 못할 것이다.

'마법의 비율 5:1'을 활용하다

›››

관계 형성을 위해 아이들과 양질의 시간을 갖는 것 말고도 과학적 연구가 뒷받침된 또 다른 일반

전략이 있다. 가트먼 연구소의 존 가트먼John Gattman과 줄리 가트먼Julie Gattman 박사는 수십 년간 애정 관계를 연구했다. 그들이 발견한 것 중 하나가 '마법의 비율magic ratio'이다.[5] 그것에 따르면 긍정적 상호작용과 부정적 상호작용의 비율이 5:1일 때 그 애정 관계는 성공과 만족이 예상된다. 업무 환경에서의 리더십 관계를 비롯한 다른 맥락에서도 이 비율을 발견할 수 있다.[6] 이런 일련의 연구와 일관되게, 부모 훈련 프로그램의 효율성에 관한 어느 메타 연구에서 가장 큰 긍정적 결과 예측변수positive outcome predictors는 긍정적인 부모-자녀 상호작용의 빈도 증가로 드러났다.[7]

식물이 성장하려면 햇빛, 물, 비옥한 토양이 요구되듯, 우리와 자녀들과의 관계 역시 긍정적 상호작용을 바탕으로 할 때 만개한다. 이는 솔직하지 않은 칭찬만 하라는 의미가 아니다. 칭찬은 진실하고 명시적이어야 한다. 더욱이 능력보다 노력에 대한 칭찬은 스탠퍼드대학교 캐럴 드웩Carol Dweck 박사가 말한 '성장 마인드셋growth mindset'[8]을 강화하는 경향이 있는데, 노력을 통해 나아질 수 있다고 믿는 아이들은 보다 과감히 도전하며 좌절 앞에서 버텨낼 가능성이 크다.

일곱 살 후안은 부모의 태블릿으로 게임을 즐긴다. 부모인 마리아와 에밀리오는 스크린 타임에 제한을 둘 수밖에 없었고, 때로는 전쟁을 치른다. 주말이면 더 힘들었다. 밀린 집안일을 할 때, 후안에게 두세 시간씩 게임을 허용하고픈 유혹을 느꼈다. 하지만 아이의 시선을 장난감과 집 주변에서 할 수 있는 놀이로 돌리려고 애썼다. 구슬 굴리기 세트를 꺼내 아이가 좋아하는지 지켜보았다. 이걸로 아이는 다양한 구조물을 쌓은 후 그 알록달록한 바퀴와 활주로, 그리고 경사로를 통해 구슬이 얼마나 잘 구르는지 볼 수 있다. 지난번에는 잘 안 돼서 금방 포기했었지만 그건 1년 전이다. 조금씩 부모의 도움을 받으며 후안은 구조물을 쌓기 시작했다. 가끔 구조물이 넘어지거나 구슬이 걸려 내려가지 않을 때도 있었다. 아이가 노는 동안 마리아와 에밀리오는 간간히 격려했다. "후안, 집중을 잘하는구나! 아주 열심인데!" 드디어 제대로 커다란 구조물을 완성했을 때 후안은 자부심으로 환히 웃었다. 에밀리오는 소리쳤다. "잘했어, 후안! 끝까지 해냈어! 멋지다!"

이런 긍정적 상호작용이 반드시 언어적일 필요는 없다. 이런 긍정적 상호작용의 몇 가지 예는 다음과 같다.

- 안아 주기
- 쓰다듬기
- 따뜻한 미소
- "네 신발을 치워 줘서 고마워."
- "집에 와 바로 숙제를 하니 좋구나."
- "오늘 축구장에서 멋진 경기를 했어. 넌 정말 최선을 다했어!"
- "오늘 너랑 등산해서 정말 즐거웠단다!"

긍정적 상호작용의 사용에 관해, 특히 유용한 전략은 우려스러운 재발 영역을 다룰 때 칭찬을 활용하는 것이다. 일례로 자녀가 종종 집에서 신발을 아무렇게나 벗고 치우지 않는데, 어쩌다 신발을 치웠을 때 칭찬하면 이 행동을 증진시킬 수 있다. 마찬가지로, 스크린 타임 때문에 어떤 실랑이를 벌이든(예: 게임 시간이 다 되었을 때 스크린을 끄는 것), 아이가 신속히 행동하면 바로 칭찬한다(예: "조이, 제시간에 바로 게임을 끄니 정말 고맙구나. 대단한데!). 이는 원하는 행동을 늘리고 힘든 행동을 줄이는 효과적이고도 긍정적인 전략이다. 이런 전략을 '아이들이 잘할 때 포착하기'라고도 한다.

요약하자면, 우리는 자녀들에게 긍정적 방식으로 영향을 미치길 원한다. 관계는 우리가 아이들에게 영향을 미치는 통로다. 그 관계의 질은 부모로서 우리의 효율성을 증진시키므로, 관계 형성 및 강화를 위해 아이들과 양질의 시간을 갖는 것이 중요하다. 또한 '마법의 비율'을 사용해 부정적 상호작용이 한 번 있을 때마다 대략 5번의 긍정적 상호작용을 가지길 권한다. 긍정적 상호작용의 목표를 아이들이 바람직한 행동을 할 때 그들을 '포착하는' 것에 둔다면 특히 도움이 될 것이다. 종합하면, 우리와 아이들과의 긍정적 상호작용은 우리의 관계를 풍성하게 하는 자양분을 제공한다.

내적 동기 강화가 중요한 이유

›››

자기결정이론self-determination theory에 의하면, 행복과 성공의 촉진을 위해서는 외적 동인(예: 보상 취득,

특권 상실, 처벌 모면)의 사용보다 내적 동기의 강화가 유익하다.[9] 앞서 언급했듯이, 심리학자이자 호주가톨릭대학교Australian Catholic University 긍정심리교육연구소 교수인 리처드 라이언 박사와 로체스터대학교 임상 사회심리학부Department of Clinical Social Sciences in Psychology 교수 에드워드 데시 박사는 인간의 행동과 동기를 설명하기 위해 자기결정이론을 공동으로 개발했다. 이 자기결정이론과 일관되게, 자율성, 유능성, 관계성에 대한 개인의 경험을 만드는 것은 더 큰 동기와 창의력, 인내력을 강화하며 수행 능력을 향상한다.[10]

아이들이 자율성, 유능성, 관계성을 위한 자신의 심리적 욕구를 충족할 수 있도록 양육하는 것이 최선이다. 그렇게 하는 것은 역으로 아이들이 자신의 욕구 충족을 위해 내적으로 더 많은 동기를 유발하도록 도와서 더 성공적이고 행복한 삶을 살 수 있게 한다.[11] 분명 모든 일에는 때와 장소가 있다. 우리는 아이들을 관리하고 명령하며 달래기도 하고 강요도 한다. 아이들에게 해야 할 일만 말하고 싶은 강한 유혹이 들기도 한다. 무엇이 가장 빠를지 부모는 안다, 그렇지 않은가? 하지만 아이의 행동을 관리할 때, 특히 강제적 수단에 의지할 때 특히 주의해야 한다. 의도와는 반대로 아이들에 대한 통제는 종종 역효과를 내기 때문이다.

그 이유로는 다음과 같은 것들이 있다.

- 사람들, 특히 아이들과 십 대들은 통제받는 걸 좋아하지 않는다. 아이들의 행동을 관리하려는 노력은 자율성과 유능성에 대한 그들의 기본적인 심리적 욕구를 약화시킨다. 결국, 우리

는 그들의 자유를 제한하는 동시에 이런 메시지를 보낸다. "내 생각에 너는 네 인생을 효과적으로 관리할 수 없어. 그러니 내가 대신 해 줄게." 다른 사람이 나의 자유를 제한하고 통제할 때, 우리는 외적 통제에 저항하여 자율성과 힘을 회복하려고 한다. 부모로서 우리는 아이들에게서 이런 사실을 항상 실감한다. 종종 그들은 우리가 시키는 것에 저항하는데, 심지어 우리가 '옳을' 때도 그렇다.

예를 들어, 바깥 날씨가 추워진다는 걸 알면 우리는 아이들을 더 따뜻하게 입혀서 내보내려고 애쓴다. 기이하게도, 때로 아이들은 우리가 반드시 그렇게 입으라고 말했다는 이유만으로 거세게 반항한다. 아이들, 특히 십 대들은 '자해를 불사하며 반항하기'로 악명이 높다. 이런 논리 선상에서, 학자들은 테크놀로지에 집중하는 양육이 십 대들보다 어린아이들에게 더 큰 영향을 준다는 걸 발견했다.[12] 더욱이 학자들은 부모의 통제 노력이 청소년의 눈에 간섭으로 비쳐 부모 말을 따르면 유익할 규칙과 제한조차 전면 거부당할 수 있음에 주목했다. 통제에 반항하는 이런 성향을 지칭하는 심리적 역반응psychological reactance이라는 용어도 있을 정도다.[13] 어떤 사람이 행동의 자유가 제한받는다고 느끼면 자신의 자율성을 재확립하는 방식으로 행동하도록 동기부여를 받는다. 이런 성향은 자기결정이론의 핵심인 자율성을 위한 욕구와 흡사하다.

- 부모가 아이를 '바르게 처신하도록' 만드는 통제 전략에 의지하는데, 만약 이런 통제를 행사할 수 없으면 어떤 일이 벌어질

까? 종종 아이들은 드디어 이런 부모의 통제에서 벗어나 자유를 맛볼 때 다소(또는 많이!) 열광한다. 이런 십 대들이 대학 생활을 시작했을 때 새로운 자유를 책임감 있게 감당할 줄 몰라 열광의 도가니에 빠지는 모습을 본 적이 있을 것이다. 아마 부모 자신도 대학 시절에 그랬을지 모른다!

- 자율성과 유능성을 충족할 줄 아는 성인으로 성장하려면 자유를 책임감 있게 사용하는 법을 배워야 한다. 만약 부모가 지나치게 많은 통제 수단을 사용한다면, 아이를 위해 너무 많은 결정을 내려서 아이들이 자신의 유능성을 개발하는 법을 배울 기회를 부정하게 된다. 유능성과 자기 조절은 아이들이 부모로부터 적절한 지지와 지도를 받으며 서서히 개발할 수 있는 기술이다. 그러므로 부모는 아이들에게 자유를 책임감 있게 사용하며 자기 유능성 개발 및 행동 조절을 위한 연습 기회를 주어야 한다.

그렇다고 부모가 일절 통제 수단을 쓰지 말아야 한다는 말은 아니다. 아이가 어릴수록 더 많은 제한과 한계를 설정해야 한다. 하지만 어디까지나 관계의 특징인 온정과 배려의 확고한 기반에서 행해져야 한다. 아이들이 자랄수록 부모는 통제에서 서서히 물러나서 유능성과 자율성을 위한 그들의 내적 욕구 충족의 기회를 허용해야 한다. 이는 역으로 아이들이 책임 있는 어른으로 커 가는 동안 부모로부터 더 큰 독립심을 얻을 수 있게 한다.

부모가 역할 모델이 되어야 한다

›››

아이들과의 강하고 긍정적인 관계 형성은 8장에서 논의될 예방적인 녹색등 접근을 가장 효과적으로 활용할 토대를 마련한다. 이런 관계는 역으로 테크놀로지 세상에서 아이들이 균형 있는 삶을 살도록 돕는다. 아이들과의 이런 긍정적 관계가 주는 또 다른 유익은 우리가 더 강력한 본보기가 될 수 있다는 것이다. 많은 연구가 다른 사람들에게 추앙받는 위치에 있을 때 역할 모델로서 타인에게 영향을 준다는 사실을 시사한다.[14]

모든 부모가 기억해야 할 핵심은 이러하다. 만약 우리가 아이 대신 스크린에 지나친 관심을 두면, 아이들에게 긍정적 영향을 미치는 데 필요한 관계를 형성하려는 우리의 노력을 약화시킨다. 간디는 "당신이 세상에서 보고 싶은 바로 그 변화가 되라"는 말을 했다. 아마 오늘날 우리의 테크놀로지 사용 방식만큼 이 말이 중요한 곳도 없을 것이다. 자녀들의 테크놀로지 사용은 우리에게 가장 큰 도전의 하나를 안겨 준다. 하지만 부모로서 스크린 타임의 균형에 대한 본보기가 되는 것, 즉 이런 가족 규칙과 가치를 지지하며 먼저 우리 자신부터 그것을 따르는 것이 아이들의 스크린 타임을 줄이는 효과적인 방법이다.[15, 16]

변화가 되라

파크 부부는 열 살 난 아들 말론의 식습관을 우려한다. 정기 검진에서 내과의는 말론이 약 9킬로그램을 빼는 게 좋겠다고 했다. 말론은 자신의 몸무게를 의식하고 학교에서 약간의 놀림을 받은 적도 있었다. 그는 가공식품을 좋아하며 과일이나 채소는 거의 먹지 않는다. 운동도 거의 안 하고 바깥활동보다 주로 집 안에서 비디오게임을 하는 걸 좋아하는 편이다. 파크 부부 역시 건강한 체중 유지 문제로 씨름 중이다. 식생활을 개선하려 하지만, 외식과 즉석식품 구입이 잦다. 말론뿐만 아니라 부모도 운동을 거의 안 한다. 그들은 장시간 일하며 보통 자신의 컴퓨터로 일한다. 저녁과 주말에는 거의 일을 하거나 넷플릭스나 영화를 본다.

먼저 파크 가족을 비난하지는 말자. 우리 모두 어느 정도 똑같은 씨름을 하고 있다. 초자극 논의를 떠올려 보라. 우리는 생래적으로 건강에 나쁜 음식에 끌리게 되어 있다. 더욱이 광고업계는 온갖 상품으로 부단히 우리를 유혹한다. 하지만 파크 부부가 말론에게 당근을 먹고 동네 아이들과 밖에 나가서 놀라고 잔소리하는 모습을 상상해 보라. 그러면서 그들은 컴퓨터 앞에 앉아 감자칩을 먹는다. 이렇게 해서는 성공할 수 없다! 부모가 그렇게 하지 않으면서 아이들에게 건강에 좋은 음식을 먹으라고 요구할 수 없다. 마찬가지로 우리 스스로 자제하지 않는다면 아이들에게 테크놀로지 사용을 자제하라고 말할 수 없다. 우리 자신이 시범을 보이지 못하며 아이들에게 현실적으로 기대할 수 없다.

파크 가족에게서 부모가 말론과 양질의 시간을 갖는 대신 자신의 컴퓨터나 기기 앞에 앉은 모습을 여러 번 발견했을 것이다. 어른으로서 만약 우리의 스크린 사용에 대해 아이들이 반박한다면 이렇게 주장하려는 유혹을 느낄 것이다. "잠깐! 나는 컴퓨터로 일하는 중이야. 클래시오브클랜이나 페이스북을 하는 게 아니라고!" 아이들에게 단지 일과 관련된 스크린 사용이라는 이유만으로 원하는 또는 필요한 관심을 받지 못한 경험은 여전히 아프다. 그들은 이런 메시지를 받는다. "엄마 아빠는 컴퓨터를 하는 게 나보다 더 중요해." 마찬가지로 이것이 아이들이나 그 친구들이 스크린을 도무지 끄지 않을 때 우리가 그들에게 짜증이 나는 주요 이유의 하나이기도 하다.

온전한 관심을 선물하라

우리는 모두 다른 사람들 눈에 중요하고 가치 있는 사람으로 보이기를 열망한다. 다른 사람들이 우리를 인정하고 좋아하길 간절히 바란다. 셀카, 값비싼 핸드백, 디자이너 옷, 소셜미디어에서의 '좋아요', 학교에서의 인기, 고급 차, 성형수술, 보톡스 주사, '완벽한' 몸매를 위한 고된 운동 등등 다른 사람에게 긍정적 관심을 얻기 위한 필사의 노력을 생각해 보라. 서로의 관심을 끌기 위한 노력은 실로 엄청나다. 그러므로 다른 사람에 대한 우리의 전적인 관심은 막강하며, 이유는 그것이 이런 메시지를 전달하기 때문이다. "너는 소중해. 나는 네게 관심이 있어."

다른 사람에 대한 우리의 전적인 관심은 일종의 배려와 인정의 한 형태다. 지난 수년간 각자 자신이 좋아하는 멘토, 코치, 성직자, 교사들과 함께했던 경험을 생각하면 알 수 있다. 그들과 교류할 때 그들은 전적인 관심을 주었을 것이다. 이는 그 시간 세상에서 중요한 사람은 오로지 당신뿐임을 알게 했을 것이다. 가장 멋진 사실은 그런 능력이 우리 모두에게 있다는 것이다. 우리는 다른 사람들에게 전적인 관심이라는 선물을 줄 수 있다. 이 선물을 아이들에게 주는 것은 특히 중요하다.

아이들이 스크린 타임을 보다 책임 있고 신중하게 관리하는 문제에 있어서, 반드시 우리가 역할 모델이 되어야 한다. 우리는 스크린 사용의 한계를 정하는 것을 통해 다른 사람들과 직접 소통하며 보내는 시간에 경의를 표해야 한다. 아이, 배우자, 친구들에게 우리의 스크린에 무엇이 있든 그들이 더 중요하다는 메시지를 전해야 한다.

아이들에게 '적정한' 양으로 주의를 기울이는가?

우리의 스크린 타임이 다른 가족 구성원에게 어떻게 영향을 미치는지를 판단할 사람은 우리가 아니다. 바로 그들이다. 만약 우리의 스크린 사용 때문에 다른 가족이 걱정한다면 그것은 문제다. 한 사람만 그것을 문제로 느껴도 마찬가지다. 우리의 스크린 타임이 다른 가족에게 얼마나 큰 영향을 미치는지 파악하기 위해 다음과 같은 질문을 할 수 있다.

- 나의 스크린 타임 때문에 가족이 걱정하는가?
- 1~10까지의 척도로, 1은 '전혀' 그리고 10은 '극단적으로'일 때, 나의 스크린 타임에 가족은 어느 정도로 걱정하는가?
- 나의 스크린 사용에 문제가 있다고 생각하는가?
- 언제 다른 가족이 나의 스크린 타임을 걱정하는가? 그것이 너

무 지나치다고 느낄 때는 언제인가?

우리가 개발한 부록 1의 가족 스크린 타임 평가FAST, The Family Assessment of Screen Time 척도는 스크린 사용에 관한 가족 간의 이해를 돕도록 고안되었다.

요컨대 그저 이런 질문을 하는 것만으로도 우리가 아이들에게서 보기를 원하는 것에 대한 역할 모델이 된다. 우리는 아이들이 부모와 형제, 그리고 친구를 스크린보다 가치 있게 여기길 바란다. 우리는 종종 아이들이 스크린을 통해 친구들과 연결된다는 사실을 이해한다. 그럴 수도 있다. 그렇지만 우리가 직접적인 관계에 있도록 진화한 것 역시 사실이다. 우리의 행복에 필수적인 강하고, 깊으며, 욕구를 충족시키는 관계를 발전시키려면 스크린 타임을 제한하고 직접적인 관계를 위한 방해받지 않는 시간을 별도로 두어야 한다.

열한 살 드몽과 아홉 살 라샨 형제는 일요일 밤 부모와 함께 어느 식당에 갔다. 둘 다 게임에 심취해 틈만 나면 아이패드로 좋아하는 게임인 클래시로얄을 즐겼다. 드몽과 라샨은 차 안이나 식당에서 게임을 할 수 있도록 아이패드를 가져가겠다고 부모에게 애걸했다. 부모는 가끔 이것을 허락했지만 가족이 외식할 때도 스크린에서 고개를 들지 못하는 아이들이 걱정되기 시작했다. 부모는 이런 외식 시간을 온 가족이 소통하는 시간으로 활용하는 것이 최선이라는 결정을 내렸다. 그들이 좋은 역할 모델이 되어야 한다는 걸 아는 부모는 식사 내내 자신들의 휴대전화를 끄고 보지 않도록 주의했다.

비록 드몽과 라샨이 여느 아이들처럼 게임을 하기를 원하는 건 이해하지만, 우리는 그것이 미끄러운 비탈길임을 알 수 있다. 약간의 경계를 긋지 않는 한 우리의 직접적인 관계를 파고드는 테크놀로지의 잠식은 절대 멈추지 않을 것이다. 우리가 이런 한계를 정하는지, 그리고 어떻게 정하는지를 아이들은 지켜본다. 우리가 그렇게 한다고 딱히 그들이 좋아할 거라는 의미는 아니다! 사실 이따금 반발에 직면할 것이다. 하지만 이런 한계를 정하고 솔선수범하는 것이 부모인 우리의 책임이다.

부모도 실수할 수 있다

열여섯 살 소피아는 학교에서 돌아와 그간 열심히 준비했던 영어시험에서 'A'를 받았다고 엄마 앤에게 말할 생각에 들떠 있었다. 문을 열고 들어간 소피아는 노트북으로 페이스북을 보고 있는 엄마를 발견했다. 엄마는 노트북을 덮고 일어나 딸을 맞으며 오늘 하루 어땠냐고 물을 생각조차 안 했다. 왜 엄마가 시험에 관해 묻지 않는지 소피아는 의아했다. '엄마가 알아? 내가 얼마나 열심히 했고 또 그게 얼마나 대단한 일인지!' 소피아는 속으로 그렇게 생각했다. 소피아가 엄마에게 자신의 시험 성적에 관해 말할 때 엄마는 컴퓨터에서 눈을 떼지도 않았고 소피아가 한 말을 귀 기울여 듣지도 않았다. 실망한 나머지 소피아는 이렇게 외쳤다. "엄마! 제발 페이스북 그만하고 제 말 좀 들어줄래요!" 순간, 앤은 자신이 한 행동을 깨달았다. 그녀는 컴퓨터를 끄고 소피아에게 계속해서 사과했다.

스크린의 유혹은 강하고 끈질기다. 우리는 완벽과는 거리가 멀다. 이 초연결사회에서 우리가 항상 삶의 균형을 유지하는 것은 아니다. 우리도 가끔 앤처럼 아이들보다 더 스크린에 집중한다. 하지만 실수했을 때, 자책한다든지 자신을 '나쁜' 부모로 판단하지 않는 것이 중요하다. 실수하더라도 자신에게 관대해야 실수로부터 속히 회복될 수 있다.[17, 18]

마라톤에서 달리려고 애쓰는데 누가 때린다고 상상해 보라. 경기를 계속하기가 매우 어려울 것이다. 마찬가지로 부모로서의 실수를 자책한다면 향후에도 그런 실수를 하게 될 가능성이 크다. 만약 그런 실수의 가능성을 줄이는 게 목표라면 자기 연민의 마음을 가져야 한다. 어떤 행동을 '실수'로 판단하는 건 괜찮지만, 그런 실수를 한 자신을 나쁜 사람이나 무능한 사람, 또는 실패자로 비난하는 걸 우리는 원치 않는다. 비난은 행동에만 국한하고, 자신에게는 하지 말라.

역할 모델의 중요성으로 되돌아가, 우리는 실수에 대처하는 방식에서도 아이들의 본보기가 되길 원한다. 어쨌거나 우리는 아이들이 실수했을 때 그들이 이런 말로 반응하기를 원치 않는다. "난 바보천치야!" 그 대신 우리는 자기 연민과 책임 받아들이기, 용서 구하기, 향후 문제 처리의 좋은 본보기가 되길 원한다.

예를 들어, 앤은 소피아에게 이렇게 말했을지도 모른다. "네가 집에 왔을 때 내가 즉시 그만두지 못해서 정말 미안해. 내 실수였고,

네게 진심으로 사과할게. 내가 또 그놈의 페이스북에 빠졌던 것뿐이야. 앞으론 타이머를 맞춰서 네가 오기 전에 끝낼게. 날 용서하겠니? 자, 이제 영어시험에서 'A' 받은 얘기를 듣고 싶구나!"

앤은 자신의 실수를 인정하고, 용서를 구하며, 향후의 개선 조치를 강구했다. 앤은 자신이 소피아에게서 보기를 원하는 것의 역할 모델이 되었다. 그녀는 소피아에게 스크린보다 딸과의 관계가 더 중요하다는 메시지를 전하며 우선순위가 확실히 유지되도록 조처하고 있다. 요컨대, 그녀는 '실패'를 '승리'로 바꾸었다. 아울러 앤이 다시는 페이스북을 사용하지 않겠다는 약속을 하지 않은 것에 주목하기 바란다. 차라리 그녀는 스크린 사용이 소피아와의 관계를 방해하지 않도록 스크린 사용의 한계를 정하려고 노력한다.

요컨대, 앤 자신부터 행동을 고치려고 노력해서 소피아가 앤의 말에 방어적이 되기란 근본적으로 불가하다. 아이들이나 십 대들의 경우 우리가 그들의 불균형한 스크린 사용을 바로잡으려 하면 매우 방어적으로 될 수 있다. 하지만 우리가 자신의 행동부터 고친다면 실랑이 없이 무사통과다. 우리는 관계의 힘을 활용하여 우리가 아이들에게서 보기를 원하는 그런 변화의 본보기가 된다.

요점

›››

만약 우리가 아이들이 테크놀로지와 건강하고 균형 있는 관계를 갖도록 도우려면 반드시 아이들과의 관계에 투자해야 한다. 스스로 스크린보다 아이들을 우선시해야 한다. 그들에게 우리의 전적인 관심을 주는 행위는 우리가 그들을 깊이 배려한다는 메시지를 준다. 따뜻함과 한계 설정, 이 모두를 특징으로 하는 관계를 통해 우리는 아이들이 관계성, 자율성, 유능성을 위한 자신의 심리적 욕구를 효과적으로 충족할 수 있는 환경을 마련한다. 다음에서 우리는 어떻게 권위형 양육 방식이 스크린 타임의 어려움을 예방하며(녹색등), 불거지는 우려에 대처하고(황색등), 심각한 문제에 개입하는(적색등) 데에 적용될 수 있는지 말하려 한다.

8장

테크 해피 라이프 녹색등 단계

-예방이 최선이다

스크린의 유혹은 강력하면서도 항상 있다. 스크린의 강한 흡인력을 고려할 때 우리가 쏟는 노력의 상당 부분을 이에 대한 예방 전략에 집중해야 한다. 처음부터 건강한 테크놀로지 습관을 들이는 편이 불건전한 습관을 고치는 것보다 훨씬 쉽다. 우리는 녹색등 접근 즉 예방 전략을 효과적으로 실행할 든든한 토대를 형성하기 위해 관계에 투자한다. 테크 해피 라이프 모델에서 녹색등 단계는 테크놀로지 사용에서 그 어떤 만성적이거나 중대한 문제도 없는 상태를 지칭한다. 녹색등 단계의 양육은 그런 상태를 유지하는 것을 의미한다.

우리는 현실 세계에서 다른 사람들과 함께 여러 가지 활동에 참여하는 데에 큰 보람을 느낀다. 하지만 스크린의 끊임없는 흡인력은 우리의 관심을 현실 세계 참여와 상호작용이 아닌 기기로 향하게 만든다. 스크린이 관계성, 경쟁력, 자율성이라는 우리의 인간적인 필요를 충족할(또는 그러려고 노력하는) 다양한 선택지를 제공하는 반면, 인간은 사람과의 직접적인 연결을 통해 그런 욕구들을 충족하도록 진화했다. 결과적으로 우리는 현실 세계에서의 관계와 경험에 온전히 참여하는 데 시간을 투자해야 한다. 그러면서도 여전히 스크린 때문에 지나치게 값비싼 대가를 치르지 않으며 그것이 주는 혜택을 얻으려 한다. 만약 평소 스크린 사용을 제대로 관리하는 법을 배울 수만 있다면 뿌리 깊은 행복의 문을 열고 스크린이 지닌 다양한 긍정적인 혜택을 누릴 수 있다.

8장의 주제는 가족의 테크놀로지 사용이 통제 불능에 이르는 것을 예방하기 위해 활용할 수 있는 노력에 관한 것이다. 아마 아직 테크놀로지 과용 단계에 이르지 않은 어린 자녀를 둔 젊은 부모들에게 특히 더 관련이 있는 듯하다. 십 대와의 예방 노력은 훨씬 더 힘들고 효과는 적은 경향이 있다.[1,2] 하지만 우리는 이런 예방적 접근들이 어느 연령에서건 습득할 수 있는 본질적으로 건강한 습관이므로 모든 가정에 적합할 거라는 믿음도 갖고 있다.

앞서 우리는 양육 방식의 개념을 소개하면서 권위형 방식(고온정 저통제)을 최적의 접근으로 지지했다. 계속해서 권위형 방식이 녹색등, 황색등, 적색등 테크놀로지 관리 전략의 도입에 어떻게 활용되는지 설명하겠다. 맥스의 사례로부터 시작하자.

맥스는 여섯 살이다. 그의 부모는 수년 동안 맥스의 생활에서 테크놀로지의 균형을 이루기 위해 노력했다. 테크놀로지가 맥스에게 큰 혜택을 줄 수 있다는 사실을 아는 부모는 아이가 디지털 기기에 익숙하도록 연령에 맞게 신중히 선별할 기회를 주었는데, 특히 교육적 요소가 보일 때 그렇게 했다. 하지만 테크놀로지의 몇몇 잠재적 문제점들을 최소화하는 것에 대한 우려도 있었다. 그래서 그들 가족만의 규칙과 지침을 정하는 선제적 대처를 통해 그 폐해를 일부 약화 또는 제거하는 데 성공했다. 제한을 명백히 하며 유지했다. 예를 들면 식사 시간에는 스크린을 일절 금지시켰다. 아울러 오락소프트웨어 등급위원회 웹사이트 등에 올라온 등급과 평가를 활용해 게임과 앱이 발달단계에 적합한지 반드시 확인했다. 그들은 맥스의 오락용 스크린 타임을 주중 한 시간, 주말 두 시간으로 제한했다. 부모의 사려 깊고도 예방 지향적인 성향 덕에 맥스 가족은 다른 가족에 비해 스크린 타임을 둘러싼 갈등이 덜한 편이었다. 맥스의 부모는 권위형 양육 방식을 활용하여 맥스에 대한 온정을 보이면서 합리적인 제한에 관한 근거를 확보했다. 맥스는 부모의 사랑과 온정을 경험하면서 규칙을 정하는데 이유가 있다는 걸 알기 때문에(비록 그 규칙들에 항상 동의하지는 않아도) 안전과 공고함을 느낄 수 있었다. 더 중요한 것은 부모가 맥스와의 긴밀하고도 긍정적인 관계 형성에 공을 들였다는 사실이며 매일의 양육이 안착할 수 있는 토대가 되었다.

맥스의 부모가 사려 깊고 선제적이었다는 사실도 스크린 타임을 둘러싼 어려움을 배제하지는 못한다. 하지만 양육과 테크놀로지에 신중하게 접근하면서 맥스 가족은 이런 어려움을 한층 쉽게 극복할 수 있었다. 긍정적 관계와 권위형 양육 방식 덕분에 스크린 타임을 둘러싼 소소한 어려움은 계속 그 정도 수준으로 유지되었다. 다른 가족들, 특히 독재형 가족의 경우(고통제, 저온정), 종종 사소한 의견 차이가 고조되어 분열과 파국을 초래하기도 한다. 아래에 소개된 스크린 타임에 관한 맥스와 엄마 간의 대화를 통해 권위형 양육 방식에 대해 설명하겠다.

맥스가 판지 몇 장을 꺼내 접은 후 가장자리를 스태플러로 찍어 작은 책을 만든다.

엄마: 우리 맥스가 뭘 이렇게 열심히 하고 있을까?

맥스: 색깔에 대해 알려고 색깔책을 만들고 있어요.

엄마: 그 책에 대해 좀 더 자세히 말해 주겠니?

맥스: 그건요, 빨강은 불같고 뜨거운 느낌이에요.

엄마: 아! 색깔이 어떤 느낌인지 알려 주는 책이란 말이지?

맥스: 네. 그런데 그걸 찾으려면 인터넷을 해야 해요.

엄마: 음… 컴퓨터를 써야 한다 이 말이지. 그런데 어쩌나, 오늘은 더는 안 되는데. 색깔이 어떤 생각과 느낌을 주는지 생각하고 색깔책을 만들 수 있잖아.

맥스: 그건 저도 할 수 있어요. 파랑 하면 물이 생각나요.

맥스가 성장하고 그의 삶에서 테크놀로지의 역할이 더 커지면 양육 방식과 전략을 어떻게 적용하는지는 차후 다시 논의하겠다. 여기서는 건전한 활동 참여로 시작해 녹색등 전략에 집중하겠다.

아이들을 생활과 연결한다

›››

먼저 아이들을 생활 속 다른 활동들에 연결하는 것을 포함해 녹색등 단계에서 사용할 수 있는 전략으로 시작하자. 스크린이 제공하는 접근성과 다양성은 아이들의 주의력을 너무도 쉽게 스크린으로 향하도록 초기화한다. 부모들에게는 불행하게도, 스크린이 제공하는 접근성과 다양성은 종종 우리로 하여금 아이들이 스크린에 초기화되는 것을 너무도 쉽게 허용하게 한다. 물론 가끔 이 '전자 보모'의 덕을 보는 경우도 있다. 어쩌다 한 번씩은 확실히 그렇다. 하지만 아이들이 자신의 욕구를 충족시키고 뿌리 깊은 행복을 경험하려면 반드시 현실 세계의 활동에 참여해야 하는 점을 우리는 명심해야 한다. 그들의 현실 활동 참여는 스크린의 유혹을 줄이고 과도한 스크린 사용으로 인해 야기될 수 있는 문제들을 감소시켜 줄 것이다. 아이들의 심리적 욕구가 현실 세계에서 충족된다면 이런 욕구를 온라인에서 충족하기 위해 테크놀로지를 남용할 가능성은 줄어든다.[3, 4, 5] 루카스의 예를 고려해 보자.

> 열한 살 루카스는 비디오게임을 매우 좋아하지만 해리 포터나 퍼시 잭슨Percy Jackson 시리즈 같은 판타지 소설의 열혈 독

자이기도 하다. 루카스와 그의 부모는 인근 주립공원에 어린이를 위한 퍼시 잭슨 풍의 하프블러드 캠프Camp Half-Blood가 있다고 들었다. 그 캠프는 퍼시 잭슨 소설에서 영감을 얻은 야외 게임, 경연 대회, 모험으로 가득했다. 루카스는 책과 비디오게임을 떠나 주간 캠프에 가서 행복했을 뿐만 아니라 새로운 친구들도 많이 사귀었다. 이 새 친구 중 한 명이 루카스에게 매직더개더링Magic the Gathering이라는 카드 교환 게임을 소개했다. 새로운 몰입 대상을 발견한 루카스는 이제 카드를 모으고 새로운 친구들과 게임을 하며 지역 토너먼트에도 참가한다. 물론 아이패드 버전의 게임도 하지만, 그가 열정을 보이는 건 실제 버전이다. 그와 그의 친구들은 카드와 전략에 관해 끝없이 토론을 벌인다. 루카스는 동생 이언(9세)에게 게임 지도까지 하였다. 루카스의 부모는 다양한 직접적인 상호작용과 친구에게로 이끄는 이 게임을 지지한다.

루카스의 부모는 여름 내내 스크린 타임을 두고 그와 다투는 상황에 처하길 원치 않았다. 그들은 그것이 가망 없는 일이라는 걸 깨달았다. 루카스의 스크린 타임을 제한하며 관리할 수도 있겠지만, 그것이 투쟁의 연속이라는 것도 알았다. 또한, 그들은 아이가 집에서 참여할 수 있는 다른 어떤 활동이 있는지 몰랐다.

만약 이보다 더 어린 자녀가 있다면, 그들이 스크린 앞에 있지 않을 때면 "심심하다"를 에둘러 말하는 걸 듣게 된다. 이때 우리는 "내가 어렸을 땐 말이야"라며 일종의 훈계를 시작하려는 유혹을 느낀다. 그 전쟁을 치르느니, 여기서 일말의 예방법을 써 본다. 아이가 스크린과 무관한 욕구 충족 활동에 참여하는 것이 필수적이다.

우리는 아이가 깨어 있는 모든 시간을 활동으로 채우는 걸 옹호하지 않는다. 아이의 과도한 일정은 분명 문제의 소지가 있다. 자유 시간 및 자유 놀이의 가치는 상당하다. 하지만 모든 걸 아이들에게 일임한다면, 그들에게는 스크린에 빠질 합법적 이유가 생긴다. 그러므로 우리는 예방적 전략으로 다른 욕구 충족 활동에 아이들을 참여시킬 것을 하나의 첫 단계로 제안한다. 직접적으로 싸우지 않고도 자연스럽게 아이들의 스크린 타임을 제한하는 것이다.

여기 아이들을 스크린으로부터 차단하고 보다 생활과 연결시키기 위한 몇 가지 아이디어가 있다.

- 팀 또는 개인 스포츠
- 무예
- 악기 배우기
- 예술
- 요리
- 수학 오종경기Math Pentathlon
- 체스 클럽
- 로봇공학
- 소년/소녀 스카우트
- 자원봉사/지역사회 봉사
- 합창단

- 정원 가꾸기
- 인근 공원 산책하기
- 매직더개더링과 같은 카드 게임
- 던전앤드래곤Dungeons & Dragons 같은 판타지 역할 놀이 게임

물론 아이들과 함께 이런 몇몇 활동을 하는 것도 좋지만, 그들의 자율성과 유능성 욕구를 채워 주는 것 이외에도 그들 스스로 관심과 기술을 개발하는 것이 중요하다. 우리는 아이들이 적어도 하나의 과외활동에 참여하기를 권한다. 아이들이 하나의 활동에도 참여하지 않는 것은 선택사항이 아니지만 분명 원하는 활동을 선택할 자유는 있다. 또한, 아이들이 한 활동을 수년 동안 지속적으로 할 필요는 없다. 아이들이 다양한 스포츠와 활동을 시도하며 자신이 가장 좋아하는 뭔가를 배우는 것이 중요하다. 이는 단지 아이들이 다양성을 즐긴다는 사실을 의미하며 거기엔 아무런 문제가 없다. 하지만 일단 등록하면 그 시즌/주기를 끝내는 것이 바람직하다.

아이들에게 활동에 참여하라고 요구할 때 우리는 그들이 자신의 심리적 욕구를 충족할 뭔가를 발견할 거라고 믿는다. 요컨대, 이런 과정은 자연스럽게 스크린 타임을 둘러싸고 약간의 한계와 제한을 두게 될 것이다. 따라서 활동이 자연스럽게 스크린 타임을 대체하게 되어 아이들과 이 문제로 부단히 싸우지 않아도 된다.

시간이 지나면서 그런 활동이 주는 긍정적 유익을 아이들이 경험할 때 스스로 그것을 계속하려는 동기를 찾을 수 있다. 그런 활동은 근본적인 차원에서 심리적 욕구를 충족해서 결국은 자연스럽게 그

런 활동으로 되돌아가게 한다. 하지만 그런 활동이 욕구를 충족한다는 사실을 아이들이 알려면 반드시 경험을 해야 한다. 그들이 그런 경험을 할 수 있도록 기회와 약간의 격려를 제공하는 건 우리의 몫이다. 물론, 취미, 스포츠, 활동 참여에 우리 자신이 본보기가 되어야 한다! 우리가 스크린의 시야에서 벗어나 자신의 욕구를 충족하는 삶을 살아갈 때 아이들 역시 그렇게 할 것이다.[6]

권위형 양육 방식은 테크놀로지 관련 문제가 드러나는 것을 예방한다. 하지만 이는 방대하고 복잡하며 논쟁적인 주제임을 우리는 전적으로 인정한다. 게다가 테크놀로지는 급속히 진화하고 동시에 아이들도 발육상으로 변하므로 권위형 방식은 동적인 목표를 가져야 한다. 더 복잡한 문제는 다자녀 부모의 경우라면 아마도 한 자녀에게 효과가 큰 방법이 다른 자녀에게도 항상 그렇지는 않다는 걸 발견할 것이다. 그러므로 우리가 모든 문제에 대한 해답을 가질 수는 없다고 말해야 한다. 또한 우리가 깨달은 바는 부모마다 상이한 가치관과 신념과 기대를 지니고 있다는 사실이다.

하지만 이미 언급했듯이, 모든 양육자는 아이들을 행복하고 생산적인 사회 구성원으로 키우려는 공동의 목표를 공유한다. 다만 그런 목표 달성을 추진할 최상의 방법에 서로 항상 동의하지 않을 뿐이다. 심지어 권위형 양육 방식을 적용해도 그것이 모든 구체적인 해답을 제공하지는 않는다. 그보다는 권위형 방식은 하나의 틀을 제공한다. 모두 각자 자기 가족에게 최상의 방식을 찾아야 하며 이런 어마어마한, 동적인 목표로 인해 제기되는 어려움을 인정해야 한다. 우리는 부모들이 자녀의 테크놀로지 문제를 중심으로 양육을 위해 애쓰는 과정에서 고려할 가치가 있다고 생각하는 몇 가지 아이디어를 나누고자 한다.

| 오디세우스의 교훈

호메로스의 오디세이Odyssey에서 오디세우스와 대원들은 항해 도중 바다의 요정 세이렌이 있는 곳을 통과해야 했는데, 세이렌은 최면을 거는 노래로 선원들을 유혹해 배를 암초로 돌진하게 하는 것으로 악명이 높였다. 오디세우스는 그 노래를 듣고 싶었지만, 만약 그렇게 되면 배가 난파되고 익사하리란 걸 알았다. 그래서 그는 부하들에게 자신을 돛대에 묶은 후 자기가 풀어달라고 애원해도 꽁꽁 매어 놓으라고 당부했다. 아울러 그는 부하들도 밀랍으로 귀를 막아 세이렌의 부름에 유혹되지 않게 했다. 이로써 오디세우스는 배를 위험에 빠뜨리지 않으면서 세이렌의 노래를 들을 수 있었다.

오디세우스는 세이렌의 유혹을 피할 수 없다는 걸 알았기에 예방 조치를 최우선으로 취하지 않은 상태에서 세이렌의 노래를 듣는 것을 택하지 않았다. 자신으로부터 스스로를 구원하려면 오디세우스처럼 생각하고 행동해야 한다. 테크놀로지의 유혹과 싸우려는, 승산 없는 싸움을 택해서는 안 된다. 이전에도 언급했듯, 우리 뇌의 원시적인 부분에 대항하는 전쟁에서 이길 수 없다. 테크놀로지 안에 깊이 심어진 변동강화계획과 초자극은 특히나 테크놀로지를 매력적으로 만든다. 아울러 우리는 테크놀로지에 반응하도록 고전적으로 조건화되어 있다. 세이렌의 부름은 사실상 저항이 불가하므로 더 현명하게 생각해야 한다. 녹색등 전략의 하나로 오디세우스의 접근을 활용함으로써 애초에 이런 테크놀로지가 습관화되는 것을 예방할 수 있다.

이를 목표로, 우리는 약간의 예방적 권고를 개발했다. 스크린 사용이 어떻게 습관화되는지에 대한 이해를 바탕으로 이를 개발했다. 습관이 중독으로 변할 수 있는 만큼 불건전한 습관의 형성을 예방해서 중독을 예방할 수 있다. '나쁜 습관'과 '중독' 사이의 경계는 사실상 모호하다. 우리는 이런 용어상의 문제를 세부적으로 다루지는 않을 것이다. 하지만 두 경우 모두 예방이 관건이다.

혹자는 오디세우스가 세이렌에 대처할 자신만의 접근법을 고안하고 실행한 점을 제대로 지적했는지도 모른다. 결국 우리의 진정한 바람은 아이들이 스스로 조절을 하는 것이다. 요컨대, 그들이 자신의 유능성과 자율성 욕구를 충족하는 법을 배우면서 자기 조절을 할 수 있을 것이다. 아이들에게 오디세우스식 접근을 강요하며 그들이 스스로 이렇게 하는 것을 배우길 항상 기대할 수는 없다. 하지만 아이들이 더 어릴 때 우리가 제시하는 몇몇 전략을 시행하는 것이 부모들에게 최선이라고 우리는 믿는다. 아이들의 성장에 따라 우리는 점진적으로 물러서야 할 것이다. 우리가 아이들을 위해 모든 걸 조절하면 자기 조절을 가르칠 수 없다. 그들이 자기 유능성과 자율성을 향해 가도록 우리가 통제할 수는 없다.

습관적인 스크린 사용 형성을 예방해야 관계의 우위도 유지됨을 명심하는 것이 중요하다. 아이들에 대한 우리의 영향은 그들과의 돈독한 관계 형성에 의존한다. 만약 직접적인 상호작용 시간에서 지나치게 많은 부분이 스크린 타임으로 대체된다면, 우리가 추구하는 긍정적 영향력을 얻게 해 주는 강한 유대를 형성하지 못한다. 다음의 예방적 권고는 오디세우스의 강력한 예에서 영감을 얻은 것들이다.

예방을 위한 방법

>>>

실비아는 공립초등학교 4학년이다. 급우들 몇 명은 벌써 스마트폰을 갖기 시작했으며, 실비아도 정말로 갖고 싶었다. 그녀는 크리스마스 선물로 스마트폰을 사달라고 부모 조이스와 칼리를 졸랐다. 조이스와 칼리는 실비아의 말에 공감했다. 그들은 스마트폰을 원하는 실비아를 이해했고 실비아가 스마트폰을 가져야 한다고 생각하는 이유를 들어 보았다. 하지만 그들은 좀 더 기다려야 한다며 부드럽지만 단호하게 말했다. 스마트폰에 따르는 책임과 도전을 효과적으로 감당하기에는 실비아가 너무 어리다는 우려를 표명했다. 실비아는 눈물을 글썽이며 실망감을 나타냈다. 그녀는 방으로 달려가 문을 쾅 닫았다. 조이스와 칼리는 그녀가 진정할 여유를 주었고 얼마간의 시간이 지난 후 그녀가 어떤지 확인했다. 실비아는 여전히 부모에게 화가 나 있었고 그들의 결정에 동의할 수 없었지만, 여전히 그들 모두를 사랑하기에 오랫동안 화가 난 상태로 있을 수는 없었다.

앞서 우리는 테크놀로지가 문제를 일으키는 것을 애초에 예방할 수 있는 오디세우스 접근의 중요성을 논의했다. 위의 시나리오에서 조이스와 칼리는 이런 접근을 딸 실비아에게 활용했다. 그들은 실비아가 너무도 스마트폰을 갖기를 원하지만 그들의 안심 수준에 부합하기에는 너무 많은 문제를 유발할 가능성이 크다는 점을 깨달았다. 그들은 자신들의 의견을 실비아와 조율하기 힘들었지만, 향후 일어날 더 큰 잠재적 문제를 예방하기 위해 온정적이면서 제한하는 권위형 양육 방식을 사용했다.

스크린 타임을 둘러싼 부모의 신념, 행동, 태도, 가족 규칙이 자녀의 스크린 사용 수준에 현저하게 영향을 준다는 일련의 연구가 있다.[7, 8] 다음에서 녹색등 단계 내의 몇몇 주요 예방적 접근을 열거한다. 오디세우스도 찬성할 거라 생각한다. 부록 2에는 한층 광범위한 목록을 실었다. 자신의 가족에게 효과적인 자신만의 제안이 있을텐데, 각자가 지닌 제안을 www.techhappylife.com/tech_tips/에 올려 주기 바란다. 우리의 권고 목록을 정기적으로 수정하고 갱신하도록 하겠다.

우리가 자녀에게 본보기가 되어야 하는 만큼 대부분의 권고가 아이는 물론 우리 자신에게도 적용된다는 사실에 주목하기 바란다. 이런 예방 전략은 우리를 자신으로부터, 그리고 아이들을 그들 자신으로부터 구하는 것에 관한 내용이다.

일상생활에서

- 아동 또는 십 대 자녀의 발달에 적합한 시점에 이르기까지 테크놀로지 접근을 유보한다. 자녀가 어떤 테크놀로지를 원한다고

그것이 주는 책임과 도전을 감당할 준비가 되었다고 보기는 어렵다. 특히 아이가 스마트폰이나 게임 시스템, 소셜미디어와 같은 테크놀로지의 '초기 사용자early adapter'가 되지 않도록 한다.

- **벨 소리, 진동음, 푸시 알림은 최대한 끈다.** 이런 것들에 주의력을 방해받지 않는 건 신경의학적으로 불가능한 일이다. 필요상 몇 가지를 켜놓아야 한다면 최소한의 기능만 사용한다. 소셜미디어와 문자메시지 알림을 끄는 것도 고려할 만하다. 우리는 기기가 하라고 시키는 때가 아닌 내가 하고 싶을 때 확인하길 원한다. 알림의 부재가 불편을 불러올 수는 있지만 대체로 실보다 득이 많다. 급히 받아야 할 중요한 연락을 기다리는 상황에서는 언제든 알림을 켜 놓으면 된다. 이는 자녀들에게 반드시 교육해야 할 대단히 중요한 사항이다(예를 들어 새로운 게임을 스마트폰에 설치할 때, 게임이 보내는 경고나 푸시 알림을 허용하지 않도록 교육한다).
- **스크린은 한 번에 하나씩만 본다.** 아이들이 부모와 영화를 보면서 동시에 비디오게임을 하게 해서는 안 된다. 다수의 스크린을 오가며 시청할 필요 없이 스크린 하나로도 이미 충분히 자극적이다.
- **많이 사용하거나 꼭 필요할 때가 아니면 기기를 치워 둔다.** 우리는 늘 눈과 귀가 닿는 범위 내에 기기들을 둔다. 그래서 주의력 산만의 거의 지속적인 원천이 된다. 적어도 집에서는 소통에 방해받지 않는 시간을 갖는 습관을 들이길 바란다. 긴급

한 메시지를 기다리는 게 아니라면 대략 삼십 분에 한 번 확인해도 충분하다.

- **한 번에 한 가지 작업만 하는 습관을 들인다.** 한 번에 한 가지 활동에만 주의를 집중하도록 노력한다. 스크린 사용에 한계를 정하면 주의력을 분산하지 않고 눈앞의 사람(또는 일)에 예의를 다할 수 있다. 그러므로 보행할 때나 줄을 서서 기다릴 때도 스마트폰을 꺼내지 않도록 한다. 행사에 참석해(축구 시합이나 졸업식 등) 자녀를 지켜볼 때도 스마트폰을 치우고 묵음으로 한다(재빨리 사진이나 동영상을 촬영하는 것이 아니라면). 그것을 주위 사람들과 어울리며 새로운 사람과 친분을 쌓을 절호의 기회로 삼는다. 지루해도 상관없다! 내면으로 향하고 공상에 잠길 그런 시간도 필요하다. 자신의 스크린 사용에 대한 한계를 정하면서 부모는 자녀에게도 동일한 가치를 심고자 노력하게 된다.

가정에서

- **TV, 컴퓨터, 게임기 등 디지털 기기를 모두 침실 바깥에 둔다.** 이로써 아이가 컴퓨터로 무엇을 하는지, 어느 때 하는지 항상 지켜볼 수 있다. 만약 집에 서재 공간이 있다면 거기에 컴퓨터를 놔둘 것을 권한다.
- **자녀들이 자기 방에서 밤에 휴대 기기를 사용할 때는 반드시 정해진 시간을 엄수하도록 한다.** 아동/십 대들이 자기 방에서 스크린을 보는 것을 완전히 금하는 것은 사실상 불가능하지만,

기기들을 방에 둔다면 취침 시간 이후 그것들에 접속하려는 유혹이 너무 크다. 이상적으로는 대략 취침 한 시간 전부터 기기들을 방 밖에 두고 전원을 꺼둔다(또는 거치대에 둔다). 만약 십 대 자녀가 자기 방에서 노트북을 사용하는 것을 허용하기로 했다면, 취침 시는 전원을 끄고 방 밖에 두도록 한다.

- **저녁을 포함한 식사 시간은 신성한 공간이다.** 따라서 식사 자리에는 절대 휴대전화가 함께 할 수 없다. 반드시 묵음으로 하고 눈에 보이지 않게 한다. 식사는 공동의 시간으로 참석자들과의 대화와 유대감 형성에 사용될 수 있다. 심지어 혼자 식사할 때에도 스크린 사용을 하지 않도록 한다.
- **집 안의 특정 방에는 기기 반입을 금지한다.** 예를 들어 서재나 응접실에서는 스크린이 허용되지 않을 수도 있다. 아울러 화장실에서도 기기를 허용하지 말 것을 권한다. 여기엔 여러 가지 이유가 있지만, 위생과 일부 관련이 있다. 물론 십 대들에게 이것을 지키도록 하기란 어려운 일이다. 하지만 그들이 어릴 때 그런 습관을 개발하도록 도와야 한다.

여행할 때

- **운전 중에는 휴대전화를 절대 사용해서는 안 된다.** 심지어 블루투스 이어폰으로 통화를 해도 사고의 위험을 높일 수 있다.[9] 휴대전화는 반드시 조수석 사물함이나 콘솔박스, 또는 트렁크에 넣어두어 유혹을 차단한다. 아울러 운전 중에는 전화나 문자메시지를 받을 수 없게 하는 앱을 설치하는 것도 하나의 대

안이 될 수 있다.

- **자녀들이 차 안에 있을 때는 디지털 기기를 허용하지 않는 걸 표준으로 삼는다.** 여행은 대화하거나 함께 음악을 즐길 최적의 시간이다. 장거리 여행에는 예외를 둘 수도 있지만, 그렇다고 스크린 접근에 제한을 두지 말라는 의미는 아니다. 디페쉬 모드Depeche Mode의 노래처럼 '침묵을 즐기는 것'도 좋은 대안이다. 고요함은 물론 지루함 속에 잠겨 보는 것도 나름의 가치가 있다. 공상을 위한 마음의 '휴식 시간'은 더 큰 창의성을 낳는다.[10] 뒤에 여행을 위한 녹색등 예방을 어떻게 사용하는지 예시를 제시했다.
- **식당에서는 휴대전화나 기기 사용을 금한다.** 우리는 식사를 함께하면서 공동의 경험을 만들고 싶어 한다. 거듭 말하지만, 식사 시간은 신성한 시간이다. 아이들은 스크린이 자신의 마음을 장악하는 일 없이 주의력과 행동을 관리하는 법을 배울 필요가 있다. 스마트폰은 그 존재만으로도 산만하게 하므로 반드시 치우도록 한다.

앨리스는 추수감사절 연휴 기간 동안 자녀들과 함께 남동생 집을 방문하는 여행길을 고대하지만, 장거리 운전을 하는 동안 아이들의 스크린 타임이 걱정되었다. 어느 정도의 스크린 타임은 모두를 위한 더 편안한 여행에 일조하겠지만, 그녀는 아이들이 디지털 기기에 찌들어 좀비처럼 차에서 나오는 건 원치 않았다. 과도한 스크린 타임을 예방하고, 또 시간

제한과의 전쟁을 최소화하기 위해 앨리스는 아이들에게 여행이 시작되고 1시간 후에 스크린 타임 1시간을 가질 거라고 알렸다. 그 1시간이 끝나면 나머지 여정 동안 더 이상의 스크린 타임은 없었다. 장거리 자동차 여행 시 이렇게 아이들과 약속했다. 그래서 아이들은 자동차 여행을 할 때 책이나 장난감을 챙겼다. 온 가족이 차를 타고 가며 즐길 음악 재생 목록을 만들거나 오디오 북을 다운받기도 했다. 그 결과, 모두의 욕구가 충족되었으며 스크린 때문에 부모-자녀가 갈등을 겪는 일은 일절 없었다.

분열 대신 연합전선을 구축한다

›››

배우자가 있다면, 성공적인 양육을 위해 제한에 관한 대화와 협의를 하면 스크린 사용에 관한 부모의 권위를 확립하는 데 도움이 될 수 있다. 배우자와의 연합전선 구축의 중요성은 단지 스크린 타임에 관한 양육에만 적용되는 것이 아니다. 대신 그것은 효과적인 양육을 위한 보다 더 일반적인 의미에서 중요하다. 그렇기 때문에 우리는 연합전선 형성을 녹색등 단계 내의 예방적 전략의 하나로 본다.

밥과 클레어는 두 아들 에반(12세)과 그리핀(8세)의 스크린 타임을 두고 의견이 맞지 않는다. 밥은 비디오게임을 하며 자라서 지금도 자신의 스마트폰과 태블릿은 물론 가족의 엑스박스 원Xbox One으로 게임을 자주 한다. 그는 아이들과 게임을 할 때 그들의 스크린 타임에 관해 한계를 거의 두지 않는 편이다. 반면, 클레어는 현 상황에서 아이들의 스크린 타임이 지나치다는 생각에 게임을 매일 1시간으로 제한하려고 노력한다. 그리고 그녀는 차 안에서는 아이들에게 어떤 스크린 타임도 허용하지 않는다. 그녀는 밥에게 아이들을 맡길 때면 화가 나는데, 볼일을 보고 집으로 돌아오면 아이들이 너덧 시간씩 계속 게임을 하는 것을 발견하기 때문이다. 게다가 밥이 운전할 때면 항상 아이들이 기기로 게임을 하는 문제로 밥과 클레어는 자주 말다툼을 한다.

아이들이 부모로부터 상충하는 규칙, 기준, 메시지를 받게 되면 그들은 극심한 혼란을 경험한다. 더욱이, 스크린에 관한 부모의 규칙이 일관적이지 않으면 배우자 간의 갈등은 물론 배우자와 아이들 간에도 큰 갈등을 빚을 수 있다. 예를 들어 클레어가 운전할 때는 에반과 그리핀에게 스크린 타임을 허용하지 않으므로 아이들은 수시로 게임 시간을 달라고 애원한다. 말끝마다 "아빠, 하게 해 주세요!"를 합창할 것이다. 제한하려는 클레어의 노력은 남편에 의해 무산된다. 아마 밥은 아이들이 게임을 하며 즐거운 시간을 갖게 하려는 자신의 노력을 클레어가 망친다고 생각할 것이다.

요컨대, 진 사람이 양방향 모두로 과도하게 나갈 수 있다. 스크린 타임을 제한하는 방식에 있어 클레어가 항상 '옳은' 건 아니다. 그녀가 아이들의 스크린 타임을 임의로, 혹은 불필요하게 제한했을 수도 있다. 예를 들어 그녀는 심지어 밤샘 파티나 휴일처럼 특별한 경우조차 하루 1시간의 스크린 타임 원칙을 고수했을지도 모른다. 그런 경우 클레어가 보기에는 밥이 융통성이 지나치게 큰 선례를 만들었을 수도 있다.

양육도 인생처럼 엉망일 수 있다. 명백한 해답이 있는 경우가 거의 없다. 이는 특히 스크린 타임 관련 규칙에서 사실로 드러난다. 연합전선 구축은 분열된 집안에서 자연히 발생하는 여러 문제들을 줄인다. 일관성은 성공적 양육을 위한 관건의 하나다. 그러므로 부모는 힘을 합치기 위해 자신의 우려, 관점, 희망을 '오프라인'으로 토론할 필요가 있다.

권력이 커지면 책임도 커진다

›››

이 인용구는 2002년 개봉된 〈스파이더맨〉 영화에서 따온 것으로, 벤 삼촌이 피터 파커(일명 스파이더맨)에게 한 말이다. "권력이 커지면 책임도 커진다." 스마트폰과 다른 기기들의 위력을 고려할 때, 우리는 벤 삼촌의 충고에 귀를 기울일 필요가 있다. 먼저 이런 기기들의 책임 있는 사용이란 어떤 것이며 아울러 그렇지 못한 사용은 어떤 것인지 아이들과 약간의 토론도 없이 이런 강력한 기기들을 아이들에게 넘겨줘서는 안 된다.

우리의 목표 중 하나가 자녀들이 자율성과 유능성 욕구를 충족하도록 돕는 것이므로, 우리는 다양한 테크놀로지의 책임 있는 사용에 관해 아이들과 토론을 계속하길 권한다. 이는 아이들이 우리에게 사용 조건을 구술하게 하라는 의미가 아니다. 하지만 그들의 관점이 무엇인지 듣는 것은 중요하다. 그들은 테크놀로지 사용의 득실에 관해 숙고하는 걸 배워야 한다. 자신의 테크놀로지 사용이 자신과 타인에게 어떤 영향을 주는지 그들 스스로 생각해야 한다. 요컨대, 이는 한 번의 대화로 끝날 일이 아니다. 우리 자신과 자녀들의 스크린 타임에 관한 토론은 계속되어야 할 것이다.

시간제한을 정하는 문제

›››

우리는 이미 상당수의 부정적인 건강과 텔레비전, 비디오게임, 소셜미디어 남용과 같은 테크놀로지와 연관된 심리적 결과를 연결하는 수많은 연구들이 있다는 사실에 주목한 바 있다. 이는 테크놀로지가 아무리 욕구를 충족해도, 현실 세계에서 더욱 효과적으로 우리의 필요를 충족하는 방법을 그것이 대체할 수 있다는 우리의 입장과 일치한다. 이런 부정적 결과들은 직접적 상호작용의 제한 내지는 잦은 방해로 발생할 수 있으며, 신체활동, 수면, 외부활동 시간을 감소시킨다.

스크린 타임 제한의 중요성은 단지 아이들뿐 아니라 모두에게 적용된다. 그러므로 우리는 권위형 방식의 틀 안에서의 시간제한 설정을 지지한다. 영유아와 어린아이들에게는 이렇게 하기가 훨씬 쉽다.

아이들이 자라면서 특히 스마트폰을 가지게 되면 이는 갈수록 다루기 힘든 문제가 된다. 십 대들은 자신들의 자율성과 유능성 욕구를 관철하려 할 것이며, 이는 스크린 타임 제한 강요를 매우 힘들게 만들거나 심지어 역효과를 낼 수도 있다.

이상적으로는 미국소아과학회의 권고와 동일하게 우리는 2세 미만의 아동은 기본적으로 스크린 타임을 전혀 갖지 않거나 아니면 극히 제한된 범위에서 허용하는 것이 최선이라 믿는다. 이것이 오늘날의 디지털 시대에서는 어마어마한 도전이라는 걸 잘 안다. 영유아를 둔 부모들은 가끔 '진정한 휴식sanity break'이 필요한데, 다 알다시피 영유아 돌보기란 최선의 환경에서도 극히 힘든 일이기 때문이다. 특히, '태그아웃' 할 배우자가 없는 한 부모들single parents은 스트레스가 극에 달하기 쉽다. 이런 상황에서 상호작용이 어린아이에게 혐오감을 줄 정도면 차라리 약간의 스크린 타임을 허용하는 게 나을 수 있다. 다만 반드시 완만한 진행 속도를 지닌 앱이나 비디오 또는 발달 단계에 적합한 내용이어야 한다. 그런 스크린 타임을 최대한 드물게 갖도록 한다. 전자 보모에 과잉해서 의존하기는 너무도 쉽다. 만약 자신이 영유아에게 스크린 타임을 너무 자주 주고 있다는 걸 깨닫는다면 이것이 문제를 해결하라는 신호가 될 수 있다.

범죄 사이버 심리학자 메리 에이킨Mary Aiken 박사는 통찰력과 시사점으로 가득한 저서 《사이버 범죄에 로그인 되었습니다The Cyber Effect》에서 언제 처음 아이에게 스크린을 선보일 것인지에 관해 중요한 지적을 했다.[11] 그녀는 이 질문을 언제 부모가 아이들에게 자신의 스크린 사용을 선보일 것인가로 바꾸었다. 상당수 부모가 영유아의 스크린 접근을 막으면서도 아이와 함께 있는 동안 자신의 스크린 사용을 충분히 제한하지 않을 때가 많다. TV 시리즈를 몰아 보거나, 아이와 산책하면서도 메시지를 보내거나 아기에게 수저로 밥을 떠먹이면서도 소셜미디어를 한다. 진화적 욕구와 애착 이론 모두와 부합되게, 부모가 영유아와 함께 있을 때는 자신의 스크린 타임을 제한하는 것이 중요하다.

미국소아과학회의 권고와 동일하게 우리는 오락용 스크린 타임으로 2~5세 아이들은 주중 하루 1시간, 그리고 주말은 2시간 가까이, 고학년은 그에 맞게 더 많은 시간을 권한다. 하지만 이것은 엄격한 방침이 아닌 일반적인 지침이다. 엄격하게 차단하려면 앱이나 다른 기기들을 사용하는 대신, 권위형 양육 방식 내에서 가족의 가치와 기대, 그리고 시간제한에 관한 토론을 이어가는 게 더 낫다. 아울러 부모는 반드시 자녀의 발달적 특성과 수면, 개인적인 관계, 신체활동을 위한 욕구를 고려해야 한다. 시간제한은 사전에 확립되고 동의가 이루어져야 한다.

이제 여덟 살이 된 맥스에게로 돌아가 맥스 아빠가 어떻게 시간제한을 정하는지 보도록 하자. 맥스 아빠는 녹색등 단계 내의 권위형 방식을 쓰고 있다.

맥스: 4시예요. 이제 게임해도 되죠?

아빠: 물론이지, 아들. 4시까지 기다렸다 물어본 거, 참 잘했어. 거실에 있는 네 장난감만 치우면 되겠네.

맥스: 으, 좋아요! (맥스가 장난감을 치운다.) 이제 놀아도 되죠?

아빠: 그래, 앞으로 한 시간이다. 아빠가 타이머 맞춰 놓을게.

맥스: 잠깐만요! 아직 타이머 시작하지 마요. 아직 게임 시작 안 했어요.

아빠: 좋아. 준비가 되면 말해.

맥스: 좋아요! 이제 시작하세요!

아빠: 끝나기 5분 전에 알려줄게, 알았지? (타이머를 55분으로 맞춘다. 타이머가 울린다.) 자, 맥스. 타이머가 울렸어. 이제 마무리할 시간이야. (아빠가 타이머를 5분으로 다시 맞춘다.)

맥스: 좋아요, 하지만 5분 더 해야 해요! 이제 막 보스와 싸우려고 하는데.

아빠: 좋아. 금방 정리하도록 하렴. (타이머가 울린다.) 자, 맥스, 그만 둘 시간이야.

맥스: 잠깐만요! 이제 거의 다 이겼는데!

아빠: 좋아. 그럼 이 전투만 끝내자. 하지만 이기든 지든 무조건 끝내야 해.

맥스: 앗! 제가 졌어요! 보스를 이기고 싶은데 한 번만 더 하면 안 돼요?

아빠: 저런! 네가 싸움에 져서 안됐구나. 실망스럽지. 다시 싸우고 싶은 거 알아. 하지만 시간이 다 됐는걸. 내일 다시 한 판 하면 되잖아. 수영장 갈 시간이야.

맥스: 오, 제발, 제발요!

아빠: 정말 미안하지만, 시간 다 됐어. 수영장 가자. 성능 끝내주는 물총 그거 갖고 가자. 아빠가 결투 신청한다! 어디 날 이

길 수 있나 보자! 내가 두 배로 도전 건다!

맥스: (맥스가 태블릿을 끈다) 저랑 한 판 붙겠다 이거죠?! 아빠가 질걸요!

아빠: 덤벼! 게임기 꺼 줘서 고마워. 끝내주는 물총 잊지 마!

맥스의 아빠가 문제 예방을 위해 얼마나 많은 전략을 사용했는지 알 수 있다.

- 그는 온정과 제한 설정 모두를 특징으로 하는 권위형 방식을 사용했다.
- 그와 맥스는 이미 스크린 타임에 관련된 약간의 가족 규칙, 기대, 한계를 확립했다.
- '마법의 비율' 선상에서, 그는 특히 맥스가 오후 게임 시간 시작에 관해 가족 규칙을 지킨 것에 대해 맥스를 칭찬했다.
- 그는 타이머를 사용했으며 5분 전 맥스에게 알렸다.
- 맥스가 보스와의 전투를 마칠 수 있도록 약간의 융통성을 발휘했다.
- 그는 맥스가 보스에게 지는 것에 속상한 마음을 공감했다.
- 맥스가 애원했지만 꿋꿋하게 보스와의 재결투 게임을 허용하지 않았다.
- 상호 간에 즐기는 활동으로의 전환을 제시했다(이는 양질의 시간을 통해 관계 형성의 토대를 마련하는 전략과 일치한다).
- 그는 맥스와 재미있는 말장난에 참여했다.

- 맥스가 태블릿을 끈 사실을 인정하고 고마워했다.

우리는 게임에 관해 아이들과 제한을 정하는 일이 항상 이처럼 순탄치는 않다는 걸 안다. 하지만 이 시나리오에서 맥스의 아빠가 단지 운이 좋았던 것만은 아니다. 그는 장기간에 걸쳐 기반을 마련했으며, 상호작용 내내 다양한 긍정적 전략을 구사했다. 이는 이처럼 도전적인 상황을 성공적으로 헤쳐 나갈 가능성을 높인다.

스크린 사용에 관한 계약

›››

아이들에게 새로운 테크놀로지에 대한 접근을 허락하기 전에 소정의 계약서 작성을 권장하는 전문가와 양육 조언가들이 있다. 예를 들어 아이에게 스마트폰을 주기 전, 반드시 일종의 '이용약관'에 동의하게 한다. 이 계약 내용으로는 잘못된 사용에 관한 결과와 더불어 '필수사항과 금지사항' 목록이 있을 수 있다. 우리가 알기로 부모가 아이들과 그런 계약을 반드시 작성해야 하는 건 아니다. 아직 그런 테크놀로지 사용 계약의 효용에 관한 실험적 연구는 없다. 그것이 일부 가족에게 놀라운 효과가 있어도 다른 가족에게는 그렇지 않을 수 있다. 하지만 적어도 우리는 아이들이 새로운 테크놀로지에 접근하기 전에 몇 가지 기본 규칙과 기대, 그리고 결과를 짚고 넘어가는 것은 좋다고 믿는다.

그런 계약의 단점이라면 다소 장황하고 복잡할 수 있다는 것이다. 그런 계약에 대한 자신의 경험을 한번 생각해 보라. 아동 또는 십 대 때 그런 적이 있었는가? 첫 자전거, 전화기, 운전면허를 얻었을 때 부모가 자신으로 하여금 계약서에 서명하게 했던 적이 있는가? 전통적으로 아이들은 계약서 요구 없이 수많은 발달적 특권을 받아 왔다. 십 대였을 때 자신의 전화기를 얻으면서 4쪽 분량의 계약서를 마주했다면 어떻게 반응했을까? 지금 자신이 이용약관에 어떻게 반응하는지 생각해 보라. 애플의 아이튠즈나 구글 지메일 가입 시 동의하기 전에 약관 전체를 읽은 적이 있는가? 우리 중 누구도 그런 적이 없다.

만약 아이들과 어떤 테크놀로지(예: 소셜미디어, 스마트폰, 비디오게임 시스템)에 관한 계약서를 작성하기로 했다면, 간단명료하게 하길 권한다. 언제 그리고 어디서 스크린을 사용할 수 있는지, 전체 사용을 어떻게 제한할 것인지, 잘못 사용했을 때 어떤 결과가 따르는지와 같은 주요 주제들을 포함시키려고 노력하라. 또한, 아동/십 대의 의견이 일부 반영된 계약서를 작성하는 것이 중요하다. 결국, 그들이 더 책임감 있는 사람이 되도록 가르치는 것이 우리의 목표이다. 만약 계약이 전적인 '하향식' 접근으로만 작성된다면, 아동/십 대들은 문제 해결의 기회를 갖지 못한다. 계약에 직접 참여할 때 그들은 더욱 그것을 지키려고 할 것이다. 아이들에게 최종 발언권을 주지는 못해도 최소한 그들의 말에 귀 기울이고 가능할 때는 타협안을 제시해야 한다. 다큐멘터리 〈스크린에이저스: 디지털 시대에서 자라다 Screenagers: Growing Up in the Digital Age〉에서 딜레이니 러스튼 Delaney Ruston 박사와 그녀의 남편은 쌍둥이 딸들과 스마트폰 사용에 관한 계약을 실행하려고 노력했다.[12] 이 계약은 딸들의 의견을 반영하여 재협상하기 전까지는 성공하지 못했다.

아이들에게 스마트폰이 완전한 소유물이라기보다는 '대여품'이라고 말해두는 편이 유익할 듯하다. 어쨌거나 아이들이 기기 값을 완전히 지불하는 일은 거의 없으며, 매달 휴대전화 요금을 자기가 내는 아이는 더더욱 없다. 하지만 그들이 보다 책임을 지는 법을 배우도록 돕기 위해 특히 오락물의 경우, 적어도 요금 일부를 분담하는 것도 좋은 생각이다.

기기의 '부모 통제'는 필요할까

›››

대부분의 컴퓨터와 기기, 그리고 게임 콘솔에는 포르노 같은 특정 콘텐츠 접근 제한을 위해 부모 통제를 사용할 방법이 있다. 또한, 부모 통제 특성을 지닌 개인 컴퓨터에 다양한 인터넷 보안프로그램을 설치할 수 있다. 마지막으로, 자녀 스크린 사용을 관리(예: 사용 가능한 앱이 무엇이며, 사용 시간대, 일정 기간 앱을 차단할 능력)할 수 있도록 부모가 설치할 수 있는 수많은 앱이 있다. 이들에 대한 선택지 검토를 위해 코먼센스 미디어Common Sense Media를 추천한다.[13]

일반적으로 특히 미취학 아동의 경우 부모 통제를 권한다. 아이들이 적절한 부모 통제 없이 개탄할 정도로 부적절한 매체에 접근하기가 극히 쉬워졌다. 아이들이 최초로 인터넷 포르노를 시청하는 평균 연령이 11세다.[14] 이는 종종 우연히 일어난다. 아이들이 그 철없고 호기심 많은 눈으로 뭘 보는지 우리는 다 알 수 없다. 또한, 감수성이 예민하고 발달과정에 있는 아이들의 뇌가 부적절한 콘텐츠를 자유롭게 들락거리며 그것에 습관화되기를 원치 않는다. 물론 아이들의 포르노 시청의 장기적 영향에 관한 연구가 시행되지 못하는 윤리적인(그리고 상식적인!) 이유가 있지만, 수많은 관련 연구들은 포르노가 위험한 성적 행동을 증가시킬 뿐 아니라 남자와 여자에 대해, 불건전한 성에 대한 시각을 형성할 가능성을 암시한다.[15]

아이들의 스마트폰, 태블릿, 기타 스크린 타임 관리에 사용될 수 있는 앱은 질과 효용 면에서 다양하다. 이는 너무도 급변하는 지형이라 그런 앱의 효용에 관한 평가 연구가 지금껏 확립되지 않은 것으로 알고 있다. 원칙적으로는 다른 예방 전략, 토론, 한계 설정, 모범, 그리고 문제 해결 모두 충분히 효과가 있으므로 부모는 그런 앱을 쓰지 않아도 된다. 하지만, 어린아이의 경우 녹색등 단계 내에서 그런 앱을 사용할 수 있다. 부모의 통제 노력에 한참 더 예민한 십 대들은 부모의 그런 앱 사용에 호의적인 반응을 보이지 않을 수 있다. 게다가, 십 대들은 주변에서(예: 특정 앱 접근을 위해 친구 전화를 사용함) 방법을 찾을지도 모른다. 그래서 이런 스크린 통제 앱은 문제가 불거지기(황색등 단계) 전에는 잘 사용하지 않는다. 이런 앱은 득이 실을 초과할 때, 또한 그럴 때라도 드물게 사용해야 한다. 십 대들은 이런 앱의 사용에 관한 토론에서 반드시 제외되어야 한다. 궁극적으로 아이들은 유능성 및 자기 조절을 포함한 자율성 욕구를 충족해야 한다. 아무리 앱을 통한다고 해도 통제가 지나치면 이런 욕구의 발전을 저해하기 마련이다.

인터넷이 주목할 만한 경이와 공포 모두를 지닌 모종의 방대하고 확산하는 세계와 같다고 생각해 보라. 그것은 거울이자 렌즈로서, 우리 안에 있는 최선과 최악을 반영하는 동시에 확대한다. 생판 모르는 도심 한가운데 아이들을 풀썩 던져놓고 자기네들 마음껏 탐험하도록 내버려 둘 수는 없지 않은가? 물론, 선량한 사람이 대부분이겠지만 세상에는 수상쩍은 인물들도 일부 있기 마련이다.

여전히 우리는 아이들이 자라면서 자기 조절을 배우고 유능성과 자율성 욕구를 충족하길 바란다. 아울러 그들이 감시하는 눈길 없이 건전한 관계를 형성하고 유지하는 것 역시 필수적이다. 그러므로 아이들이 십 대가 되면 일부 통제를 철회하는 게 중요하다. 이런 양육의 무도회에서 아이들이 어릴 때는 우리가 이끌어야 하지만, 그들이 자라면서 서서히 스스로 자기 인생을 이끌어 간다. 아이들이 책임 있는 선택을 하며 이제는 믿어도 되겠다 싶을 때, 우리는 서서히 계속해서 물러난다. 요컨대, 아이들과 부모 모두 지속적으로 대화해야 한다. 이런 대화는 우리와 아이들 관계의 일부가 되며, 그렇기 때문에 관계에 투자하는 것은 너무도 중요하다.

부모가 감독을 해야 할 때

›››

먼저 감독과 감시를 반드시 구별해야 한다. 대개 우리는 아이들의 친구가 누구이며, 어떤 여가 활동에 참여하는지, 어떤 비디오게임을 하는지 등을 두루 알고 싶어서 그들의 생활에 참여하길 원한다. 감독이라는 의미에서, 우리는 부모가 아이들의 생활에 참여하려고 분투해야 한다고 생각한다. 우리는 아이들이 기꺼이 우리에게 정보를 스스로 알리도록 장려하는 그런 관계로 발전시키고 싶다. 역으로 이는 우리가 그들이 도전을 헤쳐 가도록 도울 수 있게 하므로, 감독은 건강한 관계라는 맥락 안에 있다.

이것이 쉽게 판단할 문제는 아니지만, 우리는 전자 감시를 독재형 양육 방식 선상에 있는 통제 접근으로 생각한다. 전자 감시에 해당하는 것으로는 십 대들의 휴대전화를 허락 하에 또는 허락 없이 확인하기, 메시지 읽기, 소셜미디어의 모든 게시물 보기, 이메일 읽기가 있다. 이런 형태의 과잉 참여over-involved와 과잉 통제over-controlling 양육은 간혹 '헬리콥터' 양육으로 간주된다. 학자들은 헬리콥터 양육이 청소년의 욕구와 삶의 낮은 만족도와 관련이 있음을 발견했다.[16] 이것이 우리의 아이들과 십 대들에 대한 감시 접근을 경계해야 하는 이유이다.

하지만 아이들은 부모에게 언제든 자신의 휴대전화와 메일, 또는 소셜미디어 계정을 볼 수 있는 권한이 있다는 걸 알아야 한다. 그렇지만 부모가 이 권한을 '그럴 만한 이유' 없이 행사하지 않기를 권한다. 아이에 대한 전자 감시가 간혹 인정될 때도 있지만, 결코 정당화되어서는 안 된다. 테크 해피 라이프 모델을 통해 우리는 아이가 온라인상에서 주고받은 걸 보는 건 옳지 않다고 말한다. 그뿐만 아니라 녹색등 단계 내에서 아이들의 휴대전화, 소셜미디어, 메일 계정에 대한 접근을 요구하고 그들의 온라인 활동을 샅샅이 뒤지는 것도 옳지 않다고 생각한다. 황색등 또는 적색등 단계, 즉 아이들이 우리의 신뢰를 깨뜨리고 심각한 해를 초래하거나 그럴 잠재력을 지닌 온라인 행위에 참여한다면, 그때는 일정 수준의 감시가 인정될 수도 있다.

우리는 아이들의 스크린 사용에 관여하지 않는 걸 옹호하지 않으며 십 대들에게도 마찬가지다. 그들이 무슨 앱과 게임, 그리고 소셜미디어 플랫폼을 사용하는지, 누구와 온라인에서 연결하는지 어느 정도 알아야 한다고 생각한다. 가족의 규칙과 가치관, 그리고 기대에 관해 자녀들과 지속적인 대화가 필요하다. 만약 그들이 우리의 신뢰를 깨뜨렸거나 스크린 사용에 대한 건전한 책임을 감당할 수 없다는 게 드러난다면, 한시적인 사용 규제나 약간의 감시가 필요할지도 모른다. 하지만 그들에게 신뢰를 회복할 기회를 주어야 하며, 그렇게 했을 때는 규제의 고삐를 늦추어야 한다.

우리는 이것이 논쟁의 여지가 있고 민감한 주제라는 걸 잘 안다. 부모가 자신의 모든 대화를 주시하면 아이들은 매우 곤란하고 당황할 수 있다. 만약 부모가 자신의 성장기에 이와 같이 자신과 친구들의 모든 상호작용이 도청당했다고 상상해 보라. 아마 정상적인 사람이라면 자신의 수많은 농담, 대화, 이야기, 사색, 험담, 폭로가 도청당했을 때 극도로 당황할 것이다.

부모로서 영향력을 행사하는 수단은 관계를 통해서라는 걸 기억하라. 관계는 최소한 어느 정도는 신뢰 위에 구축된다고 할 수 있다. 만약 우리가 아이들의 디지털 세상 안에서 끊임없이 아이들을 관리한다면, 그들에게 이런 메시지를 전하는 것이다. "나는 네가 좋은 선택을 하는지 믿을 수 없어." 아이들과 십 대들은 반발하며 사생활 침해에 대해 분노할 것이다. 우리가 국가안보국NSA, National Security Agency에 의한 정보 수집과 추적 관찰에 얼마나 분노했는지 생각해 보라. 이미 여러 번 말했지만 우리 모두 자율성을 추구하려는 근본적인 심리적 욕구를 지니고 있다. 전자 감시는 사상과 언론의 자유를 제한당한다고 느끼게 한다.[17]

우리 대다수는 자유를 소중히 여기며 사생활이 침해당한다고 여겨지면 몹시도 화가 난다. 아이들과 십 대들도 부모의 감시에 그런 식으로 반응할 수 있다. 만약 이런 감시가 심각한 긴장과 갈등을 초래하면 그 관계는 손상될 수 있다. 손상된 관계는 부모로서 우리의 영향력을 저해할 수 있다. 따라서 전자 감시에 관해서는 신중한 접근이 요구된다.

이런 입장을 뒷받침하는 것으로서, 중학생 자녀를 감독하려는 부모의 노력에 관한 연구에서 부모의 감독 노력은 그것이 애원이든 통제든 간에, 아이들의 비행을 예측하지 못한다는 결과가 나왔다.[18] 하지만 부모에게 자진해서 자신에 관한 정보를 알리려는 의지가 있는 청소년의 경우 범죄 예측이 가능했다(예: 부모에게 자진해서 문제를 털어놓는 아이는 범죄 행동에 참여할 가능성이 줄었다). 이는 부모에 대한 아이의 보다 자발적인 대화와 정보 공유가 아이들과의 강력한 관계 형성에 결정적임을 시사한다. 이런 결과에 대한 찬사와 더불어 다른 학자들은 부모-자녀 결속력과 부모 개입 모두 십 대의 온라인상의 위험 행동(예: 도박, 폭력적이고 성적인 콘텐츠) 비율 저하와 관련이 있다는 것을 발견했다.[19, 20]

감독 또는 감시에 관해 고려할 또 다른 중요한 문제는 과연 그것을 효과적으로 할 수 있느냐이다. 요즘 십 대들은 기계에 능숙하다. 특히 메시지나 소셜미디어 활동 같은 스크린 사용을 부모에게 숨기는 것이 그들에게 충분히 가능할 수 있다. 십 대의 상당수가 충분한 동기만 주어지면 차단이나 감시 대부분을 피해 갈 방법을 찾을 수 있다. 구글에 치기만 하면 수많은 결과가 쏟아진다! 스크린 활동을 은폐하는 데에 십 대들이 작정만 하면 우리보다 한 수 위이다. 어쨌건 부모와 아이들과의 관계가 전자 감시라는 다소 지능적인 추격 게임으로 넘어가면 부모는 이미 패자다. 이런 유형의 부모-자녀 관계는 우리가 원하는 바가 아니다.

이상한 생각일 수도 있겠지만, 우리가 아이들과 십 대들의 스크린 사용을 관리 또는 제한하는 일을 생각하다 보니 문득 이런 질문이 떠오른다. 과연 그 목표가 뭘까? 대개, '아이들을 보호하기 위해서'라는 대답이 돌아온다. 그렇다면 무엇으로부터? 일반적인 답은 해로운 것으로부터이다. 우리는 어떤 해로운 것으로 인한 고통에서 아이들을 보호하길 원한다.

그런데 역설적이게도 제한하고 차단하며 통제하려는 우리의 시도 또한 아이들에게 해를 초래할 수 있다는 것이다. 이는 우리를 향한 아이들의 분노와 열띤 언쟁, 그리고 긍정적 상호작용 감소의 형태로 나타난다. 그러므로 부모로서 우리는 유해성, 다시 말해 아이들이 그들 자신의 (부적절하고 과도한) 스크린 사용으로 인해 경험하는 유해성과 또 그들의 스크린 사용을 제한하려고 노력하는 우리에게서 비롯되는 유해한 결과로 인해 야기되는 고통, 이 둘을 저울질해야 한다.

디지털 중독 해독제, 마음챙김

>>>

스크린의 흡인력에 대한 저항에 관련하여 상당히 강력한 수단이 될 수 있는 매우 중요한 '초월적인meta' 예방적 전략 하나를 소개하겠다. 어떤 의미에서 스크린은 우리를 다른 어딘가로 데리고 간다. 그것이 게임이든, 뉴스피드나 소셜미디어, 아니면 문자메시지든 간에 마음은 더 이상 몸이 있는 곳에 있지 않다. 우리는 사이버공간에 있고 '부재하며 현존absent present'한다. 비록 가상공간이지만 그것은 어떤 물리적 공간만큼이나 우리의 생각과 감정에 심오한 영향을 미칠 수 있다. '훅'을 포함한 수많은 이유로 인해 우리는 현재 있는 곳이 아닌 다른 어딘가로 이끌린다.

한편으로, 마음챙김mindfulness을 스크린의 흡인력에 대한 해독제로 보는 시각이 있다. 지난 십 년간 대중문화 속으로 들어온 용어라 접해 본 경험이 있을 것이다. 마음챙김의 정의에 관한 수많은 이견이 있지만, 유명한 저자이며 학자, 교수이자 그 분야의 개척자인 존 카밧진Jon Kabat-Zinn 박사는 마음챙김을 다음과 같이 정의한다. "지금 이 시간, 매 순간 펼쳐지는 경험에 대해 판단하지 않고, 의도적으로 주의를 기울이면서 드러나는 의식이다."[21] 마음챙김은 종종 불교 같은 동양의 종교와 연관되지만, 거의 모든 주요 영적 전통이 그렇다. 하지만 마음챙김의 유익을 얻기 위해 특정한 종교적 신앙을 가질 필요는 없다.

마음챙김은 마음을 비우는 것에 관한 것이 아니다. 그것은 주의를 집중하는 것에 관한 문제다. 집중의 대상은 호흡, 신체 감각, 아니면 그냥 주변 세계의 모습들일 수도 있다. 스크린은 우리를 유혹하는 무한한 새로운 자극에 대해 무제한적인 접근을 제공한다. 마음챙김은 우리가 선택한 어느 하나에 집중된, 의식적인 인식을 유지하는 자기 훈련에 관한 것이다.

마음챙김이 왜 중요할까? 앞서 논의했듯이 우리가 하는 모든 일의 핵심에는 집중적인 주의력이 있다. 생산성과 관계의 질은 주의력에 좌우된다. 앞서 설명한 다양한 이유로, 현재 갖고 있지 않은 것이 필요하다는 생각의 유혹에 계속 빠져든다. 왠지 현재 우리가 가진 것보다 '더 많거나' '새로우면' 더 좋은 것 같다. 우리가 가진 것에 만족하기 어렵지만, 더 많은 소비가 우리를 더 행복하게 하지는 않는다.

마음챙김은 '멈추고 장미 향기 맡는 법' 배우기에 관한 것이다. 장미는 바로 우리 앞에 있으니 그저 걸음을 늦추고 그것을 음미하면 된다. 그 장미는 일종의 은유로, 아이들의 미소, 웃음, 저녁노을, 추운 아침 따뜻한 커피 한 잔, 친구들과 저녁 먹으며 나누는 대화, 배우자와의 포옹, 얼굴에 비치는 햇살의 온기이기도 하다. 바로 그 '장미들' 안에서 진정한 행복이 발견된다. 하지만 걸음을 늦추고 장미에 주목하지 않는다면, 주변 곳곳에 있는 깊은 행복과 만족의 진정한 원천을 놓치고 만다. 마음챙김을 훈련함으로써 삶의 가장 중요한 것에 참여할 수 있게 된다. 동시에 마음챙김은 종종 감정적 고통(예: 과거에 대한 후회, 자기비판, 미래에 대한 걱정)의 원인이 되는 부정적 사고의 쳇바퀴로부터 우리를 해방시키기도 한다.[22, 23]

우리는 단지 자신의 의식 상태와 행동만 관장할 따름이다. 혹시 마음챙김의 다양한 유익에 관심이 있다면 먼저 자신으로부터 시작할 것을 권한다. 변화와 개선, 그리고 성장을 향한 모든 노력에는 집중적인 주의력이 요구된다. 마음챙김은 우리의 성장과 생산성, 관계, 그리고 행복의 기초가 되는 주의력의 기술을 훈련하게 한다.

최근 수년간 마음챙김 훈련의 다양한 유익을 뒷받침하는 연구가 봇물 터지듯 쏟아졌다.[24] 이 중 몇 가지다.

- 스트레스 감소
- 반추 감소(예: 부정적인 생각의 쳇바퀴)
- 감정적 반응 감소
- 집중력 증가
- 작업 기억working memory(감각기관을 통해 입력된 정보를 단기적으로 기억하며 능동적으로 이해하고 조작하는 과정-역주) 향상
- 관계 만족도 증가
- 인지 유연성cognitive flexibility 향상

상당히 듣기가 좋지 않은가? 또한 마음챙김은 돈이 들지 않는다. 현재의 순간은 늘 있기 때문에 언제 어디서나 마음챙김을 훈련할 수 있다. 영적 지도자 람 다스Ram Dass는 자신의 저서 《지금 여기에 살라Be Here Now》에서 이런 정서를 멋지게 담았다. 마음챙김에 관한 개론서를 몇 권 들면, 카밧진의 《처음 만나는 마음챙김 명상Mindfulness for Beginners: Reclaiming the Present Moment and Your Life》과 틱낫한의 《살아가는 모든 순간을 기적으로 바꾸는 틱낫한 명상The Miracle of

Mindfulness; An Introduction to the Practice of Meditation》이 있다. 요컨대 마음챙김은 학교에서 학생들에 대한 공식적 지도 훈련과 더불어 현재 아동과 십 대들에게 성공적으로 활용되고 있다.[25, 26] 아울러 '마음챙김 양육mindful parenting'에 관한 연구 역시 증가하는데, 주의력 깊은 양육을 지칭하는 것으로 부모-자녀 간의 강력한 관계를 비롯해 아동 건강상 수많은 긍정적 결과에 일조한다.[27, 28] 더욱이 몇몇 연구자와 학자는 테크놀로지의 유혹에 저항하고 더욱 균형 있게 사용하는 것은 물론 행동 중독behavioral addiction을 관리하기 위한 마음챙김 훈련의 활용을 지지한다.[29, 30]

마음챙김 테크놀로지 참여를 통한 욕구 충족

마음챙김은 디지털 주의산만digital distractions을 다룰 강력한 도구로서의 잠재력을 지닌다. 어느 면에서 그것은 전략 그 이상으로 인생살이에 대한 접근이며 변화의 잠재력을 지닌다. 신경과학적 관점에서 마음챙김 훈련은 전전두 피질prefrontal cortex과 같은 고차원적 사고와 관련된 뇌의 다양한 영역을 활성화한다. 마음챙김 훈련을 통해 강화되는 뇌의 영역들은 주의와 의식, 그리고 감정 조절과 관련이 있다.[31] 반대로 뇌의 주요 보상회로는 보다 원시적 영역인 중뇌와 관련 있다. 따라서 어느 면에서 마음챙김 훈련은 상황과 환경, 그리고 내적 상태에 대한 우리의 반응에 적응하려는 의식적인 인식conscious awareness과 고차원적 사고 기능higher order thinking skills의 활용을 가능하게 한다.

알베르트 아인슈타인의 말이라고 알려졌으나 사실이 아닌, 약간

변형된 인용구가 있다. "문제를 만든 생각과 동일한 사고방식으로는 그 문제를 해결할 수 없다." 실제로 누가 이것을 말했고 썼든 간에, 여기에는 깊은 지혜가 담겨 있다. 테크놀로지 사용과 관련해서 스크린을 습관적으로 확인하는 반사적 수준에 머물러서는 스크린 사용 문제를 적절히 다룰 수 없다. 테크놀로지의 무시무시한 흡인력을 고려할 때 우리는 그것의 효과는 물론 그 유혹적인 끌어당김을 더 강하게 의식해야(즉 유의해야) 한다. 마음챙김 훈련을 적용하면 스크린 사용을 더 분명하게 의식하게 되며, 이런 의식의 증가 상태에서 스크린보다 아이들 돌보기를 선택할 수 있다.

심리학자이자 교수, 저자, 그리고 인터넷 및 테크놀로지 중독 센터Center for Internet and Technology Addiction 창립자인 데이비드 그린필드David Greenfield 박사는 테크놀로지가 우리를 중독시키는 방식을 고려하며 '의식적 계산conscious computing'의 중요성을 논한다.[32] 우리는 그 아이디어를 약간 변형하여 우리 방식으로 제시하고자 한다. 우리의 생리적 심리적 욕구 충족의 중요성뿐만 아니라 마음챙김의 다양한 유익을 설명한 바 있으므로, 우리는 '초월적(메타)' 전략인 마음챙김 테크놀로지 참여MET, Mindful Engagement with Technology를 지지한다. 행복과 복지를 위해 우리는 테크놀로지에 대한 무의식적 습관적 사용이 아닌 의식적인 참여를 배워야 한다. 마음챙김 테크놀로지 참여를 통해 우리의 욕구를 충족할 수 있으며 아이들도 이것을 배우길 원하지만, 우리 자신부터 시작하도록 하겠다. 마음챙김을 테크놀로지 사용에 적용해서 우리가 아이들에게서 보기를 원하는 건전한 테크놀로지 사용에 더욱 효과적으로 역할 모델이 될 수 있다.

인지적 편향과 사각지대에 관한 경고

아무리 객관적이고 주의를 기울이려고 해도 우리의 인지적 편향cognitive biases과 사각지대blind spots는 우리 자신과 세상을 있는 그대로 보지 못하도록 방해한다. 이런 편향의 상당수는 일종의 무의식적인 자아감 향상을 위한 시도로 보인다.[33] 우리는 모두 자신에 대해 일정 수준으로 만족하길 원하며 또 자신을 평균 이상으로 생각하고 싶어 한다. 실제로 심지어 착각적 우월성illusionary superiority이라는 특정 인지적 편향이 연구에서 포착되기도 했다. 요컨대 타인과의 비교에서 사람들 대부분은 자신을 긍정적 자질에서는 평균 이상으로, 부정적 기여에서는 평균 이하로 평가하는 경향이 있다. 하지만 통계적으로 사람들 대부분은 평균 이상이 될 수 없다.

테크놀로지의 영향에 관해서는 그것이 우리에게 얼마나 부정적 영향을 미칠 수 있는지 부정하거나 의식하지 못하기가 쉽다. 이는 자기 고양적 인지 편향self-enhancing cognitive bias에서 비롯되었거나 아니면 단지 사각지대에 불과할 수도 있다. 예를 들어 앞장에서 논의했듯이 스마트폰의 존재에 기인한 '두뇌 유출brain drain(인지 수행의 감소)'이라는 텍사스대학교 오스틴캠퍼스 마케팅 교수 에이드리언 워드 박사와 그 동료들의 연구에서, 연구 참가자 대부분은 자신의 수행 능력이 스마트폰으로 인해 전혀 영향을 받지 않는 것으로 믿는다고 평가했다.[34] 섹스팅에 대한 십 대들의 시각에 관한 별도의 연구에 의하면 그들은 자신들보다 다른 사람들이 섹스팅의 폐해를 더 많이 본다고 생각했다.[35] 우리의 평가척도가 된 모의시험에서 아이들은 테크놀로지와의 싸움에서 다른 사람들이 자신들보다 더 고전한다고 보는 경향이 있음을 발견했다.

그렇다면 얼마나 테크놀로지의 영향을 받고 있는지조차 모르는데 어떻게 마음챙김을 테크놀로지 사용에 적용할 수 있을까? 그것은 하나의 도전이다! 이 부분에서 연구의 일반적 지식이 작동하며 우리가 연구를 기반으로 권고하는 이유이다. 때로는 다른 사람들과 마찬가지로 우리 자신도 스크린에 의해 부정적인 영향을 받을 수 있다는 사실을 인정해야 한다. 예를 들어 연구에서 운전 중 문자메시지 행위가 사고 발생을 높인다고 밝혀지면 그런 행동의 방지를 위해 마음챙김을 활용해야 할 것이다(예: 스마트폰을 글러브박스 안에 둔다).

문제가 발생하기 전에 막아라

>>>

테크 해피 라이프 모델 녹색등 단계의 이면에는 애초에 문제 발생을 예방하자는 생각이 있다. 특히 우리는 아이들이 습관적 테크놀로지 사용을 배우지 못하도록 스크린 사용에 한계를 정해야 한다. 이런 습관적 사용은 그들의 관계와 생산성, 그리고 행복을 저해하며 허다한 문제들(예: 사이버폭력, 섹스팅)을 자초할 수 있다.

거듭 살펴보았듯이 일단 문제가 생긴 후 해결하기보다 문제 예방에 노력하는 편이 훨씬 효과적이다. 권위형 양육 방식 안에서 우리는 이런 예방적 노력에 발 벗고 나선다. 항상 아이들의 관계성, 자율성, 유능성 욕구에 각별한 주의를 기울이고 아이들의 성장 발전에 따라 조정해야 한다. 마음챙김 테크놀로지 참여를 포함한 마음챙김 양육은 부모의 테크놀로지 사용 방식 그리고 아이들과 공동의 한계 설정에 관한 능숙하고 지혜로운 선택에 일조할 수 있다. 하지만 그런 예방적 접근이 가동되더라도 문제는 일어날 수 있다. 이런 문제들이 드러나기 시작할 때는 무엇을 해야 할까? 이를 해결할 효과적인 방법을 찾아야 하는데, 이것이 바로 다음 장의 주제인 황색등 단계이다.

9장

테크 해피 라이프 황색등 단계

-문제를 인식하라

가족 생활에서 테크놀로지에 대한 적절한 비유로 끓는 물속의 개구리라는 옛날이야기를 하려 한다. 만약 개구리를 끓는 냄비 안에 넣으면 뜨거운 물에서 탈출하려고 튀어나올 것이다. 하지만 개구리를 미지근한 냄비 안에 넣고 서서히 가열한다면 시간이 지나면서 그 개구리는 미세한 온도 변화를 알아채지 못해 죽고 말 것이다(우리는 둘 중 어떤 실험도 권하지 않는다). 파충류학자는 얼른 틀린 이야기라고 지적하겠지만 이는 테크놀로지의 영향이 우리에게 얼마나 은밀하게 다가오는지를 설명할 수 있다. 우리 생활에서 증가된 테크놀로지의 존재로 인한 치명적 결과를 암시하려는 게 아니다. 하지만 이 은유는 "우리가 어쩌다 이렇게 되었지?"라고 자문하는 수많은 부모에게 반향을 불러일으킨다.

로렌은 각각 다섯 살, 아홉 살, 열두 살인 세 아들과 바깥에서 더 많은 시간을 보내려고 애쓴다. 최근 어느 일요일 오후 업무 메일이 밀렸지만, 그녀는 아들들을 데리고 공원에 가기로 마음먹었다. 공원에서 고리 던지기 놀이를 한 후, 잠시 메일을 읽다가 시간 가는 줄도 몰랐다. 그녀가 눈을 들어보니 세 아들 모두 차에서 꺼내온 기기로 비디오게임 중이다. 로렌은 부드러운 말로 아이들에게 게임을 끄라고 했지만 그 제안은 무시당했다. 이러려고 외출을 계획한 게 아니었는데, 자신들이 어쩌다 과하다고 느낄 만큼 장시간을 스크린 앞에서 보내는 지경에 이르렀는지 이해하려고 안간힘을 썼다. 우리 가족이 어쩌다 이렇게 되었을까?

서서히 데워지고 있는 냄비 속 찬물에 있는 개구리처럼, 로렌은 테크놀로지의 점진적 증가와 그에 대한 의존성을 스스로 놀랄 지경이 되기까지 알아채지 못했다. 돌이켜보니 몇몇 초기 신호가 완연했다. 그 예는 다음과 같다.

- 아이들이 전보다 더 많은 스크린 타임을 요구한다.
- 가족 구성원이 식구들보다 스크린을 더 많이 대하는 것에 좌절한다.
- 스크린 타임이 다른 목표 취득을 방해한다.
- 기기 확인이 습관화되었다.

테크 해피 라이프 모델에서 1단계(녹색등)는 가족을 위한 예방 활동에 중점을 두며 테크놀로지 사용과 관계된 일부 문제들을 피하는 데 목적이 있음을 상기하라. 마치 손 씻기 같은 건강을 위한 예방 활동이 질병 전부는 아니지만 일부 예방할 수 있듯이, 녹색등 단계의 전략들도 스크린 타임 문제를 전부가 아닌 일부는 예방할 수 있다. 대부분의 가족이 테크놀로지와 가족생활의 접점을 둘러싼 긴장과 갈등을 어느 정도는 경험했을 것이다. 이런 비교적 미미한 문제가 대두되기 시작하면 그것은 테크 해피 라이프 모델의 황색등 단계에 있다는 신호다. 이런 사안들이 심각한 문제가 되기 전에 이들을 다룰 전략을 적용해야 한다. 마치 신호등의 황색등처럼 이 단계는 경고의 의미를 전한다.

황색등에 대한 우려가 대두된다는 몇몇 신호는 다음과 같다.

- 스크린 타임으로 인해 다른 활동들이 심드렁해지기 시작한다(예: 바깥에서의 시간, 친구들과의 개인적인 시간, 신체 활동).
- 스크린 타임을 거부당할 때 아이들이 좌절한다.
- 스크린 타임을 갖지 못하면 아이들이 지루하다고 불평한다.
- 스크린 타임 증가로 성적이 떨어진다.
- 스크린 타임으로 인해 아동들이나 십 대들이 수면 시간을 상실한다.
- 스크린 타임이 또래 간의 직접적인 상호작용을 대체하거나 아이들이 함께 있을 때도 주로 자신의 스크린을 본다.
- 스크린 타임을 놓고 벌이는 싸움이 부모-자녀 관계에 영향을

미친다.

일부 가정의 황색등 문제는 부모가 승인하지 않은 사용으로 번지면서 대두된다. 이는 M(성인 또는 17세 이상) 등급의 비디오게임, 연령에 부적절한 콘텐츠와 접촉을 유도하는 소셜미디어 접근, 또는 단순히 점진적인 시간제한 붕괴로 나타난다. 그런 경우 부모는 접근 철회와 건전한 미디어 사용을 주제로 한 아이들과의 대화, 제한 재설정, 그리고 아마도 새로운 한계 설정의 필요성을 느낄지도 모른다.

심지어 녹색등 단계의 예방적 전략을 사용해서 스크린 타임 문제를 예방하려고 애썼던 부모들조차 황색등 단계의 어려움에 봉착할 수 있다. 스크린의 만연으로 그렇지 않았다면 접근이 제한되었을 아이들도 접근이 용이해졌다. 예를 들어 집에서 스크린 앞에 있는 시간이 거의 없던 아이가 친척이나 이웃집을 방문했을 때 접근이 허용될 수 있다. 상당수 학교가 저학년 아동에게 태블릿과 컴퓨터를 제공하며, 식당, 아울렛, 진료 대기실, 지역센터에서의 스크린 이용도 갈수록 늘고 있다. 다수 부모가 일단 아이들이 스크린 앞에서 더 많은 시간을 보내기 시작하면 예전의 낮은 빈도로 돌아가는 건 힘들다고 토로한다.

9장은 부모들이 어떻게 권위형 양육 방식을 활용해 우려스러운 황색등 단계에서 대두되는 이런 문제들을 관리할 수 있을지에 중점을 두고 있으며, 때때로 문제 해결과 양질의 부모-자녀 관계 유지를 위해 스크린 타임의 감축이 요구되기도 한다. 비록 초기에는 아이패드를 놓고 싸움을 하느니 차라리 스크린 앞에서 시간을 보내려는 아이의 욕망에 굴복하는 편이 더 쉬울 것 같지만, 단기적 갈등 회피는 장기적 문제를 계속 악화시킬지도 모른다. 이런 이유로 허용적 양육 방식은 아이에게는 즉각적인 감사를, 미래의 성공을 위한 기술 개발에는 더 나쁜 결과를 가져오는 반면, 규칙과 기대가 있는 온정적 양육 방식(권위형)은 목표 달성에 가장 유익한 방법이 될 것이다. 그렇다고 너무 융통성 없는 부모가 될 수는 없다. 우리는 아이들이 전부 똑같은 틀 속에서 발달하지 않고, 기술적 진보는 새로운 도전을 만들며, 수많은 상황적 변수들이 작용할 수 있음(예: 특별한 경우와 상황, 그리고 상이한 규칙과 제한을 지닌 친구 집 방문)을 반드시 고려해야 한다.

테크놀로지의 부정적 측면이 긍정적 측면을 앞설 때

>>>

논의된 바처럼 테크 해피 라이프 모델은 색깔별로 3단계를 지닌다. 녹색(1단계)은 문제 예방, 황색(2단계)은 발생한 문제 다루기, 적색(3단계)은 정말 힘들어진 상황에 대한 개입을 뜻한다. 본 장의 핵심은 황색등 전략들로 이들은 테크놀로지의 부정적 측면이 긍정적 측면을 앞지르기 시작하는 듯 보일 때 가족이 활용할 수 있는 것들이다.

우리는 이런 전략 중 몇 가지를 긍정적 양육, 협력적이며 사전적인 해법, 양육 방식 또는 전략의 맥락에서 설명한다. 궁극적으로 어떤 접근이 각자 고유한 상황에 가장 잘 맞을지 결정해야 한다. 모든 사람에게 효과적인 만능 전략은 없으며, 이런 전략 중 어느 것도 만병통치약이 아니다. 그보다는 이런 전략들은 어떻게 부모-자녀 관계의 유지 강화와 테크놀로지 한계 설정을 동시에 하는 효율적인 부모가 될 수 있는지 보여 준다. 그것이 무엇(무엇을 할 것인지의 무엇처럼)인지는 가족 고유의 가치와 필요에 관해 생각하는 과정에서 각자에게서 나올 것이다. 이런 의미에서 무엇의 구체적인 사항은 극히 중요한 어떻게 안에 자리를 잡는다. 어떻게는 관계성, 유능성, 자율성이라는 자녀의 발달적 욕구를 고려하는 권위형 양육 방식을 활용하는 것이다.

만약 처음에는 차갑다가 서서히 데워져 종래는 끓는 물속에 있는 자신을 발견하게 된다면 현재 온도를 측정한 다음 상황을 분석하는 것이 도움이 된다. 마찬가지로 부모나 다른 사람들과 함께하는 양질의 시간을 희생하면서 더 많은 시간을 스크린에 빠져들기 시작한 아이와 함께 있는 자신을 발견할지도 모른다. 이런 경우 어떻게 시작해야 할까? 다음의 몇 가지 권고는 주로 녹색등 단계에서 사용되는 전략의 연장선에 있다. 하지만 문제가 대두되고 있는 만큼 더욱 엄격한 제한을 정해 이를 시행해야 한다.

결국 양육이 지닌 도전의 핵심은 종종 이같이 요약된다. 부모로서 어느 시점에서 아이와 '자신의 유익'을 위해 개입하고 더 많은 통제 수단을 쓸 것인가? 때로는 해답이 그리 명쾌하지 않음을 알 수 있다. 대개 그것은 '개입으로 얻는 유익이 개입하지 않을 때의 유익보다 클 때' 정도로 요약된다. 여전히 그 해답이 항상 분명치는 않지만, 이는 황색등 단계에서 반드시 물어봐야 할 질문이다.

일단 개입이 필요하다고 결정하면, 권위형 방식의 틀 안에서 더 많은 통제 수단을 쓰기 시작해야 한다. '통제' 다이얼을 올리는 것은 그럴 필요가 있기 때문이다. 부모들은 규칙과 제한을 정할 때 오해를 피하기 위해 반드시 규칙을 명시해야 하며, 일관성 있게 제한을 유지해야 한다. 제안 사항은 다음과 같다.

1. **테크놀로지 청정 구역과 시간을 확정하라.** 예를 들어 스크린 타임 제한 시간을 엄격히 시행한다. 주중 방과 후 비디오게임을 허락하지 않을 수도 있다. 그리하여 식구들이(인터넷이 아닌 서로에게) 연결되도록 약간의 분명한 한계를 정한다. 여기서 부모도 이런 규칙을 준수해야 한다는 걸 명심하라. 이런 규칙을 아이들에게 설명하는 게 도움이 될 수 있다. 캐나다에서 이런 내용의 광고판을 봤던 기억이 있다. "지금 문자 중이라면 운전은 누가?"[1] 아이들에게 이렇게 설명하라. 운전에 온전히 관심을 쏟지 않으면 운전을 못 하는 것처럼 스크린을 보며 관계에 온전히 몰입할 수 없다고 말이다. 당연히 우리도 기기 없이 아이들에게 집중하며 이런 행동의 모범을 보여야 한다. 뭔가 하라고 지시받는 것보다 본보기가 되는 뭔가를 보는 게 더 효과적인 학습 도구다.
2. **오락용 스크린 타임은 권리가 아닌, 특권이라고 이해시켜라.** 기기로 게임을 하기 전에 반드시 할 일을 완수해야 하며, 스크린 타임에는 준수해야 할 시간제한이 있다는 가족 간의 공통된 이해를 개발할 수 있다. 얼마만큼의 스크린 타임이 적정한지를 결정할 때(대개 어릴수록 더 적음) 부모는 아이의 발달적 요

구를 반드시 고려해야 한다.

3. **업무용 기기와 오락용 기기를 분리한다.** 컴퓨터 한 대로 업무와 오락을 겸용하면 업무와 오락 사이를 계속 오가게 된다. 이는 종종 업무를 제대로 완성하는 데 필요한 시간보다 훨씬 많은 시간을 들이고도 제대로 업무를 완성하지 못하는 결과를 야기한다. 업무를 떠나 고도의 만족을 주는 비디오게임과 소셜미디어 포스팅을 하고픈 유혹은 단순히 일관되게 거부하기엔 너무도 강력하다. 일례로 어떤 대학생 집단을 대상으로 학습 중 스마트폰을 끄는지 물었을 때 그들은 분명 전원을 끄는 게 낫지만 계속 켜 놓고 학습 과제에 집중하려고 애쓴다는 점을 인정했다. 가정에서는 부모가 제한된 기능(예: 쓰기를 위한 문서 작성 기능)만 제공하고 일부 주의를 빼앗는 앱이나 기능이 없는 학습용 컴퓨터를 설치하거나, 학교 숙제는 공공도서관 컴퓨터로 하고 오락만 집의 컴퓨터를 사용하게 함으로써 아이를 지원할 수 있다. 현재 많은 학교에서 학기 중 전교생에게 태블릿이나 노트북을 대여한다. 이런 경우 부모는 아이의 협조를 얻어 학교 기기에는 게임이나 소셜미디어, 또는 다른 오락용 앱을 설치하지 않도록 해야 한다. 이렇게 하면 아이가 공부할 때는 공부를, 놀 때는 게임을 할 수 있게 도울 수 있다.
4. **협력적으로 개발하고 대화하며 한계를 유지하라.** 앞서 로스 그린 박사의 연구를 언급하며 설명했듯이 종종 사춘기는 하향식 규제에 잘 반응하지 않는다.[2, 3] 결국 청소년의 뇌는 규칙과 권위에 대해 의문을 제기하는 능력을 지니며 이처럼 새롭게 발

달한 능력을 행사하려고 할 것이다. 그렇게 십 대들은 자율성과 유능성을 위한 자신의 욕구 충족을 도모한다. 이러한 연구의 배후에는, 협력적 접근이란 공을 앞질러 가는 것이며 미해결 문제가 과열되기 전에 문제에 관해 대화하는 것이라는 생각이 자리한다. 확실히 우리가 어떤 주어진 상황에 화가 났을 때는 그것에 대해 이성적으로 사고하기가 어렵다. 게다가, 이런 협력적 접근은 아이들의 자율성과 유능성 욕구 충족을 위한 기술 개발에 도움을 줄 수 있다. 다음의 어느 부모와 열세 살 자녀 간에 오간 대화를 살펴보자.

아버지: 미구엘, 너 지금 3시간째 비디오게임을 하고 있어. 이제 그만 끄고 숙제할 시간이야.

미구엘: 잠깐만요, 아빠. 방금 새 레벨을 땄는데 지금 당장 그만둘 순 없어요. 딱 몇 분만 더 할게요.

아버지: 안 돼. 이미 너무 오래 했어. 네 숙제가 비디오게임보다 더 중요해. 이거 지금 닫는다(컴퓨터를 끈다).

미구엘: (발끈하며) 안 돼! 아빠가 다 망쳤어! 이게 얼마나 중요한지 아빤 몰라요!

아버지: 너 일주일 동안 외출 금지야!

비록 아버지에게는 중요하지 않아도 자신에게는 큰 의미가 있는 게임이긴 하지만, 게임에 몰두한 미구엘은 아직 여가 활동과 학업의 균형에 관한 협력적 토론에 참여하는 데 필요한 모든 내적 자원을 갖추지 못했다. 그 게임에 쏟은 미구엘의 관심과 감정의 투자를 고려한다면, 방해받은 것에 대한 분노가 합쳐져 여기서 좋은 결과를 기대할 수는 없을 것이다. 하지만 일단 게임 문제로 미구엘이 반항한다면 그는 황색등 단계에 있다. 이제 아버지는 이 문제의 재발 내지는 악화를 막을 조치가 필요하다는 걸 안다.

이 시점에서 아버지는 미구엘과 함께 앉아 진행 중인 스크린 문제를 다룰 더 나은 계획을 협력적으로 개발해야 할지도 모른다. 현재의 접근은 분명 효과적이지 않다! 그 문제가 일어나지 않았을 때 계획을 구상했었어야 했다. 힘겨루기의 와중은 문제 해결과 계획 작성을 위한 적기가 아니다. 그들이 성공적인 계획을 세울 때 몇 가지 협력적으로 도출된 대안이 포함될 수 있는데 그것은 다음과 같다.

- 비디오게임은 숙제를 끝낸 후에 한다.
- 지정된 시간 동안 비디오게임을 할 수도 있다.
- 정한 시간이 되기 15분 전에 사전 알람이 울리게 한다. 이로써 미구엘이 레벨을 마무리할 시간을 준다.

예방이 항상 효과적이지 않아 문제가 드러날 때 보다 통제적인 접근에 의존한다면 황색등 단계에 있다고 할 수 있다. 실령 아버지가 미구엘이 태어나자마자 스크린 타임 문제 예방책을 시작했어도 또래와 학교, 그리고 기타 요인과 같은 과도한 스크린 타임을 초래하는 외적 영향이 있을 수 있다. 만약 미구엘의 아버지가 진정 이를 문제로 생각한다면, 그는 온정적 관계의 맥락에서 새로운 제한의 설정과 유지를 위해 미구엘과 협력할 길을 찾아야 할 것이다. 이는 도전이 될 수 있으며, 종종 아이들은 스크린을 오래 사용한 후에는 더 엄격히 제한하는 걸 거부한다. 스크린 타임을 초기에 줄이는 것이 힘겹겠지만, 만약 새로 설정된 제한을 일관되게 시행한다면 새로운 기준으로 자리할 것이다.

협업과 결과

문제가 대두될 때는 보다 제한적인 규칙과 한계를 만드는 것이 그리고 제한을 제시하는 것이 중요하다. 앞서 설명했듯이 온정과 엄격한 한계의 유지가 여전히 관건이다. 협력적인 부모가 되려면 경청과 타협, 그리고 격려가 요구된다는 사실을 반드시 기억해야 한다. 단순히 규칙의 목록을 지시하는 것으로는 협력의 기준에 미치지 못한다. 자기결정이론과도 일치하듯 협력은 아이들의 자율성과 유능성 욕구를 충족시키는 보다 나은 방법이다. 결국 우리가 원하는 건 아이들이 유능하고 독립적으로 건전한 결정을 내리는 것이다. 혹시 아는가? 그들도 그걸 원할지! 지금 그들이 그것에 항상 효과적이지는 못하지만, 아이들에게는 연습의 기회가 필요하다. 만약 우리가 지나치게 통제하거나 독재적으로 하려고 하면, 그들에게 본질적인 심리적 욕구를 충족할 성장의 기회를 주지 않는 셈이다.

부모들이 테크놀로지 사용을 제한하려고 애쓸 때, 종종 그들은 결과의 적용을 놓고 고심한다. 많은 사람이 제한이 정해진 후에도 몰래 더 많은 스크린 타임을 갖는 것과 같은 잘못된 행동은 벌을 받아 마땅하다고 느낀다. 불행히도, 우리가 찔끔찔끔 주는 결과는 비효과적일 때가 많다. 미구엘의 아버지는 하루 2시간이라고 제한했지만, 나중에 미구엘이 부모가 취침한 이후에도 4시간 더 게임을 한다는 사실을 발견했다. 무엇이 적절한 결과이겠는가? 우리는 보통 임의적이고 과도하며 해당 문제와 무관한 체벌을 피하길 원하는 만큼 미구엘에게 꼬박 한 달의 외출 금지 조치는 부적절하다. 아울러 우리는 아이의 발달적 요구를 고려하고 연령과 성숙도를 반영한 결과로 맞추길 바란다.

자연적인 결과는 부모가 개입하지 않아도 생긴다. 예를 들어 미구엘은 컴퓨터게임을 하며 밤을 지새운 다음 날이면 녹초가 되어 시험이나 축구 시합에서 좋은 성적을 내지 못할지도 모른다. 논리적인 결과는 부모에게서 나오며 문제 행동과 관련된다(예: "네가 어제 6시간 동안 게임을 했고, 제한은 하루 2시간이니, 앞으로 이틀간은 게임을 할 수 없어").

만약 계속 똑같은 결과를 주는 자신을 발견한다면, 그것은 비효과적이며 다른 뭔가가 필요하다. 그때가 좀 더 협력적인 뭔가를 시도할 절호의 기회다. 종종 아이들에게 어떤 방법이 효과적일지 물었을 때 그들이 나름의 해법을 제시해서 우리를 놀라게 하고 기쁘게 한다. 성공을 위한 아이의 계획은 그 소유권이 전적으로 아이에게 있으며, 이는 더 큰 자율성과 유능성으로 이끈다.

어니의 부모는 한 친구가 추천해 준 새 비디오게임을 어니에게 허락했다. 어니는 몇 주 동안 점점 더 그 게임에 몰두하였고, 그의 부모는 그에게 노출된 폭력성이 우려되었다. 더 이상 그 게임을 할 수 없다는 부모의 말에 잔뜩 화가 난 어니는 부모에게 마음을 돌이켜 주길 간청했다. 마크와 대니얼은 권위형 양육 방식을 지닌 부모로서 어니의 심정에 공감하며 그의 문제를 경청했고, 연령에 적합한 비디오게임에 관한 그들의 한계를 유지했다. 비록 어니가 아버지가 동의하지 않는 걸 이해하지 못해 오해하기는 했지만, 마크와 대니얼은 자신들의 뜻을 고수했으며 노골적으로 폭력적이지 않은 게임을 하는 것을 포함한 다른 선택지를 제공했다.

데비와 그 자녀들은 바깥 놀이 공간에 쉽게 접근할 수 없는 도심 대규모 고층 아파트에 살았다. 업무를 위해 시간을 내야 할 때는 자신이 일을 하는 동안 아이들을 즐겁게 해 줄 스크린 타임을 주곤 했다. 최근 그녀는 일례로 세 살 난 자녀가 아이패드로 테크놀로지에 도전하다가 실패하고는 짜증을 낼 때나, 일곱 살 난 자녀가 만족을 위해 갈수록 기기에 의존하는 등의 예기치 못했던 문제가 생기는 걸 감지했다. 이 문제를 다루기 위해 데비는 스크린 타임의 빈도를 점진적으로 줄이고, 그 대신 부모의 잦은 감독을 요구하지 않으며 연령에 맞는 게임과 활동(색칠하기, 레고 등)으로 교체했다.

다음의 예에서 부모와 자녀는 스크린 타임 문제를 협력적으로 다루며 해결의 길을 찾는다. 어머니가 자신의 딸과 연결되기 위해 다양한 양육 기술을 활용한 점에 유의하라.

아홉 살 버내뎃에게는 매일 방과 후 30분의 스크린 타임이 허용되지만, 그 시간이 다 되었을 때 기기를 끄는 문제로 종종 엄마와 갈등을 빚는다. 특히 스크린 타임이 끝나고 버내뎃의 피아노 교습을 위해 시내로 가는 통근 열차를 타야할 때 엄마 루이스의 애를 태운다. 수요일마다 루이스는 버내뎃에게 역까지 운전해야 하니 컴퓨터를 끄라고 애걸하지만, 버내뎃은 친구와 중요한 채팅 중이라고 말하며 그녀와 언쟁한다. 열차와 교습을 놓칠까 걱정인 루이스에게 이런 실랑이는 스트레스다. 그녀는 버내뎃이 스크린 타임에서 유익을 얻는다고 느끼면서도 그것이 이런 식으로 모녀 간 긴장의 원천이 되는 게 싫다. 그녀의 독서 모임에서 친구 다수가 스크린 타임에서 다른 활동으로 옮기라고 아이들에게 요구할 때 발생하는 유사한 문제들을 전했다.

이런 상황을 어떻게 처리할지 막막한 가운데 차분한 대화가 더 생산적이라는 걸 아는 루이스는 그들이 서로 충돌하지 않을 때 버내뎃과 대화의 시간을 갖기로 했다. 그들이 버내뎃의 할머니에게 케이크를 구워다 드리기로 한 어느 토요일 아침, 루이스는 장식용 크림을 만들면서 대화의 문을 열었다.

루이스: 너 피아노 교습 갈 때 스크린 타임이 방해받아 힘들 거라는 거 나도 알아. 그 문제에 관해 내게 말해 주겠니?

버내뎃: 네, 제가 하는 게 얼마나 중요한지 이해하지 못하는 것처

럼 그저 당장 끝내라고 다그치기만 하시잖아요.

루이스: 그게 네게 중요하다는 건 나도 이해해. 열차에 정시 승차하는 것이 내게 중요하다는 사실도 이해했으면 좋겠어.

버내뎃: 알겠어요. 전 마무리할 시간이 필요한데, 아무 예고 없이 갑자기 컴퓨터를 끄라고 하셔서 그랬어요.

루이스: 그렇지, 그리고 그 문제로 갈등하는 게 우리한테 도움이 안 된다는 것도 알아. 이 문제를 어떻게 해결할지 좋은 아이디어 있니?

버내뎃: 출발 전에 5분 남았다고 알려 주시면 어떨까요?

루이스: 그것도 방법이 될 수 있지만 내 생각에는 네가 마무리하는 데 5분 이상이 필요할 수도 있잖아. 아예 피아노 교습 후에 스크린 타임을 30분 가지면 어떨까? 그렇게 하면 재촉받는다는 느낌 없이 마무리할 수 있을 거야.

버내뎃: 그렇게 하도록 노력할게요.

루이스: 좋았어!

지속적인 스크린 문제가 대두되면 황색등 단계에 있다는 걸 깨닫고 상황을 개선하기 위해 뭔가 행동에 나서야 한다. 권위형 방식의 틀 안에서 기술된 본 장의 전략들은 일반적인 지침으로 가족의 가치, 아이의 발달단계, 그리고 개인의 구체적 상황을 고려해 가족 고유의 필요에 맞게 조정할 수 있다. 어떤 전략이 한 가정에는 유익하지만 다른 가정에는 무익할 수 있다는 걸 인정하고 접근법을 선정할 때는 무엇이 현실적인 방안인지 고려해야 한다. 또한 때로는 협력적으로 되기가 말처럼 쉽지 않으며, 부모의 개입에 반발이 심한 경우는 특히 더 그렇다. 부모로서 우리가 할 일은 계속 노력하고, 온정적이 되며, 자율성이 발달 중인 자녀들이 하루가 끝나갈 때 자신들이 여전히 사랑받고 있다는 걸 알고 안심하고 부딪힐 수 있는 든든한 한계를 유지하는 것이다. 아이들이 협력적으로 문제를 해결하려는 우리의 노력을 받아들이지 않을 때도 그런 몸짓은 여전히 중요하다. 이는 어느 정도는 아이들과 연결되어 있다는 긍정적인 메시지를 전달하며, 설사 그들이 이런 사실을 항상 인정하거나 감사하는 것처럼 보이지 않을 때도 마찬가지이다.

3단계에 걸친 일부 전략들이 서로 겹친다든지 장황해 보일 수도 있다. 사실 몇몇 전략은 테크 해피 라이프 모델의 다른 단계에 특히 더 해당된다. 하지만 녹색과 황색, 그리고 적색등 단계는 권위형 방식의 틀 안에서 문제의 심각성에 따른 개입 태도 및 그 정도와 더 깊은 관련이 있다. 녹색등 단계에서는 문제가 대두되지 않으며 양육 전략은 예방과 관련이 있다. 황색등 단계에서는 문제가 대두되어 권위형 방식의 틀 안에서 더 높은 수준의 통제가 필요하다. 마지막으로 적색등 단계에서는 문제의 심각성으로 인해 더욱 강력한 개입이 요구된다.

황색과 적색등 단계의 문제가 드러나는 때라고 해서 녹색등 단계에서 논의된 예방 전략이 버려지는 것은 아니라는 걸 명심하기 바란다. 사실은 이런 예방 전략을 유지하는 것이 대단히 중요하다. 누군가 병에 걸렸다고 해서 질병 예방과 건강 증진 노력(예: 건강한 음식 섭취)을 중단하지 않는 것처럼, 문제가 대두될 때도 테크놀로지 사용의 균형 유지와 건강한 관계 형성을 반드시 지속해야 한다. 하지만 발달적 요인을 바탕으로 부모 통제의 수위를 조절해야 한다. 테크 해피 라이프 모델을 통해 권위형 양육 방식을 유지하려면 황색등 단계의 문제 행동이 보일 때 규칙과 제한, 그리고 결과를 더욱 엄격하게 시행해야 한다.

앞서 8장에서 우리는 여섯 살인 맥스를 소개하면서 그의 어머니가 어떻게 관계와 예방을 활용해 스크린 타임 요구를 거절하고 그를 되돌이키는지 보여 주었다. 이제 한층 성장한 맥스에게로 돌아가서 일부 문제가 표면화되었을 때 어떻게 권위형 양육 방식의 틀 안에서 양육 전략을 사용하는지를 설명하겠다.

> 맥스는 열한 살이 되자 테크놀로지에 더 많이 접근할 수 있었고 더 성숙해진 탓에 감독이 요구되는 일도 줄었다. 그의 부모는 바깥 놀이와 직접적인 상호작용이 비디오게임과 메시지로 무색해진다는 사실을 알아채고는, 맥스가 스크린 앞에서 지나치게 많은 시간을 보내는 게 우려되기 시작했다. 그들은 스크린 타임을 줄일 필요를 깨달았지만, 테크놀로지가 생활의 그토록 필수불가결한 부분이 되었기 때문에 난관이 예상되었다. 그들은 권위형 방식과 훈련을 활용해 최근 스크린 타임 제한을 시행하는 일에 비교적 느슨하게 대했으나 이제는 테크놀로지가 그들 삶의 다른 중요한 부분을 방해하지 못하게 할 때라고 맥스에게 설명했다. 그들은 맥스와 한자리에 앉아 스크린 타임 제한에 관한 몇 가지 목록을 함께 작성하고

가족이 그것을 실천하기로 합의했다. 맥스가 그것을 그리 반기지는 않았지만, 이 과정에서 부모가 온정적이며 그를 존중하는 자세로 접근한 것에 대해 감사한다.

어머니: 맥스, 우리는 그간 너의 컴퓨터 사용에 많은 자유를 주었고 네게 많은 제한을 두지는 않았어.

맥 스: 그건 사실이에요.

어머니: 그리고 너는 기특하게도 그 특권을 남용하지 않았어. 넌 나이에 맞는 게임을 했고 온라인 안전에 관한 우리의 규칙을 따라 주었어. 지금 내 걱정은 네가 스크린 앞에서 지나치게 많은 시간을 보내는 거야.

맥 스: 그게 지나치게 많다는 생각은 안 드는데요.

어머니: 나도 이해해, 그리고 얼마나 많이 해야 지나친지에 대해 부모와 아이가 의견이 다른 게 정상이라고 생각해. 내가 네게 꼭 자외선 차단제를 바르고 당근을 먹게 하는 것처럼 널 돌보는 게 내 일이란다.

맥 스: 전 익힌 당근은 싫어요.

어머니: 맞아. 그래서 꼭 생당근에 후무스를 곁들여 주잖니.

맥 스: 그럼 엄마는 제가 후무스를 먹으며 비디오게임을 하길 바라시는 거예요?

어머니: 내 바람은 네가 스크린 타임을 줄이고 바깥 놀이를 늘렸으면 하는 거야. 너의 스크린 타임 분량에 관해 합의하고 그 계획대로 죽 밀고 나가는 게 필요할 거 같아.

맥 스: 하루 2시간 이렇게요?

어머니: 내 생각에 지금 네 나이로는 주중 하루 1시간이 적당하겠어. 그리고 주말에는 하루 2시간으로 하고.

맥 스: 엄마는 규칙에는 이유가 있어야 한다고 항상 말씀하셨잖아요? 이번엔 무슨 이유죠?

어머니: 내 이유는 하루는 단지 24시간뿐이라는 거야. 네가 매시간 스크린 앞에서 보낼 때마다 다른 걸 할 시간이 없는 셈이지. 스크린 타임을 조금 줄이면 요리, 나무 오르기, 엄마와 낚시할 시간을 좀 더 가질 수 있다는 뜻이야.

맥 스: 우리 낚시 가도 돼요?

어머니: 물론이지, 여행을 한번 계획해 보자.

맥스의 어머니는 단 한 번의 대화로 이 황색등 도전을 완전히 해결할 작정이었을까? 그건 아닐 것이다. 그들은 이 문제를 놓고 이미 수없이 대화했을 터이며, 가끔 맥스가 제한을 시험했을 거라 예상한다. 그의 어머니는 어떻게 대응할까? 이것이 어떻게 전개될지 살펴보자.

다음의 대화에서 맥스는 어머니가 정해 놓은 시간제한을 고의적으로 초과했다. 그는 스크린과 더 많이 씨름했으며 거듭 제한을 시험하는 모습을 보인다. 어머니는 이 문제에 대해 누차 이야기했지만, 그의 행동을 바꾸지 못했다. 그녀는 계속 추진하면서 그에게 스크린 타임에 관한 규칙 위반 시 약속했던 결과가 시행될 것임을 알게 했다.

어머니: 맥스, 5분 후면 스크린 타임 종료라고 내가 말했지. 그런데 그게 벌써 30분 전 일이야. 무슨 일이지?

맥 스: 하지만 앱이 작동하질 않았고 저는 한창 그 단계를 하는 중이었어요. 단계 중간에 멈출 순 없어요!

어머니: 너한테 그 게임이 중요하다는 건 나도 알아. 내가 더 잘 이해할 수 있게 좀 더 이야기해 보자.

맥 스: 전 그냥 그게 너무 좋아서 멈추기 어려웠어요.

어머니: 알아, 게임이 너무 좋아서 계속하고 싶은 마음은 나도 알겠어. 아무리 그래도 시간제한은 지켜야 해.

맥 스: 하지만 하루 1시간은 충분치 않아요!

어머니: 시간이 더 필요하다고 느낀단 말이지. 내 생각엔 네 나이 치고는 1시간이면 충분하고, 또 크면 더 많은 시간을 갖게 될 거야.

맥 스: 하지만 전 지금 더 하고 싶단 말이에요!

어머니: 열한 살 소년의 일 중 하나는 가끔 멈출 줄도 아는 법을 배우는 거야. 내 일은 네가 계속 행복하고 건강하게 자라도록 돕는 거고.

맥 스: 엄마가 제게 게임할 시간을 더 주시면 전 행복할 거예요.

어머니: 내가 말했듯이 네가 크면 더 많은 시간을 가질 거야. 지금은 네가 그 시간제한을 지키는 게 중요해. 규칙을 어겼으니 그 결과가 어떨지는 너도 알겠지. 내일 게임 시간 60분 중 10분이 깎일 거야.

맥 스: (눈물을 글썽거리며) 엄마! 그건 공평하지 않아요!

어머니: 네가 화가 많이 났고 규칙이 공평하지 않다고 생각하는 거 알아. 하지만 지금은 게임을 멈춰야겠어. 만일 네가 계속하면 내일 게임 시간에서 또 10분이 깎일 텐데.

맥 스: (게임을 끈다) 알았어요!

어머니: 저녁 준비할 시간이야. 엄마가 네게 도움을 요청해도 되겠지? 엄마를 위해 달걀 좀 깨주련?

맥 스: 지금 그럴 기분이 아니에요.

어머니: 좋아, 혹시라도 네 마음이 바뀌어서 날 돕겠다면 대환영이야. 도서관에 도서 반납하는 거 명심하고. 아마 그중 몇 권을 조금 더 읽을 수도 있겠지.

맥 스: 그럴지도요. (자기 방으로 사라진다.)

맥스와 어머니 간의 대화에는 긴장이 감돌고 있다. 그는 규칙을 어겼고 논리적인 결과가 주어졌다(다음 날 게임 시간의 일부가 줄어듬). 그녀가 논리적인 결과를 사용한 이유는 문제 해결과 더 유연한 한계 설정을 위한 다른 노력으로는 효과를 보지 못했기 때문이다. 권위형 양육 방식에 일관되도록 그녀는 대화 내내 침착하고 공감하는 태도를 유지했다. 그녀는 부드러우면서도 단호하게 결과를 적용했다. 그녀는 그에게서 게임 시간 10분을 빼앗기만 하면 된다고 판단했는데, 왜냐하면 이것이 그의 행동 변화에 필요한 전부라고 믿었기 때문이다. 대화 후 그녀는 맥스를 다른 욕구 충족 활동으로 전환하고자 시도했지만, 아마도 그는 먼저 마음을 가라앉힐 시간이 필요했을 것이다. 그녀는 맥스와 강한 관계를 형성하는 데 많은 시간과 노력을 투자해 왔기 때문에 그가 얼른 마음을 진정하고 그녀와 다시 연결되리라 확신한다.

권위형 양육 방식과 관계를 활용하라

>>>

심지어 스크린 타임의 도전을 예방할 최상의 노력조차 모든 문제가 발생하지 않도록 막을 수는 없으므로 부모는 황색등 단계에서 약간의 어려움을 다룰 필요가 있을 것이다. 권위형 양육 방식을 사용하고 원만한 부모-자녀 관계를 활용하며 스크린 타임 문제를 효과적으로 다룰 수 있다. 역행 접근과 협력적 해법 개발, 한계 유지, 그리고 논리적 결과 사용은 부모들이 고조되는 스크린 타임 문제를 다룰 가장 효과적인 방법이라 할 수 있다.

다음 장에서는 가장 도전적인 스크린 타임 문제를 가족들이 어떻게 관리해야 하는지를 깊이 다루려 한다. 비록 황색등 단계에서의 더욱 전형적인 스크린 타임 도전보다는 빈번하지 않지만, 해피 테크 라이프 모델의 적색등 단계에 해당하는 행동은 가족에게 매우 스트레스와 불행을 유발할 수 있다. 이 단계에서 스크린 타임은 습관성(혹은 중독성)을 띠며 관계와 수면, 그리고 일부 사례에서는 기본적인 자기 관리마저 잠식한다. 아울러 이 단계의 아동들과 십 대들은 누드 사진을 교환하거나 운전 중 문자메시지와 같은 온라인상의 위험 행동을 할 수 있으며, 이는 심각한 피해 내지는 법적 결과를 초래할 수 있다. 간혹 상황에 따라 더 엄격한 개입을 요구할 수 있는데, 이런 조치가 필요한 때가 바로 적색등 단계다.

10장

테크 해피 라이프 적색등 단계

–강력하게 개입하라

영상 속 그 청년은 분명 고통스러워했고, 소리 지르며 신음하는 그를 지켜보는 것은 상당한 불편함을 자아낸다. 수백만 명의 조회 수를 얻은 그 유튜브 동영상에서 20대 초반의 그 청년은 '거친 사랑'의 접근을 취한 아버지에 대항한다.[1] 아마도 그 동영상은 진짜처럼 보일 의도로 만든 허구겠지만, 진짜든 허구든 그 고통만큼은 강렬하다. 아버지는 마당에 아들의 비디오게임을 무더기로 쌓아 놓고 잔디 깎는 기계로 그것들을 박살 내겠다고 위협한다.

아버지: 내가 저것들을 밀어 버리면 설마 네가 잠시라도 방구석에서 나와 일거리를 구하겠지.

아 들: 게임이 제 일이 될 거예요! 저 그거 잘해요!

아버지: 네 학자금 대출에 자동차 할부금에 보험료도 내야지.

아　들: 전 정말 (욕설) 그거 잘한다고요!

아버지: 어 그럼 그 짓 하며 돈을 벌었어야지.

아　들: 이거 사느라 몇 백 달러는 들었을 거예요. 그건 비싼 취미라고요.

아버지: 그건 내 알 바 아니고. 넌 직장을 구해야 해.

아　들: 이래서 얻는 게 뭐예요? 내 게임을 밀어 버리고 뭘 하시려고요?

아버지: 혹시 아냐? 네가 잠시 게임을 멈추고 직장을 얻어 공과금이라도 낼지.

아　들: 전 절대 게임 그만두지 않을 거예요! (아버지가 게임을 밀어 버린다.)

아　들: (분노와 절망으로 소리 지르며 울부짖는다.)

심각한 문제에 어떻게 접근할까

>>>

이번에는 스크린 타임을 다루는 데 있어 가장 도전적이자 문제적인 우려(적색등 단계)에 초점을 둔다. 테크 해피 라이프 모델의 녹색등 단계는 예방을 권장하며, 황색등 단계는 초기 경고 신호가 대두될 때 문제를 다루는 것에 목표를 두고, 적색등 단계는 중독적이고 부적응적인 테크놀로지 사용을 바로 잡거나 중대한 문제를 다루기 위해 부모가 강력하게 개입해야만 하는 때다. 심각한 문제는 신중하게 전달되는 창의적이고도 시간 집

약적인 해법을 요구한다. 적색등 단계의 문제는 녹색등 단계의 노력으로 예방되지 않고, 황색등 단계의 더 강도 높은 통제와 제한 설정을 사용해도 해결되지 않았다. 따라서 이제는 그것을 다룰 더 극단적인 수단에 의지해야만 한다. 적색등 단계는 그 문제의 심각성 정도에 따라 때로는 정신 건강 전문가의 도움이 필요할 수도 있다는 점을 유념하길 바란다.

문제가 심각하다는 건 어느 경우인가?

심리학 개론 강의를 듣다 보면 이상심리abnormal psychology에 관한 단원을 접하게 된다. 이상 또는 일탈 행동deviant behavior을 설명할 때 심리학자들은 단지 어떤 것이 특이하고 이상하다는 이유만으로 반드시 그것이 심리적 장애psychological disorder 범주에 해당한다는 의미는 아니라는 점을 조심스럽게 지적한다. 어느 한 주제에 대한 열렬한 관심과 강박 사이에는 어떤 차이가 있을까? 괴짜와 진단 가능한 정신이상자의 차이는 뭘까? 다양한 연예인들의 행동은 기이하지만, 아울러 기능적이기도 하다. 많은 경우 결정적인 기준은 개인이 사회적이고 직업적이며 교육적인 기능상 장애가 있는지의 여부이다. 즉, 어떤 행동이 그 사람의 관계나 일, 교육, 또는 자기 관리를 방해하는가 그렇지 않은가?[2] 아울러 스크린 사용이 법에 저촉된다든지 자신과 타인에게 심각한 해를 초래한다면(예: 누드 사진 교환 및 게시, 마약 판매 촉진을 위한 스크린 이용, 운전 중 문자메시지) 심각한 문제라고 말할 수 있는지도 모른다.

아울러 부모 중 한 사람에게 심각한 문제가 다른 이에게는 그렇지 않을 수도 있다고 했는데, 서로 다른 수준의 관용과 다양한 기대, 그리고 좌절에 대처하는 자기만의 방식을 지니고 있기 때문이다. 어떤 이에게 황색등 단계인 문제가 다른 이에게는 적색등 단계의 문제일 수 있다. 우리는 테크 해피 라이프 모델의 단계 간에 엄격한 경계를 두기보다는 유연성과 유동성을 옹호한다.

사람이 정말 인터넷에 중독될 수 있을까?

《정신장애진단 및 통계편람DSM, Diagnostic and Statistical Manual of Mental Disorder 5판》은 종종 정신질환 진단의 바이블이라 일컬어진다. 미국심리학회가 발행하는 《정신장애진단 및 통계편람 5판》은 전문가들이 장애 여부 판별을 위해 사용한다. 스크린 타임 문제들이 정신질환 목록에는 포함되지 않지만, 최신판은 인터넷게임 장애Internet Gaming Disorder를 '본서에 공식 질병으로 포함시킬 가능성을 고려하기 전에 더 많은 임상적 연구와 경험을 보증하는 상태'로 열거하고 있다.[3] 주로 아시아에서 행해진 연구를 인용한 인터넷게임 중독에 관한 미국심리학회 자료표는 강박적 게이머의 신경 전달로가 물질 중독자의 그것과 유사함을 시사한다. 수많은 연구가 행동중독에 관여하는 신경 전달로와 보상회로가 마약중독자의 그것과 동일하다는 생각을 뒷받침한다. 비록 향후 발간될 《정신장애진단 및 통계편람》에서 게임중독이나 다른 스크린 타임 문제들을 진단 가능한 정신질환으로 공식 인정할 가능성은 있지만, 현재는 그런 진단명이 존재하지 않는다. 공식 진단명이 생긴다는 것은 치료를 위한 건강보험 환급을 비롯해 광범위한 함의를 지닌다.

뉴욕주립대학교 업스테이트 의과대학SUNY Upstate Medical Center 정신의학과 교수 로널드 파이스Ronald Pies 박사는 현재로선 인터넷 중독IA, Internet Addiction이 특정 질환이라는 생각을 뒷받침할 연구가 충분치 않다고 주장한다. 그러면서도 그는 일부 치료가 필요한 심각한 스크린 문제가 있는 사람들이 있다는 점을 인정한다.[4] 다른 학자들은 중독의 신경과학에 관한 과학자들의 지식에 근거해 인터넷중독과 같은 행동중독은 반드시 《정신장애진단 및 통계편람》에 포함되어야 하며, 미국심리학회가 부적절하게 그리고 임의적으로 그것들을 《정신장애진단 및 통계편람 5판》에서 제외시켰다고 주장했다.[5] 스크린의 '중독적' 사용이 심각한 심리적 문제와 관련되어 있다는 점은 의심의 여지가 없지만, 연구자들이 그 인과관계에 관해선 분명하게 하지 않는다. 즉, 정신 건강 장애를 지닌 사람들이 소셜미디어와 비디오게임의 과도한 사용자가 되는가, 아니면 과도한 스크린 타임이 정신질환을 유발하는가?

16세 이상 2만 명에게 실시한 한 대규모 연구는 중독적 테크놀로지 사용(비디오게임이나 소셜미디어)이 주의력결핍 과잉행동장애, 강박장애, 불안, 그리고 우울증과 연관됨을 발견했다.[6] 스크린 타임과 정신질환의 긍정적 연관성, 즉 높은 스크린 타임 수준이 높은 정신질환 수준과 관련은 있지만, 그렇다고 한쪽이 다른 쪽을 유발한다는 의미는 아니다. 연구자들이 내린 결론 중 하나는 주의력결핍장애, 강박장애, 우울증, 불안은 스크린 중독으로 발전할 위험이 있으며 따라서 예방 노력의 대상으로 인정될 수 있다.

현재 발표된 연구 결과를 바탕으로, 과도한 스크린 사용과 정신 건강 문제 양자는 5장에서 논의한 '용량 영향'을 통해 서로에게 영향을 미칠 수 있다. 스크린 사용이 과도해지면서 기본적인 생리적 욕구(예: 수면, 신체 활동)와 심리적 욕구(예: 자율성, 유능성, 관계성)가 충족되지 못하므로 우울증과 같은 정신 건강 문제가 악화될 수 있다. 또한, 과도한 스크린 사용자는 학교나 직장 등에서 성과가 떨어진다. 이는 역으로 우울증, 사회적 위축, 스크린 사용 증가로 이어지는 부정적 결과를 유발할 수 있다. 이로써 부정적 사고와 감정의 재발 경험을 피하기 위해 스크린 사용에 의존하는 악순환에 갇힐 수 있다. 일부 연구는 주의력결핍장애에 관해 주의력 및 강박 문제를 가진 아이들이 비디오게임을 더 많이 하는 경향이 있으며, 이런 게임 활동 증가는 주의력 및 강박 문제를 악화시키는 것으로 보인다.[7]

심각한 문제를 알리는 신호들

2013년 《뉴욕타임스》는 클래시오브클랜이라는 인기 게임에 많은 시간을 보내는 한 청년을 소개했다.[8] 그 기사에 따르면, 조지 야오는 일하러 갈 때만 아파트를 떠나고 일하지 않을 때는 아이패드 다섯 대로 동시에 클래시오브클랜 게임을 하며 중간에 끊지 않으려고 심지어 화장실 갈 때도 아이패드를 들고 간다. 점점 더 게임에 몰두하면서 그는 몸무게가 9킬로그램이 빠졌고 게임 레벨 진급에 유용한 가상의 보물에 약 3천 달러를 썼다. 그도 처음엔 오락이나 다른 사람들과의 온라인 연결의 한 방편으로 시작했다가 자신의 우위를 유지하려는 압박감에 너무도 부담을 느낀 나머지 이제는 그것을 재미가 아닌 일로써 더 많이 느끼기 시작했다. 야오의 상황이 극단적이긴 하지만 아주 예외적이지는 않다.

사춘기의 인터넷과 게임, 그리고 소셜미디어 문제 치료를 위한 수많은 재택 치료 프로그램이 만들어졌다.[9] 이런 프로그램들은 비교적 새로운 것들이라 그들에 관한 효과 분석 연구가(약물 또는 알코올 재활 프로그램에 비해) 거의 없다. 하지만 마르부르크 대학Marburg University의 심리학자 알렉산더 빙클러Alexander Winkler 박사는 인터넷중독 치료 프로그램을 거친 670명의 개별 결과를 포괄적으로 분석한 16편의 다른 연구들을 살펴본 결과 그런 프로그램들은 대체로 온라인상의 시간 감소에 효과적이었다. 게다가 이런 치료 프로그램 참여자들이 우울증과 불안 신호를 더 적게 보이는 경향이 있었다.[10]

인터넷중독센터The Center for Internet Addiction는 경증부터 중증에 걸친 인터넷 사용 문제의 심각성 평가를 도와줄 질문지를 개발했다. 그 인터넷중독 검사의 목표는 문제들이 더욱 심각한 주의를 요구할 수 있는 때가 언제인지 판단하는 데 도움을 주는 것이다.[11] '드물게'부터 '항상'까지의 척도로 평가되는 그 검사는 인터넷 사용 빈도, 사용과 관련된 부정적인 결과에 대한 자가 보고, 인터넷 접근이 어려울 때 인지되는 문제에 관한 질문들을 포함한다.

이런 질문지 사용은 문제의 심각성 이해에는 도움이 될지 몰라도 해결책을 제시하지는 못한다. 이런 설문지를 사용할 때는 이들이 진단용으로 만들어지지 않았다는 걸 명심해야 한다. 마치 시력 검사 질문 후 안경사에게 추가적인 검사를 받듯이, 인터넷중독 검사나 기타 검사에 관한 위험 판정에는 정신 건강 전문가의 상담이 뒤따라야 한다.

현재 가지고 있는 문제가 적색등 단계의 집중적 개입을 요구하는 것인지 판단하는 데 도움이 될만한 질문지를 제시한다. 이 질문들은 저자인 우리가 만든 것으로 전적으로 '중독'에만 초점이 맞춰진 것이 아니라 스크린 사용으로 야기된 문제들의 심각성을 평가하기 위한 하나의 방편이다. 만약 이 진술들에 하나 이상 '예'라고 대답했다면, 아동 또는 사춘기 자녀가 습관을 바꾸도록 돕는 데 시간과 에너지를 투입하는 것이 중요하다.

자녀의 스크린 타임 사용에 관해(소셜미디어, 비디오게임, 컴퓨터 사용, 인터넷 활동 중 어떤 것도 다 포함됨) 다음 진술 중 어느 것이 사실인가?

1. 스크린 타임이 내 자녀의 (또래 혹은 어른과의) 관계를 현저하게 방해한다. (예 / 아니오)
2. 스크린 타임이 내 자녀의 성공적인 학교생활을 현저하게 방해한다. (예 / 아니오)
3. 스크린 타임이 (만약 취직했다면) 내 자녀의 일을 현저하게 방해한다. (예 / 아니오)
4. 스크린 타임이 내 자녀의 수면을 현저하게 방해한다. (예 / 아니오)
5. 내 자녀의 스크린 사용이 법을 어기거나 법적 결과가 따를 수 있다. (예 / 아니오)
6. 내 자녀의 스크린 사용이 건강에 심각한 결과를 초래할 수 있다(예: 운전 중 문자메시지). (예 / 아니오)

근본적으로 스크린 타임이 관계나 학교, 일, 또는 수면을 방해한다면 그것은 문제다. 대개 만약 약한 수준의 방해라면 황색등 단계로 간주될 수 있다. 더 만성적이고 심각한 방해라면 우리는 이를 적색등 단계로 간주하며, 따라서 더 강한 개입이 필요하다. 아울러 스크린 사용이 심각한 법적 혹은 건강상의 결과를 초래한다면 그 행동은 적색등 범주에 속한다. 일례로 운전 중 문자메시지 보내기를 들 수 있다. 십 대는 만약 자신이나 다른 누군가가 다치지 않으면 괜찮다고 생각할지도 모른다. 하지만 음주 운전과 마찬가지로 운전 중 문자메시지는 사고 위험을 현저히 증가시킨다. 게다가 여러 국가에서 위법이기도 하다.

만약 예방과 개입 단계를 시도한 후에도 앞서 열거된 문제들이 계속 보인다면, 적색등 단계의 통제 전략 사용을 늘리는 것을 심각하게 고민해야 할 때다. 요컨대 지금 우리는 권위형 양육 방식 안에서 통제 수준을 올리고 있다. 만성적 수면 부족을 여기에 포함했는데, 건강과 관계, 학습, 그리고 삶의 다른 중요한 기능에 미치는 수면 부족의 영향에 관한 연구가 상당수 발표되었기 때문이다.[12] 수면 부족은 그것이 유발하는 문제에 상응하는 주목을 받지 못하는지도 모른다. 사실 수면 부족이 심지어 뇌 크기를 줄일 수 있다는 연구도 있다.[13]

우리가 가정에서 발견되는 테크놀로지 문제로 부모들과 상담할 때, 그들은 성적 저하, 만성 수면 부족, 여가 활동이나 운동 부족 또는 전무, 스크린 부재 시 지루하다는 불평, 스크린 타임 제한 시 심한 부정적 감정, 게임이나 온라인 활동 이외의 관계 부재를 보고한다. 대개 이런 문제들은 장기간에 걸쳐 발생하며 속히 해결되지 않는다. 비록 간단한 해법은 없지만, 종종 헌신과 지지로 이런 심각한 문제를 성공적으로 다룰 수 있다.

우리는 상당수 가족이 거주 치료센터 입소나 외래 치료에 의지하지 않고도 심각한 스크린 타임 문제를 다룰 능력이 있다고 믿지만, 극심한 환자에겐 이런 조처가 가장 적절한 선택일지도 모른다. 본 장에서는 녹색등과 황색등 단계의 전략이 실패한 이후에 부모와 아이가 협력해서 할 수 있는 것들에 초점을 두고자 한다. 우리는 대부분의 도전적인 스크린 타임 상황을 위한 손쉬운 해법이란 없다는 걸 이해하며, 가족마다 고유한 필요가 있으며 자녀와 목표로 하는 문제에 맞는 해법을 개발해야 한다고 생각하며 이런 권고들을 제시한다.

우리는 앞서 8장(녹색등 단계)에서 6세의 맥스를, 그리고 9장(황색등 단계)에서 11세의 맥스를 살펴보았다. 이제 그는 17세이며 대체로 잘하고 있다. 그에겐 친구들이 있으며 성적도 좋고 아르바이트도 꾸준히 한다. 맥스의 부모는 그가 게임광이라는 걸 의식하고 있었지만, 그가 부모의 신용카드를 몰래 쓴다는 사실을 발견하기 전에는 문제의 심각성을 전혀 몰랐다. 부모의 반박에 직면해서야 그는 게임 진급을 위한 다량의 인앱 구매가 필요한 게임에 다소 집착하게 되었다고 고백했다. 그는 죄의식을 느끼며 자책하면서도, 너무도 심각해진 이런 게임의 문제에 대해 도움이 절실하다고 깨달던 차에 들켜서 안도하기도 했다.

맥스의 부모는 당연히 화가 났고 노심초사했으며, 비록 오랜 세월 온정적이며 공감적인 양육 방식으로 접근했었지만 이런 특정 상황은 각별했다. 그들은 분노했고 혼란스러웠으며 경악했다. 맥스에게 이야기하기 전, 그들은 자신들의 감정을 논의하며 어떻게 이 문제를 맥스에게 이야기할지 함께 계획하는 시간을 가졌다. 아울러 그들은 그 문제에 대해 감정적인 반응보다는 신중한 대응이 중요하다는 것을 알았다. 만약 그들이 분노에 찬 장광설로 맞선다면 맥스는 물론 그들의 관계 모두에 해로울 수 있다는 걸 인식했다. 신랄하고 분노에 찬 대립은 비생산적이며, 권위형 양육 방식에도 부합되지 않는다. 그의 부모는 맥스와 이야기를 하기 전에 자신들의 감정을 확인하는 시간을 가졌다. 그들은 신중하며 단호한 태도를 유지하려고 계획했지만, 여전히 온정과 사랑이라는 출발점에서 비롯된 것이길 원했다.

맥스의 부모는 다음과 같은 계획을 마련했다.

1. 맥스는 신용카드 대금을 갚아야만 한다.
2. 가족이 함께 그 문제에 대한 해결책을 강구하는 동안 일시적으로 게임을 중단한다.
3. 당분간 맥스가 게임을 못 하도록 감독 프로그램/앱의 설치와 사용을 개시한다.
4. 맥스가 방에 디지털 기기를 갖고 들어가지 못하게 한다.
5. 강박적 게임 없이도 자신의 기본적인 욕구를 충족할 방법을 맥스와 부모가 협력적으로 모색한다. 이 과정이 순탄치는 않겠지만, 가족은 게임을 중단한다고 핵심적인 욕구들이 사라지

지는 않는다는 걸 이해한다.

6. 보조적 자원으로써 심리치료를 고려한다.

적색등 단계의 개입

>>>

앞에서 언급했듯이 적색등 단계의 문제가 대두되는 때에도 녹색등과 황색등 접근을 유지해야 한다. 예를 들면 스크린 타임 문제가 심각하더라도 테크 프리 존(예: 저녁 식사 자리)의 유지와 스크린 없는 흥미로운 바깥 활동에 대한 가족의 참여, 스크린 제한에 대한 건전한 모범, 그리고 아이와의 스크린 타임 사용에 관한 의견 차이의 협력적 절충 노력은 계속 유지해야 한다. 이런 접근들이 적색등 단계의 개입이 요구되는 문제를 다루는 데 효과적으로 보이지 않을 수도 있지만, 그것들은 테크놀로지와의 건강한 상호작용의 기반이 되므로 계속 유지되어야 한다. 다음의 예는 황색등에서 적색등으로 서서히 옮겨 가며 심각한 문제를 유발하는 도전적인 상황을 보여준다.

타마라는 딸 카라가 스마트폰에 너무 많은 시간을 보낸다는 건 알았지만 그 문제가 얼마나 심각한지 최근까지도 눈치채지 못했다. 2주 전 타마라는 한밤중에 시끄러운 소리에 잠을 깨고 집에 침입자가 있다는 두려움에 사로잡혔다. 그게 카라였기에 안심했지만, 새벽 3시에 인스타그램에 포스팅하며 깨어 있다는 사실에 화가 났다. 그래서 딸이 근래 그토록 피곤하고 무기력한 이유는 틀림없이 그것 때문이라고 속으로 생각했다. 이틀 후 그녀는 학교 상담교사로부터 딸의 과도한 결석과 추락하는 성적에 대해 우려를 표명하는 전화를 받았다. 소셜미디어는 카라에게 생활의 중심이 되었고 수면과 교육의 심각한 유출구가 되었다. 타마라는 제한을 두려고 여러 번 노력했지만, 그때마다 저항에 부딪혔다. 사태의 화근은 교장의 전화였다. 교실에서 연이은 스마트폰 사용을 이유로 꾸지람을 당하자 카라가 교사에게 책을 던졌다는 것이다. 타마라가 카라에게 우려를 표현하자 카라는 공격적으로 비난하며 주방 탁자를 엎어 버렸고, 타마라는 겁에 질렸고 이런 행동상의 도발을 효과적으로 다룰 자신의 능력에 대해 의문을 가졌다.

타마라는 카라의 유년 시절 내내 녹색등과 황색등 전략을 활용하며 선제적으로 대처해 왔다. 그녀는 카라를 축구부에 가입시키고 책을 읽어 주며 뒷마당에 트램펄린을 설치하고 텔레비전과 컴퓨터 시간에 제한을 정했다. 그런 노력에도 불구하고, 카라가 성장하며 소셜미디어에 관심이 강해지면서 서서히 타마라가 정한 제한에 대해 시들하게 반응했다. 아울러 카라는 제한을 빠져나갈 방법을 찾기 시작해 타마라가 잠자리에 든 이후 스마트폰을 사용하거나 타마라가 직장에 있는 동안 수업을 빼먹었다. 실로 뭔가 도움이 절실한 카라였지만, 단순히 소셜미디어를 끊는 것으로는 소용이 없을 듯했다. 카라는 타마라의 그런 시도에 폭발했으며 제한을 빠져나갈 방법을 찾았다. 이런 문제에 대해 빠르고도 손쉬운 해법은 없지만, 타마라는 전투 방식을 신중하게 선택하며 카라의 발달적 요구를 고려하고 존중하는 마음으로 카라와 협력해야 할 것이다. 이어지는 내용은 이 영역에서의 몇 가지 추가적인 지침들이다.

전략은 관계에서 나온다

심각한 스크린 타임 문제에 관한 양육은 극도로 힘들 수 있어서 유해한 스크린 타임을 다룰 방법을 배우는 데 약간의 일반적인 지침이 도움이 될 수 있다. 아이들이 스크린 타임을 과도하며 유해하게 사용할 때 개입을 시도하는 것은 긴장과 분노, 증오, 그리고 좌절을 불러일으킬 수 있다. 제한을 적용할 때 부모들은 강한 부정적 반응을 각오해야 하며, 갈등을 피하기 위해 스크린 타임 연장에 굴복하는 것은 문제를 영속시킬 뿐이라는 것을 알아야 한다.

중요한 지침의 하나는 테크놀로지 감축을 결정하기 전에 문제를 균형 있는 시각으로 바라보라는 것이다. 부모와 아이의 관계가 숙제와 스크린 타임, 어지럽혀진 방, 그리고 집안일보다 더 중요하다. 가끔 우리는 판단력이 흐려져 우리의 욕구에 대한 순응을 우선시함으로써 관계를 훼손하기도 한다. 이는 특히 부모 품을 떠날 날이 얼마 남지 않은 사춘기 자녀들에게 더욱 그럴지도 모른다. 이런 십 대들과 좋은 관계를 원하는가, 아니면 그들이 단순히 규칙에 순종하기를 원하는가? 오류를 지닌 선택처럼 들릴지 모르겠지만, 사춘기 대다수의 세계관은 그야말로 양자택일이다.[14] 어른으로서 우리는 십 대들이 다음 단계로 넘어가며 독립적으로 되고 자기 조절을 하게 되리라는 사실을 안다. 우리는 그들과의 관계를 개선하여 그들이 이렇게 하도록 뒷받침할 수 있다. 관계성을 향한 그들의 심리적 욕구는 우리를 통해서도 일부 충족된다. 우리의 싸움은 반드시 우리가 선택하도록 해야 한다. 발생하는 일부 문제를 다루기 위해 토미의 부모가 결정한 방식을 고려해 보라.

토미는 명석하며 열심히 공부하는 열일곱 살 학생이다. 성적도 좋고 야구 경기에서 높은 등급으로 참여한 운동선수이기도 하다. 토미의 어머니 린다는 그의 나쁜 수면 습관이 걱정이다. 그는 수업과 야구가 끝나면 저녁 6시부터 9시까지 잠깐 눈을 붙이고 저녁을 먹은 다음 숙제를 하며 새벽 2시까지 깨어 있다. 그는 방문을 닫고 자기 방에서 노트북으로 작업한다. 린다는 그가 방에 있는 시간 일부를 게임과 소셜미디어, 그리고 비디오 시청에 쓴다는 걸 안다.
린다와 그 배우자 제니퍼는 토미의 공부 습관과 저녁 일과에 단호히 반대해야 할지 고민했다. 그는 종종 학교에 지각해서 탈이지만, 등교도 스스로 운전해서 한다. 그래서 그들은 그가 자신의 지각 문제를 처리하도록 결정했다. 그들은 그가 자주 피곤해하고 짜증을 부리며 스크린 사용이 그의 성적과 운동에 약간은 부정적 영향이 있다는 것을 알아차렸다. 매일 3~4시간씩 잠깐 눈을 붙이는 등, 비록 그의 수면 패턴이 특이하긴 하지만 십 대들을 위한 권장 수면 시간에는 근접했다. 린다와 제니퍼는 이 문제를 토미와 함께 해결하려고 이미 시도했었지만 성공하지 못했다. 토미는 변화에 관심이 없어 보였으며, 전반적으로 자신이 상당히 잘하고 있다고 강조했다.

이 모든 도전은 토미가 고등학교 3학년 때 일어났다. 약간의 논의 끝에 린다와 제니퍼는 토미에게 제한과 결과를 시행할 가치가 없다고 결정했다. 역효과 없이 그렇게 할 방법을 그들은 생각할 수 없었다. 그들은 이렇게 자문했다. "그를 바꿀 만한 효과적인 방법이 있을까? 이 문제로 토미와 싸우며 우리 가족의 마지막 6개월을 보내길 원하는가?" 이 싸움에서 이길 방법은 없으며 그가 대학으로 떠나는 마당에 (비효과적인) 제한을 가하려고 애쓰기보다는 강한 관계를 유지하는 편이 더 중요하다고 판단했다. 그들은 토미가 자신의 습관으로 인한 자연적 결과를 반드시 경험하게 될 거라 느꼈고 이 시점에서 삶이 최고의 스승이 될 거라 믿었다.

토미는 분명 자신의 테크놀로지 사용에서 오는 약간의 만성적인 부정적 영향을 경험하고 있다. 그것이 '극히 비정상적'이지는 않지만, 그의 부모에게는 당연히 우려스럽다. 그 문제의 지속적인 특성을 고려할 때 명확한 구분이 존재한다고 주장할 수는 없지만, 그가 황색등을 넘어 적색등 단계에 이르렀다고 말할 수 있다. 어쨌거나 왜 토미의 부모가 개입하려는 강력한 동기를 느꼈는지는 알 수 있다. 하지만 그들은 이미 여러 번 시도를 했고, 그들의 노력은 상황을 악화시켰다. 그들은 문제 해결보다는 더 많은 문제를 양산하지 않고는 제한 설정이 불가하다고 판단했다. 대신, 그들은 테크놀로지 사용의 균형에 관한 열린 대화의 중요성을 절감하며 그와의 대화를 시도했다.

적색등 단계에 있는 아동 혹은 십 대들과 맞설 때 명심해야 할 중요한 사항들이 있다. 첫째, 우리가 차분한 마음의 상태에 있는 것과 그 문제에 관해 대화하기에 좋은 시간을 선택하는 것이 중요하다. 대화에 적당한 시간은 언제일까? 분명 한밤에 십 대 자녀가 노트북을 끄고 잠자리에 들어야 할지를 놓고 벌이는 언쟁의 와중은 아니다. 그런 문제는 디지털 기기가 없는 저녁 식사 자리처럼 긴장감이 없을 때 꺼내야 한다. 다음과 같은 상황에 놓이지 않으려면 적절한 제한에 관한 부모 또는 양육자 모두의 합의가 도움이 된다.

부모 1: 나는 네가 소셜미디어에 너무 많은 시간을 쏟느라 성적이 떨어지기 시작하는 게 걱정돼.

부모 2: 에이, 그게 우리 어렸을 적 몇 시간씩 전화 통화하던 것과 뭐가 달라. 아이를 가만 좀 내버려 둬!

힘든 양육도 부부가 협력하면 한결 쉬워진다. 테크놀로지에 관해 아이와 어려운 대화를 갖기 전에 배우자와 따로 대화를 나누며 하나의 팀을 이뤄 협력하고 서로를 깎아내리지 않도록 한다. 자녀에게 어떻게 접근할지와 계획했던 개입의 방식에 관해 합의하라.

규칙과 제한 유지, 그리고 결과 시행하기

적색등 단계 문제의 심각성을 고려할 때, 건강과 복지를 위한 약간의 규칙과 제한을 유지하되 우리가 아이들에게 공감하고 있다는 사실을 분명히 해 둘 필요가 있다. 그보다 어려 스스로 헤쳐 나갈 준비가 안 된 아이들, 특히 황색 또는 적색 단계의 문제일 때는 아마도 스크린 타임 규칙 위반에 따른 결과를 시행해야 할 것이다. 상식적으로 좋은 규칙 하나는, 원하는 바를 끌어낼 최소한의 결과만 사용하는 것이다. 아이가 몰래 게임을 30분 더 했다고 게임 콘솔을 압수하고 일주일간 외출을 금지하는 처벌을 내리는 것은 도움이 안 된다. 만약 아이가 그날 오후 스크린 타임을 얻지 못한 결과를 맛본 후 자신의 행동을 돌이킨다면, 그것으로 필요한 조치는 다 한 셈이다.

가능한 한 우리는 자연적 결과를 활용하도록 노력해야 한다. 9장에서 논의했듯이, 자연적 결과는 부모가 주는 것이 아니라 자체적으로 발생한다. 밤새 비디오게임을 하느라 늦게까지 깨어 있었다면 다음날 다른 활동들을 즐길 만큼 심신의 양호함을 느끼지 못할 것이다. 여기서 간혹 아이들은 상황 연결을 위한 약간의 도움이 필요한데, 그편이 아이들에게 행동과 자연적 결과 사이의 관련성을 설명하는 데(수치감을 주기보다는 사랑함으로) 도움이 될지도 모른다. 토미의 경우 그의 부모는 자신들의 결과를 시행하기보다는 지각과 같은 자연 발생적 결과를 허용하기로 했다.

때로는 자연적 결과보다 논리적 결과가 선호되기도 한다. 예를 들어 음주 운전의 자연적 결과는 최악의 경우 끔찍한 사고 내지는 벌금으로 이어질 수 있다. 부모로서 우리는 가만히 서서 그런 자연적 결과가 일어나도록 내버려 둘 수는 없다. 논리적 결과는 문제가 되는 불량 행동과 관계된다. 음주 운전의 경우, 부모들은 십 대들이 스스로 책임질 수 있다는 걸 보이기까지 운전할 권한을 박탈할 수 있다(또 마땅히 그렇게 해야 한다). 아울러 그런 십 대들에게는 특정 약물 혹은 알코올 상담이 필요할 수도 있다. 앞서 예로 들었던 몰래 30분 게임을 더 한 아이의 경우 논리적 결과는 명시된 기간 내 게임을 하지 못하는 것이다.

아울러 성공적인 양육에는 약간의 일관성이 요구되며, 이를 유지하기 어려운 것은 우리 모두 마찬가지다. 하지만 예측 가능한 방식으로 결과를 적용함으로써 일관성을 유지할 수 있다. 만약 아이들이 어떤 때는 스크린 타임 규칙을 어겨 어려움을 겪기도 하고 또 어떤 때는 그렇지 않다는 사실을 눈치채면 도박을 걸고 무사하길 바랄 가능성이 크다. 반면에 일관된 결과가 따르는 부모의 확립된 패턴이 있을 때 아이들은 더욱 제한을 존중하게 될 것이다.

아이들의 더욱 균형 잡힌 삶을 돕기 위해 테크놀로지 접근에 제한이 필요한 상황이 있을 수 있다. 대체로 우리는 부모가 스크린 사용에 관한 모든 접근을 거부('즉각적인 중단' 접근)하는 것을 권장하지 않는다. 그렇게 하는 데는 여러 가지 이유가 있다. 그 하나는 아이들이 학업의 상당 부분을 컴퓨터와 태블릿으로 해결하기 때문이다. 따라서 아이의 생산적 스크린 사용에 지장을 주지 않으면서 오락적 스크린 사용을 제한할 수 있을지가 문제다. 사회적, 오락적, 생산적 사용이 스크린에 같이 결합되어 있다. 모든 오락적 스크린 사용을 제한하기란 사실상 불가능한데, 이는 생산적 스크린 사용의 제한을 의미하기 때문이다. 하지만 만약 문제시되는 스크린 사용의 원천이 게임 콘솔이라면 생산성을 위한 최소한의 결과로 목표 행동에 제한을 시행할 확률이 높다. 또한, 아이 학교에서 학생용 노트북을 제공한다면 오락용 스크린에 접근할 수 있는 가정용 기기를 제한하면서 여전히 과제를 위해 학교 노트북을 사용하도록 할 수 있다.

즉각적인 중단 접근에 관해 고려할 또 다른 중요한 사안이 있다. 아이들이 스크린 사용을 통해 자신들의 심리적 욕구(예: 관계성, 자율성, 유능성) 대부분을 충족하고 있는데 스크린을 빼앗기면 충족되지 못한 욕구들은 거대한 공백으로 남는다. 이런 아이 중 일부는 스크린을 최소한 부분적으로는 자신과 세상, 그리고 미래에 대한 부정적인 생각과 감정의 접근을 막으려고 스크린을 사용한다. 따라서 스크린을 빼앗기면 그런 부정적인 생각과 감정들이 그 공백을 메우려고 돌진할지도 모른다. 우리 대부분은 스크린 접근의 급작스러운 상실로 발생할 수 있는 분노와 증오, 불안, 그리고 우울과 같은 강한 감정의 처리에 대비하지 못할 것이다. 비록 테크놀로지 입원 재활 프로그램 전문가들은 이를 다룰 지식과 기술을 갖고 있겠지만, 대부분 가정에서는 정신 건강 전문가와 같은 추가적 자원과 지원이 필요할 것이다.

부모들은 즉각적인 중단보다는 아이들의 스크린 특권을 제한하는 방법을 쓸 수 있다. 이는 다음을 포함한다.

- 와이파이Wi-Fi 접근 제한
- 와이파이나 셀룰러 데이터 없는 휴대전화 사용
- 특정 시간대에만 접근 가능한 스마트폰(예: 숙제하는 동안은 접근 불가)

- 일정한 날/시간에만 할 수 있는 비디오게임
- 학습을 위해 컴퓨터를 사용하면 오락용 스크린 타임 금지

이런 제한이 정해지면 엄격하게 시행해야 한다. 단계별로 더 특정한 전략들이 일부 있긴 하지만, 황색과 적색등 개입 간의 차이는 종종 정성적(즉, 형태 또는 유형적인 면)이라기보다 정량적(즉, 양적인 면)이다. 그러므로 권위형 양육의 틀 안에서 스크린 문제의 심각성이 커짐에 따라 부모가 시행하는 규제와 제한, 그리고 결과의 수위도 높아진다.

부모들은 아이들이 테크놀로지 특권을 다시 누리도록 결정하는 것이 유익하다는 걸 발견하겠지만, 극단적인 경우라면 스크린 사용을 줄이는 것만으로도 적절할 수 있다. 이전의 황색등 장에서 설명한 협력적 문제 해결 부분을 다시 살펴보는 것도 유익할 텐데, 그런 기술들이 제한 설정 과정 관리에 도움이 되기 때문이다. 지원에 적극적인 가족 치료사의 개입 또한 스크린 타임 사용의 극적인 변화에 가족이 적응하는 데 도움이 될 수 있다. 마지막으로 스크린 접근의 역행 또는 제한 시 아이들이 남은 '공백을 채우도록' 돕기 위해 부모는 아이와 협력해야 한다. 될 수 있으면 우리는 이런 공백이 부정적이고 반추하는 생각들로 채워지길 원치 않는다.

조시의 사례

조시는 열다섯 살로 가족은 모두 다섯 명이다. 부모 모두 전문직에 종사하며 집에 거의 없다. 조시는 열두 살 여동생 에

이버리나 열일곱 살 누나 루비와 친하지 않다. 아버지는 일 중독이자 (약간의) 기능적 알코올중독functional alcoholics(정상적으로 생활하는 듯하나 사실은 알코올에 의존하는 상태-역주)이다. 그들의 부모는 가족이 함께 있을 때 서로 다투거나 피하는 경향이 있다.

조시는 점점 가족이나 학교 친구들과 멀어지게 되었다. 그렇지만 인스타그램과 스냅챗을 자주 사용하며 활발한 온라인 및 소셜미디어 활동을 한다. 그는 거의 항상 스마트폰을 하며, 집에서는 위층 자기 방에서 노트북을 한다. 조시의 부모는 실제로 그가 온라인에서 뭘 하는지 모른다.

어느 날 조시의 어머니 앰버는 조시 여자친구의 어머니로부터 전화를 받았다. 앰버는 아들에게 여자친구가 있는지조차 몰랐다! 조시의 여자친구가 스마트폰을 밖에 두었고, 그녀의 어머니는 조시에게서 온 성적으로 매우 노골적인 문자메시지를 발견했다. 따지고 들자 조시가 이를 설명하려고 애썼지만, 그의 어머니는 스마트폰을 압수했다. 그것을 열어본 그녀는 성과 마약 거래로 수많은 메시지와 소셜미디어가 오간 것을 보고는 충격에 빠졌다. 분명 조시는 여러 명의 십 대 여자아이들과 누드 사진을 교환했으며, '소개를' 목적으로 계속 여학생들을 만났고, 지금껏 여러 차례 마약을 했다. 그는 심지어 마약 판매도 시작했으며 소셜미디어에서 마약상으로 행세했다. 조시의 부모는 그의 스마트폰을 빼앗았다. 조시는 돌려달라고 애원하며 이렇게 외쳤다. "제 인생 전부가 그 핸드폰에 있다고요!" 한바탕 분노의 눈물을 흘린 후에 그는 식칼을 쥐고는 스마트폰을 돌려주지 않으면 부모나 자신을 찌르겠다며 위협했다.

조시의 사례는 극단적이고 드문 예이긴 하지만, 분명 이처럼 이례적으로 위험한 십 대 행동을 동반하는 심각한 문제도 발생한다. 이런 상황이라면 우리는 정신 건강 전문가의 즉각적인 도움을 구할 것을 강력히 권한다. 조시가 겪는 어려움에 대해 그의 부모는 테크놀로지를 탓할지 몰라도 그의 경우 가정의 문제가 근본 원인일 수 있다. 소셜미디어를 통해 행해진 조시의 일탈은 근원보다는 더 깊은 문제의 신호일지 모르며, 이런 문제의 일부가 스크린 사용으로 커졌을 수 있다. 이처럼 뚜렷한 근본 원인 없이도 대단히 위험한 행동(온/오프라인에서)에 발을 디디기 시작하는 일부 아동이나 십 대가 있을 수 있다는 사실에도 주목해야 한다. 어쨌거나 문제가 조시의 경우처럼 심각한 때는 전문가의 도움이 필요하다.

십 대들은 항상 일정 수준의 위험부담이 있는 행동에 관여하기 마련이며 여기에는 영역의 문제가 있다. 신경정신의학자 대니얼 J. 시걸Daniel J. Siegel이 자신의 저서 《십대의 두뇌는 희망이다: 혼란을 넘어 창의로 가는 위대한 힘Brainstorm: The Power and Purpose of the Teenage Brain》에서 논했듯이, 십 대들은 탐구하고, 새로움을 추구하며, 위험을 양육자로부터 분리되는 과정의 일부로 감수한다.[15] 만약 십 대들이 위험을 감수하지 않는다면 그들은 절대 둥지를 떠나지 못할 것이다. 여전히 스크린은 최근까지 접하지 못했던 위험을 감수할 새롭고도 손쉬운 방법을 그들에게 제공한다.

8장에서 논의했듯이 우리는 정당한 근거 없이 감시 차원에서 아이들의 스크린 활동을 감독하는 것을 옹호하지 않는다. 이 문제에 대한 더 깊은 토론을 위해서는 8장뿐만 아니라 FAQs 란(부록 3)도 참조하기 바란다. 요컨대 대다수 아이들은 감시를 피할 방법을 찾아낼 수 있다. 그들의 스크린 행동을 통제하려는 약간의 시도만으로도 신뢰를 깨뜨리는 것으로 비칠 수 있으므로 관계에 상당한 마찰을 초래할 수 있다. 대체로 우리는 아이들에게 무죄 추정의 특혜the benefit of the doubt가 주어져야 한다고 믿는다. 하지만 십 대들이 조시처럼 현저하게 위험한 행동에 참여한 것을 발견하면 약간의 감시(예: 아이의 앱 사용 통제 기능을 제공하는 앱, 문자메시지 열람)와 더불어 접근 제한(예: 아이가 그것에 대한 책임 있는 사용을 보여줄 수 있을 때까지 일정 기간 소셜미디어 사용을 못함)이 정당화된다.

조시의 부모는 그의 스크린 타임 문제가 더욱 심각한 근본적인 문제의 징후일 가능성이 매우 크다고 깨달았을지도 모른다. 그들에게 스마트폰은 제재가 필요했던 조시의 위험 행동에 대한 창을 제공했다. 만약 그의 부모가 자신들이 개입할 수 있다고 느낀다면, 반드시 그를 보호하고 사랑하는 방식으로 개입해야 한다. 이는 쉽지 않을 것인데 그의 유익을 위해 그의 자유와 자율성을 제한할 가능성이 높기 때문이다. 대부분의 부모는 이런 상황에서 공격과 약물 남용, 그리고 위험한 성적 행동을 다룰 기술이 부족하다는 것을 절감한다. 발현되는 문제의 심각성과 복합성을 고려할 때 그의 부모는 심리학자나 다른 자격을 갖춘 전문가의 도움을 구해야만 한다. 임상의와 연락을 취할 때 부모는 조시의 문제 행동 촉진에 테크놀로지가 차지하는 역할에 대한 그들의 우려를 명백히 전달해야 한다.

비록 많은 스크린 타임 문제들이 근본적인 심리적 장애의 신호일 수도 있지만, 그런 문제와 연결되지 않는 적색등 부류에 해당하는 스크린 타임 문제일 가능성이 상당하다. 대부분 십 대들의 높은 스크린 타임 수치는 과도한 사용이 비교적 흔하다는 사실을 암시한다(하지만 심각한 심리적 문제가 그리 흔치는 않다). 정신 건강과 스크린 타임 간에는 양방향 관계가 있어 보인다. 마음이 울적해(임상적 우울증은 아니지만) 가족 시간에 빠지고 소셜미디어에 몰두하기 시작한 어느 십 대를 생각해 보자. 이 십 대의 과도한 인터넷 사용으로 인한 결과는 우울감의 증가일 수 있으며, 이것이 추가적인 침잠을 촉진할는지도 모른다.

아동 및 사춘기의 스크린 타임 사용이 그들의 관계에 어떻게 영향을 미칠 수 있는지를 더 잘 이해하기 위해서는 보다 많은 연구가 필요하다. 연구를 통해 스크린 사용의 긍정적 영향과 부정적 영향 모두가 밝혀지고 있지만, 과도한 스크린 타임이 문제를 유발하는 그런 용량상의 영향이 있는 듯하다. 그중 어떤 문제들은 너무도 심각해 우울증과 같은 진단 가능한 장애일 수도 있다. 특히 강박적 스크린 사용은 아이들의 사회적이고 정서적인 발달에 너무도 중요한 직접적인 참여와 같은 부류를 제한할 소지가 있다. 자기결정이론 면에서, 아울러 우리의 진화적 유산으로 되돌아가서, 관계성 욕구는 전반적인 행복을 위한 충분한 수준의 직접적 참여를 요구하는 것 같다.

개입에서 통제와 그 너머로

>>>

적색등 단계에서 우리는 예방과 가벼운 개입이 성공적이지 못했을 때 아이들을 돕기 위한 몇 가지 제안을 제시했다. 스크린 문제가 심각하다든지 큰 피해를 초래할 잠재성이 있다면 적색등 단계에 있다고 볼 수 있다. 간혹 그 문제가 너무도 커서 혼자 해결하기 어려울 수가 있는데, 이는 아마도 그간 다루어지지 않은 더 깊은 문제들이 있기 때문일 것이다. 예를 들어, 사회적 불안을 지닌 아이가 스크린 타임에 몰두하는 이유는 그편이 외부의 사회적 세계를 다루는 것보다 쉽기 때문이다. 시간이 지나면서 스크린이 주는 만족이 너무도 커서 모든 사회적 상호작용 위에 군림하게 된다. 스크린 타임 자체가 문제일 수도 있지만, 스크린 사용이 또 다른 문제의 징후일 가능성도 있다.

이때 부모는 권위형 방식의 틀 안에서 적색등 단계의 스크린 문제를 위해 더 엄격한 결과를 시행할 뿐만 아니라 '통제' 다이얼을 올려 더욱 제한적인 스크린 타임 제한을 정해야 한다. 여전히 온정적 자세를 유지하며 관계 형성과 예방 전략을 계속 사용해야 한다. 협력적 문제 해결을 시도하면서도, 선택지의 감소를 고려한다.

적색등 단계의 문제, 특히 가장 심각하고 고질적인 강도를 지닌 문제는 종종 전문가의 도움을 요구한다. 정신 건강 전문가의 도움을 구할 때는 스크린 타임 문제를 다룬 경력이 있는 사람을 찾는 게 유익하지만, 그런 전문가는 드물다. 무엇보다 아이들과 십 대들, 그리고 가족에 대한 전문 지식을 보유한 전문가이자 적임자를 찾는 게 중요하다. 상담이 효과적인 이유에 관해서는 심리치료 분야 내에서도 약간의 논란이 있지만, 많은 연구자는 특정 치료 방법을 불문하고 치료자와 내담자 간의 강한 연합이 성공적인 결과의 가장 중요한 요소라고 믿는다.[16] 특히 내담자들은 치료자와의 강한 연합(즉, 관계)을 통해 자신의 관계를 개선한다.

정신 건강 전문가는 각 가정의 요구에 따라 개인치료, 집단치료, 혹은 가족치료를 권할 수 있다. 많은 경우 부모가 자녀의 스크린 타임에 관해 도움을 구할 때, 심리치료사들은 부모-자녀 관계 강화를 위해 그 가족의 보다 나은 소통과 한계, 그리고 관계 확립을 돕고자 할 것이다. 치료사는 인터넷 또는 게임중독의 원인이 되는 근본적인 문제들도 다룰 수 있을 것이다. 게다가 전문가와의 상담은 스크린 타임을 제한하려는 노력이 비생산적인지 아니면 가족체계 내에서의 관계를 손상하는지(예: 비디오게임 콘솔을 완전히 치워버려야 할까?)를 판단할 때 객관적 관점을 제공할 수 있다.

지금까지 우리는 테크 해피 라이프 모델의 요소들, 즉 기반이 되는 관계와 녹색등 단계(예방적), 황색등 단계(대두되는 문제 다루기), 그리고 적색등 단계(심각한 문제 발생 시 개입하기)를 살펴보았다. 모델과 책 전반에 대한 요약은 12장에서 제공할 것이다. 하지만 그 전에 더 세심히 검토할 가치가 있는 영역이 하나 있는데, 그것이 바로 11장에서 논의될 학교와 테크놀로지이다. 우리가 언급했듯이 학생들에게 수업 활동이나 과제를 태블릿이나 노트북으로 할 것을 요구하는 학교 수가 점차 늘고 있다. 학생들에게 유익하다는 생각에서 테크놀로지와 교실의 통합이 강력히 추진되고 있다. 하지만 가족과 마찬가지로 학교도 스크린 사용에 관한 문제와 씨름하는 중이다. 가족과 학교가 어떻게 함께 이 문제를 다루느냐(또는 그렇지 않느냐)는 테크놀로지의 단점은 최소화하면서 장점을 활용하는 데 결정적으로 중요하다.

11장

디지털 기기로 학교 숙제를 하는 세상

퍼트리샤는 자녀들에게 바깥 놀이와 독서, 그리고 가족과의 활동을 장려해서 스크린 타임의 분량을 제한하려고 노력했다. 신학기가 시작되자 그녀는 학교에서 아이들에게 부과한 온라인 숙제와 요구 사항의 분량을 보고 다소 좌절했다. 개학을 하면서 퍼트리샤가 세웠던 가정에서의 스크린 타임 관련 한계들이 점점 더 지키기 힘들다고 느꼈다. 그녀는 테크놀로지 사용이 자녀들에게 분명 유익하다고 느끼면서도 가정 내 테크놀로지 제한을 위한 자신의 노력을 약화시키는 걸 지켜보며 학교에 대해 분노의 감정도 느꼈다. 근본적으로 그녀는 그런 상황을 통제할 힘이 미약하거나 전무하며 자신의 우려를 적절히 다룰 자원이 없는 것처럼 느꼈다.

학교와 가정에서의 테크놀로지

›››

퍼트리샤와 같은 부모들이 학교 내 테크놀로지 사용 증가에 대해 다소 스트레스를 경험하는 것은 놀랄 일이 아니다. 오늘날의 어린 학생들은 그들 부모의 학창시절에는 존재하지 않았던 도구들로 학습하며, 가정과 학교의 기대는 자주 불협화음을 일으킨다. 본 장에서 우리는 아동 발달과 학습, 그리고 가정-학교 제휴에 관한 우리의 지식을 고려해 부모(교사)에게 도움이 될 수 있는 맥락에서 교육 현장의 테크놀로지를 생각하려 한다. 수많은 형태의 가정과 학교가 존재하므로 모든 이의 요구를 충족할 특정한 접근은 없다는 걸 인정한다. 하지만 갈수록 첨단화되는 학교라는 새로운 영역을 탐험하려는 가정들을 위해 대부분의 경우 적용 가능한 몇몇 일반 원칙은 있다. 그러나 우리가 말하는 학교에서의 테크놀로지란 어떤 의미인가?

테크놀로지가 학습을 촉진한다?

›››

자신의 허구적인 앨리 G 캐릭터에 몰입한 배우이자 풍자가인 사샤 배런 코언Sacha Baron Cohen이 한번은 '레인보우 제러미Rainbow Jeremy'라는 한 친구를 어떤 테크놀로지도 사용하지 않으며 '과학과 관련된 모든 것'을 기피하는 사람으로 묘사한 적이 있었다. 배런 코언의 전문 패널들은 즉각 레인보우 제레미가 사는 집과 입는 옷, 그리고 먹는 음식, 모든 것이 테크놀로지의 산물임을 지적했다. 물론, 앨리 G는 자신의 친구가 완벽하게 테크놀로지 프리("이는 그의 홈페이지에서 확인할 수 있다")라고 주장하며 그 지적을 부인할 것이다. 그것은 한 편의 뛰어난 코미디지만, 테크놀로지를 디지털 시대에서 발원한 혁신으로만 보는 우리의 편협한 시각을 지적한 것이기도 하다. 우리가 뒤로 물러서 더 넓은 관점으로 본다면, 교사와 학생들은 학교가 존재하기 시작했을 때부터 줄곧 테크놀로지를 사용해 왔다는 걸 분명히 알 수 있다.

연령대별로 다들 학창 시절에 계산자나 환등기, 오버헤드 프로젝터OHP, overhead projectors, 전자계산기, 또는 OMR카드와 같은 기술적인 혁신을 한 가지 이상 접했을 것이다. 1980년대 후반과 1990년대 초반, 교실에서 채널원Channel One 텔레비전 방송이 교육용과 뉴스 콘텐츠를 내보내기 시작하자 학생들을 붙잡아 놓고 광고에 노출시킨다는 비난이 일었다. 학교에서의 신기술은 학습 결과 향상, 효율성 증진, 경험의 향상이라는 형태로 더 나은 약속을 제공한다. 물론 모든 기기가 이런 약속을 내놓는 것은 아니지만, 컴퓨터와 태블릿, 그리고 다른 디지털 테크놀로지 사용을 이런 맥락에서 생각해야 한다. 노트북은 오버헤드 프로젝터가 아니지만, 근본적으로 아이들의 학습을 돕기 위해 학교에 신기술을 도입하는 또 다른 방법이다. 학교는 왜 전자책과 아이패드, 스마트폰, 그리고 웹 기반 과제를 채택했을까? 그것이 더 좋은 학교로 만들어 주고 학습을 향상할 차선책이기 때문이다. 하지만 과연 그러한가?

최근 몇 년간 교실 내 신기술의 영향을 이해하려는 노력에 지대한 관심이 있었지만, 그 결과는 엇갈린다. 2015년 경제협력개발기구OECD, Organization for Economic Cooperation and Development 연구 결과, 70개 대상국에서 컴퓨터가 학업 성취도 평가 점수에 긍정적인 영향을 미치지 못했다.[1] 현재 컴퓨터와 다른 디지털 기기의 사용을 지지하는 데이터는 제한적이며, 연구에 의하면 몇몇 경우 아이들에게 컴퓨터나 태블릿을 제공하는 것이 비생산적이다.[2]

결과 향상에 대한 제한적인 실험적 근거를 고려할 때, 왜 학교는 디지털로 가는 걸까? 아마도 새로울수록 더 좋다거나, 21세기형 직장을 더 잘 준비하려면 학생들에게 테크놀로지가 필요하다는 강한 믿음이 자리하고 있기 때문일 것이다. 하지만 단순히 아이의 손에 기기를 쥐여 준다고 더 나은 학습 결과를 내는 것 같지는 않다. 실제로 더 많이 테크놀로지에 접근할 수 있는 기회가 주어졌을 때 일부 아이들의 수학과 읽기가 감소했다(아마 그들이 게임과 오락, 그리고 소셜미디어에 더 많은 시간을 보내고 있기 때문일 것이다).[3] 최근 전국에서 수집된 학생 데이터 분석 자료를 보면 중3 때 스크린 앞에서 보내는 시간이 많을수록 고2 때 과제에 할애하는 시간이 줄었다.[4] 다른 연구들을 보면 노트북으로 메모하는 학생보다 손으로 필기하는 학생들이 공부를 더 잘한다고 한다.[5] 이런 결과를 고려한다면, 테크놀로지가 도움을 주기보다는 방해하는 게 아닌지 의문이 든다.

우리는 디지털 테크놀로지에 교육적 유익이 전혀 없다는 인상을 주고 싶지 않다. 오히려 테크놀로지가 얼마나 아이들의 학습을 향상시킬 수 있는지에 대해 약간의 신중한 낙관론을 제시하고 싶다. 학교에서의 태블릿 사용 및 학습 결과에 관한 최근의 연구보고서는

"현재 지식 기반의 단편적인 속성과 철저한 연구의 희소성은 확고한 결론을 도출하기 어렵게 만든다"라고 언급했다.[6] 분명한 것은 학생들이 교육에서 테크놀로지로부터 최고의 유익을 얻는 것은 명확하고도 구체적인 목적(예: 학생들이 구조를 더 잘 이해하도록 회전 가능한 삼차원 분자 화상을 보기 위해 아이패드를 사용하는 것)이 있을 때다. 아울러 학생들은 훈련된 교사들이 지도와 학습을 위한 테크놀로지 사용에 활발히 참여할 때 더 잘 배울 수 있다는 걸 보여준다.[7]

가끔은 스크린이 없는 게 더 낫다

에드거 왓킨스는 중3 학생들에게 생물을 가르치는 일을 사랑하며 학생들과도 잘 소통한다. 그는 해양 생물학자와 동승할 기회를 포함한 특별 현장학습을 마련했다. 실망스럽게도, 몇몇 학생은 견학 중에도 자신의 스마트폰을 보느라 고래와 바다거북을 관찰할 기회를 놓쳤다. 이듬해 그는 견학 시 스마트폰을 금지했더니 학생들이 더 몰입하고 더 많은 유익을 누리는 걸 발견했다. 심지어 상당수 학생은 자신들의 기기가 이 특별한 학습 경험을 방해했을 거라는 걸 깨닫고 스마트폰을 가져가지 못하게 한 것에 감사를 표했다.

그렇다, 모든 학교가 해양 생물을 포함한 현장학습에 접근하는 것은 아니며, 교실 내 테크놀로지는 산만함뿐만 아니라 풍부한 경험을 제공할 잠재력을 지닌다. 교육에서 테크놀로지 사용의 이익과 불이익에 관해 더 많은 걸 연구하는 데 관심을 가진 한 팀의 학자들이 캐나다의 학교 지도자들(예: 교장, 교감, 학과장)로부터 데이터를 수집한 결과, 테크놀로지가 사용될 때 학생의 동기부여 증진을 포함한 몇 가지 분명한 이익이 있다는 것을 발견했다.[8] 아울러 그 연구는 장애 학생을 위한 유익과 역방향 감독reverse monitoring 개발이라는 유익을 발견했다. 반면, 학교 지도자들은 문자메시지로 인한 주의력 산만과 전통적 문해력 및 사회성 기술 모두의 하락, 그리고 교사의 온라인상의 소통 업무에 대한 부모들의 요구 증가에 대한 우려를 표명했다("좋건 나쁘건 현재 자녀의 학업 수행이 어느 수준인지 부모가 알도록 연락할 더 많은 책임이 교사에게 있다. 그것은 더 좋은 교사가 되기 위해 교실에서 준비할 시간을 앗아간다").

분명 테크놀로지는 학습을 촉진하지만, 장점이 단점보다 더 큰(만약 그럴 수 있다면 말이다) 정도에 대한 포괄적 이해는 여전히 부족하다. 테크놀로지에는 교육적 유익이 많지만, 학습을 방해할 잠재성도 있다. 많은 학생은 만약 인터넷에 무제한으로 접근할 수 있다면 강의와 학습활동 대신 정기적으로 스마트폰에 집중할 것이다. 실제로 영국 고등학생에 관한 한 연구를 보면 휴대전화 금지 도입 이후 시험 점수가 향상되었다.[9] 하위권과 빈곤계층 학생들에게서 특히 가장 좋은 결과가 나왔다. 따라서 학교에서의 테크놀로지에 관한 한, 학교가 휴대전화 사용을 제한하는 것에 신중하게 접근할 가치가 있다고 할 수 있다.

학교 디지털 테크놀로지의 효율성을 위한 결정적 증거 기반 근거의 부족에도 불구하고 그것이 사라질 거라고 믿을 이유는 거의 없다. 오히려 우리는 앞으로 컴퓨터와 태블릿, 스마트폰, 그리고 다른 기기 사용이 현저히 증가할 거라 예측한다. 아이들이 학교에서 집에 올 때 전자 교과서와 인터넷 접근을 요구하는 과제와 PPT, 파일 공유, 그리고 구글 드라이브 같은 서비스를 통해 협력적으로 작성된 프로젝트를 들고 오리라 예상한다. 테크놀로지는 사라지지 않을 것이므로, 부모는 디지털 테크놀로지에 의존하는 학교의 계획에 대한 이해와 감독, 그리고 지지에 활발한 역할을 할 때 가장 도움이 될 수 있다. 본 장에서 연구를 기반으로 정립된 가정-학교 제휴라는 틀을 소개하는 것으로 시작해서 그렇게 할 수 있는 몇 가지 구체적인 전략을 제시하겠다.

가정-학교 간의 제휴

›››

부모의 학교 참여가 베이크 세일과 자원봉사, 그리고 가끔 열리는 부모-교사 회의로 국한되던 때가 있었다. 이런 형태의 참여는 분명 가치가 있지만, 몇몇 심각한 한계도 지닌다. 과거의 부모 참여 모델은 학교의 주된 책임이 주로 학생들의 학습에 있으며 부모의 기능은 단지 보조적 지원에 불과하다고 가정했다. 이런 접근은 정보가 주로 한 방향(학교에서 집으로)으로 흐른다는 생각과 일치한다. 따라서 부모는 문제가 생기면 학교를 비난하기 쉬우며, 마찬가지로 교사는 학업이나 행동상의 문제에 대해 부모를 탓하기 쉬웠다. 더 나은 해법이 반드시 있어야 한다.

가정-학교 간의 제휴FSP, Family-School Partnering는 학교가 배움

의 중심이라는 생각을 거부하며 가정에도 배움이 있다고 인정한다. 이런 제휴는 부모를 교육자이자 동등한 파트너로 인정하며 가치관과 의사 결정, 그리고 책임의 공유를 촉진한다. 학교에서 집으로 흐르는 일방적인 의사소통보다는 부모와 교사가 양방향 의사소통(아이가 집에서 어떻게 행동하는지 아는 것이 교사에게도 도움이 되기 때문)에 참여한다. 가정–학교 간의 긴밀한 제휴가 시행될 때 아이들이 학업적으로나 사회적, 그리고 정서적으로 더 나은 학업 수행을 보여준다는 연구가 증가했다.[10] 더욱이 가치와 기대에 관해 가정과 학교 규정 간에 일관성이 있을 때 아이들은 더 잘한다. 모든 학교 체제가 이런 접근을 채택하지 않으며, 전통적인 '부모 참여' 모델에서 가정–학교 간의 제휴 패러다임으로 전환하는데 시간이 걸린다는 걸 인정하지만, 아기 걸음마로도 좋은 일들이 일어날 수 있다. 이것이 바로 테크놀로지의 지향점이다. 만약 테크놀로지에서 교육의 장점을 얻고 위험을 최소화하고 싶다면, 자녀의 교사와 함께 이 가정–학교 간의 제휴를 적용하는 것에서 도움을 받을 수 있다.

테크 해피 라이프 모델의 기반은 부모–자녀 간의 긴밀한 관계라는 것을 상기하라. 마찬가지로 이런 가정–학교 간의 제휴는 부모와 학교 간의 긴밀한 관계 구축에 관한 것이다. 양측이 자녀의 교육적인 발전을 위해 협업할 수 있는 것은 바로 이런 제휴를 통해서다.

다음에 이어질 내용은 가정–학교 간의 제휴와 테크놀로지에 관하여 가정과 학교 간의 보다 나은 협업 촉진에 도움이 될 몇 가지 제안 사항이다. 당연히 이런 대화들은 전 학년에 걸쳐 다르게 보일 것이며 가정과 학교에서 스크린 타임과 관련된 가치의 괴리가 클수록 더욱 힘들겠지만, 이런 권고 사항들은 하나의 출발점을 나타내며 필요할 때 수정할 수 있다.

그것에 관해 말하라

자녀의 교사(들)에게 가정과 학교에서의 테크놀로지에 관해 말하라. 학교에서의 테크놀로지 사용과 기대에 관해 알아두면 도움이 될 것이다. 등교 시 학생들의 스마트폰 지참이 허용되는가? 만약 그렇다면 어느 범위까지 사용이 허용되는가? 다른 기기들은 어떠한가? 부모들은 학교의 규칙과 기대에 관해 아주 밝아야 한다. 하지만 소통은 반드시 양방향이어야 함을 기억하기 바라며, 따라서 자녀의 교사(들)에게 가정 내 테크놀로지 사용과 자신이 지닌 가치와 기대에 관해 반드시 말하도록 하라.

다음의 몇 가지 질문을 하고 싶을지도 모르겠다.

- 학교와 교실의 테크놀로지는 '저급'부터 '첨단'에 이르는 연속선 어디에 해당할까요?
- 교실에서 테크놀로지를 어떻게 사용하나요?
- 학교에서 우리 아이의 기기(예: 스마트폰, 태블릿, 게임기)에 관해 선생님께서 기대하시는 바가 무엇인가요?
- 아이가 컴퓨터와 다른 디지털 기기를 사용해 과제를 완성해야 하나요?
- 학교나 가정에서 테크놀로지를 사용할 때, 학생들이 채팅이나 소셜미디어, 게임 등등에 주의력을 빼앗기지 않게 할 어떤 방

법이나 권고 사항을 갖고 있나요?

다음 몇 가지 정보를 자녀의 교사와 공유하고 싶을지 모르겠다.

- 가정의 테크놀로지 환경이 '저급'에서 '첨단'에 이르는 연속선 어디에 해당하는지
- 가정에서 테크놀로지를 어떻게 사용하는지
- 스크린 타임에 관해 정해둔 제한 내지는 한계
- 아이와 테크놀로지로 인해 겪었던 도전이나 싸움

다음의 질문들을 자녀에게 묻고 싶을 수도 있다.

- 너희 선생님들은 테크놀로지를 어떻게 사용하시니?
- 공부에 테크놀로지가 어떤 식으로 도움을 주니?
- 어떤 식으로 테크놀로지가 공부를 더 어렵게 하니?
- 네가 가장 즐겁게 배울 수 있는 방식은 어떤 거니? 책, PPT, 아니면 학급 토론?
- 성공적인 학교생활을 위해 아이들에게 필요한 테크놀로지 기술에는 어떤 게 있을까?
- 네가 지금 하는 과제에 세심하게 집중할 수 있으려면 어떤 방법이 가장 좋을까?
- 우리가 어떻게 도와주면 네가 공부를 더 잘할 수 있겠니?

공동의 가치와 목표를 분명히 하라

부모와 교사가 한결같이 바라는 결과라면 학생들이 학년 전 과정에서 학업적, 사회적, 정서적으로 성장하는 것이다. 어떤 제휴가 그런 결과 달성을 도울 수 있으며, 테크놀로지는 얼마만큼의 역할을 할까? 어떻게 하면 부모와 교사가 서로의 학습 환경을 뒷받침할 수 있을까? 차이가 있는 경우(예: 학교는 첨단이고 가정은 그렇지 못한 경우) 교사와 부모는 어떻게 그런 차이들에 관해 협력할 수 있을까?

선제적으로 대처하고 관계를 유지하라

가정-학교 간의 제휴는 회의 한 번으로 완수될 문제가 아니다. 그것은 지속적인 소통이 요구되는 관계를 요구한다. 학년 전 과정에서 새로운 기기를 습득하고 성숙할 것이며, 가치와 기대의 변동이 있을 수 있다. 성공의 관건은 공통의 가치와 목표 달성을 위해 테크놀로지를 어떻게 사용할 것인지에 관해 부모와 교사가 대화를 계속하는 것이다. 적절한 시기에 아이들을 협력 모임에 포함시키는 것은 아이들의 수용을 촉진하고 하향식 접근을 피할 수 있다. 그러므로 아동이나 십 대와의 협업은 그들의 관계성과 유능성, 그리고 자율성 욕구를 다루는 하나의 방법이다. 가정과 학교 환경 전반에서 테크놀로지가 어떻게 사용되어야 하는지 대화와 이해를 통해 갈등이 반전될 수도 있다. 요컨대 가정-학교 간의 제휴는 예방적인 녹색등 전략의 더욱 효율적인 작동을 가능케 하는 기반이 된다. 가정과 학교 모두가 합의한 한계와 제한의 확립을 통해 학교 내 테크놀로지 사용에서 발생할 수 있는 일부 문제들을 피할 수 있다.

제한

우리는 가정-학교 간의 제휴가 쉽지 않다는 걸 인정하길 원한다. 다자녀 부모는 각각의 교사와 유의미하고 지속적인 협업의 관계를 위해 시간을 내기가 현실적으로 불가능하다. 마찬가지로 고유한 요구를 지닌 각기 다른 학생과 가정을 상대하는 상황에서 교사의 시간적 여유에도 분명 한계가 있다. 요컨대 만약 우리가 일정 수준의 가정-학교 간의 제휴를 확립하면 관계가 형성된 상태에서 문제들(황색등 단계)을 더욱 신속히 파악하고 처리할 수 있다. 여기서 기저가 되는 생각은 교육에 협업적인 노력으로 접근한다는 것과 우리가 동시에 모든 곳에 있을 수 없다는 걸 인정하고 가장 필요로 하는 곳에 에너지를 투입하는 것이다.

학교 내 스크린 타임 관리를 위한 혁신적인 해법들

일부 학교에서는 교실 내 테크놀로지에 대한 우려에 대처하기 위해 혁신적인 테크놀로지를 활용한다. 예를 들어 미국 여러 주의 교육 지도자들은 학생들에게 수업이 있는 날 스마트폰 미사용을 포인트로 보상하는 앱의 사용을 권장한다. 누적된 포인트는 학생들에게 인기 있는 음식점이나 소매점에서 현금처럼 사용될 수 있다. 수업이 있는 날 스마트폰 사용 감소를 외적 동기로 인센티브화해서 학교는 수업 참여와 학습을 증진할 수 있다. 이런 접근은 비교적 최근이라 그 효과에 대해서는 아직 결론이 나지 않았다. 하지만 혁신적 전략들이 단지 체벌적 수단에 의존하지 않는 과제 수행을 돕는 데 활용될 수 있다는 점은 고무적이다. 그런 앱들은 이따금 테크놀로지로부터 우리를 구하기 위해 테크놀로지가 사용될 수 있다는 약속을 담고 있다.

가정에서 학교 테크놀로지를 어떻게 관리할까

›››

자녀들은 십중팔구 집에서 컴퓨터나 스마트폰, 태블릿, 또는 다른 디지털 기기를 사용해 학교 숙제를 완성하라는 요구를 받을 것이다. 이 장 초반에 등장한 일화 속 어머니 퍼트리샤를 생각해 보라. 그녀는 아이들이 인쇄된 책을 읽고 바깥에서 놀며 식구들과 직접 접촉하기를 원한다. 학교 과제에 집에서의 스크린 사용이 요구되자 그녀는 이를 가족 시간의 침해로 보았다. 게다가 종종 과제용과 오락용 스크린 타임의 경계가 모호하다. 그녀가 얼핏 보기에 장남 조시는 과학 수업을 위한 PPT를 준비하다가 스냅챗이나 친구들에게서 온 메시지 확인으로 쉽게 건너뛴다. 퍼트리샤는 조시의 학업적 성장(테크놀로지를 수반하는 것을 포함해)을 뒷받침하는 것과 동시에 다른 발달적 측면에서의 성장을 장려하는 것 사이의 건강한 균형을 유지하길 바란다. 여기 이 같은 우려를 관리할 수 있는 몇 가지 방법이 있다.

아이들이 공부와 놀이를 분리하도록 도와라

자녀들에게 테크놀로지 사용이 요구되는 숙제가 있을 때 오락과 온라인 사교 활동을 공부와 분리하면 더 생산적일 수 있다는 걸 보여주어 집중하도록 아이들을 지원하라. 컴퓨터가 얼마나 다양한 목적(우리의 노트북은 본서 집필용과 더불어 유튜브 배드립리딩Bad Lip Reading 시청용으로도 사용되었음을 고백한다)으로 사용되는지를 고려한다면 이는 하나의 도전이 될 수 있다. 게다가 우리에게는 언제든 존재하는 다양한 기기들이 있다(예: 노트북, 스마트폰, 태블릿). 그러므로 이런 도전을 하는 아이들을 돕기 위해 한 번에 하나의 기기만 사용하고 필요치 않을 때는 와이파이나 인터넷 접속을 끌 것을 권장하라. 집안 학습 공간에 생산성 전용 컴퓨터를 정하는 게 도움이 될 수 있다. 이는 아이에게 오락이나 교제 목적은 집안 다른 컴퓨터나 다른 공간으로의 물리적 이동을 요구하려는 생각에서다. 학교에서 관리하는 노트북이나 태블릿은 학습용으로만 사용되어야 한다. 반드시 학교의 이용 약관을 읽고 자녀들이 기대, 제한, 그리고 오용의 결과를 이해하도록 그들과 함께 검토하도록 한다.

휴대전화가 특히 주의력 산만의 주범일 수 있으니 아이가 숙제하는 동안은 휴대전화를 다른 방에 두도록 강력히 권장한다(요구한다). 이 전략은 단지 휴대전화의 존재만으로도 '두뇌 유출' 효과가 야기됨을 고려할 때 특히 도움이 된다.[11] 인지적으로 힘든 노력이 필요한 '깊이 있는 공부'는 주의력의 유지를 통해 가장 잘 달성된다.[12] 휴대전화와 소셜미디어 시간은 학습 과제 완료 후 자가 보상의 한 방법이 될 수 있다.

체계를 제공하라

부모들은 자녀들이 시간을 제대로 사용하지 않아서 과제가 늦어져 좌절할 때 짜증이 날 수 있다. 주말이 끝나갈 때 퍼트리샤는 자주 뒤돌아보며 자녀들이 스크린 앞에서 너무 많은 시간을 보냈으며 나무 타기 시간이 충분하지 못했다며 후회한다. 우리는 퍼트리샤가 과거보다는 현재와 미래를 바라보는 것으로 초점을 옮기길 제안한다. 지나치게 엄격하지 않으면서 시간 사용이 목표나 가치에 더 부합되도록 약간의 체계를 구축하라. 이런 유형의 체계는 가정마다 다를 수 있어서 자녀들이 크면서 성숙 단계별로(일반적으로 나이가 많은 아동일수록 자기 조절과 시간 관리를 더 잘할 수 있는 반면, 더 어린 아동들의 경우 더 많은 지도와 체계가 요구된다) 아이들의 발달적 요구를 충족하도록 맞추어야 한다. 이것은 어떨 것 같은가? 이는 마치 온 가족이 아침 식사 자리에 앉아 머리를 맞대고 토요일 계획을 세우는 것만큼 단순할 수 있다.

오전 9시 공원으로 강아지 산책시키기
오전 10시 방 청소
오전 11시 점심 도시락 싸서 수영장 가기
오후 1시 집중적인 숙제 시간(놀이 없이 숙제만)
오후 2시 자유 시간(오락용 스크린 타임을 포함할 수도 있음)
오후 4시 할머니 댁 방문

거듭 말하지만, 이 계획은 지나치게 엄격하지 않았다. 수영장에서의 시간이 너무도 재미있어서 계획보다 더 많은 시간을 거기서 보낼지도 모른다. 이는 공부와 놀이를 분리시켜 집중된 시간 동안 오직 공부에만 전념케 하려는 생각에서다. 이런 유형의 계획은 가족이 학업에 필요한 스크린 타임과 야외, 교제, 그리고 놀이 시간에 필요한 스크린 타임 간에 건전한 균형을 이루는 데 도움을 줄 수 있다. 요컨대 우리가 약간의 한계를 제정하려는 의식적이고도 의도적인 노력을 기울이지 않는다면 스크린 타임이 사실상 우리 삶의 모든 순간을 침범하기란 너무도 쉽다.

| 역할 모델이 되라

테크놀로지는 우리 삶의 편만한 일부가 되었다. 이전 세대는 일과 가정생활의 분리가 더 컸던 반면, 오늘날 우리는 24시간 내내 스마트폰으로 업무 메일을 확인한다. 영화 〈RV〉에서 로빈 윌리엄스는 가족과 휴가를 보내며 빼돌린 시간(이 이야기의 명백한 교훈: 가족이 우선이지만 일의 흡인력은 막강하다)에 노트북으로 몰래 일을 하는 일거양득을 시도하는 배역을 맡았다. 아이들은 우리가 항상 스크린을 보는 걸 알지만, 우리가 워즈위드프렌드Words with Friends 게임을 하는 시간인지 업무 메일을 보내는 시간인지 구분 못할 수 있다. 우리가 일과 여가의 경계를 분명히 정할 때, 아이들에게 일하지 않을 때는 전적으로 그들과 함께할 수 있으며 필요한 경우 일에 전적으로 집중된 시간을 떼어놓을 수 있다는 걸 보여준다. 또한 그들에게 가족 시간이 그렇듯 학업에도 때와 장소가 있다는 걸 보여준다.

| 인내와 연민을 훈련하는 기회로 삼으라

이런 권고를 제정하고 목표를 정하기는 매우 쉬우나 시행하기는 상당히 힘들 수 있다. 어쨌거나 우리가 가정에서 얼마나 많은 테크놀로지를 원하는지에 관한 자신만의 감각을 개발할 수도 있지만, 학교의 기대는 우리가 원하는 것보다 월등히 높은 수준의 테크놀로지를 강요한다. 이런 말들을 하면서도 우리는 자신의 가족 스크린 타임의 균형과 씨름하며 우리의 야심에 미치지 못할 때가 많다고 깨닫는다. 그래서 우리가 정한 목표를 가족이 달성하도록 돕는 동안 인내와 연민의 발휘가 중요하다는 것이다.

우리의 선택이 우리의 가치와 맞지 못하며 다른 활동들에 비해 스크린 타임이 많았다고 느끼는 그런 날들이 있을 것이다. 그것은 정상이자 예상이 가능하며 이런 날에서 교훈을 얻을 수 있는 것은 분명하지만, 계속 미래에 집중하며 자신에게 연민을 가져야 한다. 어제의 과도한 스크린 타임을 돌이킬 수는 없지만, 내일을 위한 보다 나은 계획을 세울 수는 있다. 마찬가지로 테크노비난 대신 아이들에 대한 연민을 가지며 스크린에는 우리 모두에게 영향을 미치는 강력한 흡인력이 있음을 이해한다.

자기 조절력을 높여라

우리는 최선의 결과를 성취하기 위해 부모 통제보다는 아이의 자기 조절력 내지는 자기 관리력을 높이는 것의 중요성을 강조했다. 요컨대 아이들은 자기 조절을 할 때 자율성과 유능성 욕구를 충족한다. 다음의 예는 스크린 타임에 관한 자기 주도적 제한의 위력과 더 큰 학업적 성공의 잠재력을 보여준다.

열일곱 살인 잭은 모범적인 학생이자 운동선수다. 그는 키도 크고 탄탄한 체력에 공부도 열심히 하며, 친구들도 그를 좋아한다. 그는 진지하게 학업에 임하며 운동경기에도 엘리트 레벨로 출전하지만 두 영역 모두에서 탁월하려고 애쓰며 과도한 스트레스를 내면화시켰다. 그는 심리상담사와 함께 성적을 조금 더 향상시킨다는 목표를 세웠다. 이미 학업과 운동에 전념하느라 여유 시간이 거의 없는 점을 고려할 때 기존의 좋은 성적을 향상하기란 쉽지 않았다. 심리상담사로부터 더 효율적으로 해낼 방법에 대해 질문을 받자 그는 이렇게 말했다. "아시다시피 전 휴대전화를 옆에 놓고 과제를 해요. 그래서 전화를 확인하느라 자꾸 늦어져요. 숙제하는 동안 휴대전화를 다른 방에 둔다면 더 잘할 거라고 장담해요." "그거 멋진 생각인데!" 심리상담사가 답했다. "한번 해 보고 어떨지 볼까?" 잭은 약속한 대로 했고 그 결과를 다음 세션에서 보고했다. 아니나 다를까 잭이 예상했던 대로 휴대전화를 다른 방에 두자 정말로 과제 시간이 줄었고 그의 스트레스도 다소 완화되었으며 성적 향상에도 도움이 되었다.

이 예화에서 잭은 자신의 삶에서 스크린 타임의 역할과 그것이 학업성적에 미치는 영향을 의식하게 되었다. 심리상담사의 지원으로 그는 자신의 행동을 관찰해서 자신의 요구에 부합하도록 조정할 수 있었다. 이는 잭에게 외부적 제한이 가해지는 어른 주도의 하향식 모델보다 훨씬 탁월한 방법이었다. 오히려 잭은 자신의 성공에 대한 소유권과 자신의 행동에 대해 책임을 질 수 있다.

십 대들의 경우 증가하는 자율성 요구를 고려해 스스로 결정할 수 있는 여지를 주는 게 특히 중요하다. 엄격한 하향식 접근은 저항과 분노에 직면할 수 있다. 우리의 역할은 그들이 개방형 질문을 자신에게 던지며 충분히 생각하도록 돕는 것이다. 그들에게 점들을 보여주지만 그들을 위해 그 모든 점을 연결해 주는 건 원치 않는다.

다음에서 가정과 학교를 오가며 부모와 교사 간에 상당한 우려를 자아내는 몇 가지 문제들을 살펴보려 한다. 따돌림과 성적 행동을 부추기는 테크놀로지 사용은 학생과 가정, 그리고 학교의 역할과 책임에 대한 문제를 야기한다. 갈수록 어른들은 새로운 도진에 직면하며 그들의 해법 찾기는 계속 되고 있다.

사이버폭력에 마주하여

›››

2015년 콜로라도주 캐논 시티Cañon City의 학부모와 교육자들은 1백여 명의 고등학생이 누드 사진 교환에 연루되었음을 알게 되었는데, 학생들은 주로 고교생이지만 지역 중학교 2학년생들도 있었다.[13] 학생들은 스마트폰 데이터 일부를 패스워드 보호 화면 뒤에 감춰두는 '볼트 앱vault apps'(그중 일부는 위험할 것 없는 계산기처럼 보인다)을 사용해 이런 활동을 한동안 어른들에게 숨기는 데 성공했다. 아이의 스마트폰을 점검하는 부모조차 기기의 비밀 벽장 속에 무엇이 감춰 있는지 알 수 없었다가 수백 장의 누드 사진이 공유된 걸 발견했다.

이 사건은 섹스팅, 양육, 그리고 학교에 대해 몇 가지 중요한 질문을 야기한다. 예를 들면 다음과 같은 것들이다.

- 섹스팅이 얼마나 만연한가? 캐논 고등학교와 유사한 이야기들이 머리기사를 장악하지만, 이것이 일반적인 일인가?
- 만약 아이들이 스마트폰이나 다른 기기들의 불법 콘텐츠를 부모로부터 숨길 수 있다면, 부모는 무엇을 할 수 있을까?
- 이런 문제들을 다루는 데 학교의 역할은 무엇인가?

십 대에 의해 이런 행동들은 어른들 시야에서 숨겨지거나 축소 보고될 수 있으므로 우리는 사춘기 학생들이 섹스팅과 사이버폭력에 어느 정도로 참여하는지 결코 알 수 없을지도 모른다. 그런 행동들은 충격적이며 그런 일이 얼마나 자주 일어나는지 정확히 알기도 어렵다. 미국 청소년에 관한 한 연구 결과, 지난해 나체 영상을 제작하거나 받은 비율은 9.6퍼센트였다.[14] 이와 대조적으로 다른 한 연구에서는 청소년들 간의 섹스팅 사건이 54퍼센트에 달하며, 그중 28퍼센트가 촬영된 영상을 포함하는 것으로 드러났다.[15] 아울러 그 연구는 십 대 대부분(61퍼센트)이 그런 메시지를 보내는 행위가 아동 포르노 소지 또는 유포 혐의로 검찰 기소까지 갈 수도 있다는 걸 의식하지 못한다는 사실을 발견했다.

연구자들이 사이버폭력의 만연을 평가하고자 시도했을 때는 현황도 명확하지 않았다. 미국의 58개 사이버폭력 연구에 대한 문헌

조사 결과 다음의 사항을 발견했다.

- 가해자: 1~41퍼센트
- 피해자: 3~72퍼센트
- 가해자인 동시에 피해자: 2.3~16.7퍼센트[16]

플로리다에서 12세 레베카 앤 세드윅Rebecca Ann Sedwick은 다른 소녀들로부터 스마트폰을 통해 끊임없이 사이버폭력을 당했다고 보고되었다. 그녀의 어머니는 폭력이 우려할 정도이며 지속되는 데도 학교 측이 전혀 반응하지 않는다는 걸 발견했다. 레베카는 너무 심하게 놀림과 괴롭힘을 받은 나머지 시멘트 공장 옥상에서 떨어져 자살했다.[17]

그 연구 결과는 섹스팅과 사이버폭력 문제의 심각성을 암시하고 있는가? 만약 자신의 자녀와 관련된다면 그건 분명 심각한 문제다. 연구 자료는 아이들 일부가 실제로 이런 행동에 참여하며, 다른 행동 건강 문제처럼 디지털 문제도 건강 차원에서 어른들이 다루어야 한다는 걸 시사한다. 부정적 결과를 예방하고 문제가 대두될 때 다루고자 노력하는 것이 부모로서 우리의 책임이다.

섹스팅이나 사이버폭력이 종종 어른들의 시야에서 숨겨진다는 걸 고려할 때 부모나 교사가 십 대를 감시한다든지 그들의 디지털 생활을 침해하면서 관리하거나 첨단 감시 장비를 동원해 부적절한 행동을 잡으려고 시도하는 건 해결책이 아니라고 생각한다. 우리는 그 쫓고 쫓기는 싸움에서 결코 이길 수 없는데, 아이들은 자신들의 자취를 은폐하며 바람직하지 못한 콘텐츠를 디지털 암막 뒤로 밀어 넣고 결국 어른으로부터 자신들의 사회적 활동을 멀찌감치 옮겨 놓기 때문이다. 우리의 책임은 건전한 선택과 책임 있는 행동을 강화하기 위한 정보와 결정의 기술을 아이들에게 제공하는 것이다.

약간의 감시가 적절할 수도 있지만 특히 문제가 있다고 믿을 만한 이유가 있는 경우, 부모들은 과도한 온라인 활동 관리보다는 아이들의 의사결정 능력을 기르는 데 주력해야 한다. 더욱이 문제가 야기될 때 아이들이 그 문제로 대화할 수 있겠다고 느낄 그런 형태의 유대감을 형성하고 유지하는 것이 특히 중요하다. 부모의 '감독'이 사실상 가장 효과적인 것처럼 보이는 때는 통제나 회유를 통해 정보를 찾을 때 보다 십 대들이 자기에 대해 스스로 말할 때이다.[18]

부모나 학교가 이런 문제들을 솔직히 이야기해야 할까? 대답은 그렇다이다. 아이들은 기기를 들고 학교와 집을 오간다. 가정과 학교 모두가 신체적 건강과 행복을 촉진하듯 양측은 온라인 환경에서의 건강 증진을 위해서도 협력해야 한다. 실제로 테크놀로지 및 교육 국제학회ISTE, International Society for Technology and Education는 학생, 교사, 학교 행정가들을 위해 디지털 건강 개념을 포함하는 학교 테크놀로지 기준을 발표했다.[19] 가정과 학교가 인터넷 안전과 디지털 시민 의식, 네티켓, 그리고 위험관리 지도에 협력한다면 테크놀로지 사용의 안전과 적절성을 승진할 수 있나.

만약 자녀가 부모에게 사이버폭력 사실을 알려온다면, 그 문제를 다루기 위해 취할 수 있는 명확하고 구체적 조치들이 존재한다.

- 자녀의 말을 경청하며 문제를 확인하고 자녀의 안전을 지키기 위해서라면 무엇이든 할 것이라고 안심시킨다.
- 학교 교장과 상담교사와의 접촉을 통해 사이버폭력 사실을 자녀의 학교에 알린다.
- 지침과 지원을 제공하여 자녀를 돕는다(예: 소셜미디어상의 폭력을 차단할 방법을 알려주고, 심리상담사와의 상담을 추진하며, 자녀의 잘못이나 책임을 암시하는 어떤 말도 삼간다).

디지털 건강에 대해, 그리고 테크놀로지의 유익을 얻으면서 잠재적 유해성을 최소화해 줄 도구를 학생들에게 제공하기 위해 어떻게 협력할 것인지 자녀의 교사와 학교 행정인들과 대화하라. 학교의 사명은 학업적 유능성을 넘어 훌륭한 시민과 책임 있는 성인, 그리고 정서적으로 안정된 개인의 육성이라는 중요한 작업으로 향한다. 이런 목표를 고려할 때 책임 있고 건전한 테크놀로지 이용 교육은 논리적 연장선에 있는 것으로 보인다.

요점

›››

학생의 학습과 복지에 미치는 디지털 테크놀로지의 영향에 관해 여전히 배우는 중이지만, 분명 교실과 과제에서 디지털 기기 사용은 계속 늘고 있다. 게다가 이런 상황에서 아이들의 사회적 정서적인 세계는 계속 진화하고 있다. 부모와 교육자들은 곁에서 걱정으로 손을 쥐어짜지만 말고, 초연결사회에서 학생들이 학업적 사회적인 욕구를 성공적으로 충족할 교육과 역량 강화를 위한 공동의 실천에 적극적으로 참여해야 한다.

12장

초연결사회, 아이에게 균형감을 키워 주려면

코너 씨 가족은 일 년에 한 번 있는 가족 여름 여행 중이다. 길을 따라 들른 수많은 장소 중 그들은 드디어 그랜드 캐니언을 보게 되었다. 이는 꽤 오랜 시간 그들의 '해야 할 일' 목록에 있었기에 카일과 그의 아내 새러는 드디어 트래킹을 할 생각에 들떠 있다. 가족은 장거리 운전에 대비해 각자 자신의 스마트폰과 태블릿을 들고 왔다. 카일과 새러는 교대로 운전하며 도중에 흥미로운 곳을 수도 없이 방문한다. 아들 존(14세)과 딸 캐머런(16세)은 미니밴을 타고 가는 동안 미니밴 뒷좌석에 조용히 앉아 있다. 캐머런은 자동차 여행 내내 문자메시지와 소셜미디어를 하는 한편, 존은 늘 그렇듯 게임을 한다. 운전 도중 간혹 끊어지는 이동통신 서비스에 아이들은 불만을 터트렸다.

경외심을 불러일으키는 경관을 가로지르며 카일과 새러는 오로지 운전자만 그 장관을 진정으로 감상한다는 사실을 깨달았다. 그들 가족은 대화도 하지 않았고, 자동차 여행 내내 아이들 어렸을 적 가족 휴가 여행의 아련한 추억인 가족 게임도 안 했다. 부부가 이에 대해 대화를 하면서 운전하지 않을 때면 대개 기기를 하는 자신들을 깨달았다. 카일과 새러는 여행 전체가 공동의 경험이 되기보다는 가족이 여행 대부분 동안 '공존 속의 독존'임을 깨달았다. 그들은 가족 관계의 소중한 보물들이 마치 운전 중 펼쳐지는 장관의 광채처럼 그저 지나치는 건 아닌지 의문이 들었다.

아마 이 글을 읽는 부모들도 우리처럼 '예전'을 기억할 정도로 웬만큼 나이가 들었을 것이다. 우리는 거의 모든 사람이 인터넷에 접근하기 전의 시대를 기억한다. 그리고 문자메시지와 스마트폰, 소셜미디어, 그리고 음악과 영화 스트리밍 이전의 시대를 기억한다. 인터넷 포르노와 극히 폭력적인 사실적 비디오게임이나 사이버폭력, 그리고 온라인 포식자가 존재하지 않았던 시대도 기억한다. 또한 페이스북이나 다른 소셜미디어를 통해 자신에게 중요해 보이는 경험을 위해 삶을 시간 순으로 기록할 필요를 느끼지 못하던 때를 기억한다. '포모FoMO'를 겪은 적도 없다. 공존 속의 독존이 아니었던 때를 기억한다. 다른 사람들과 같이 있을 때 그냥 함께였다.

형평성을 위해, '예전'에 우리는 처음 가보는 길을 운전하던 중 길을 잃고도 필요할 때 연락할 수 없었던 시대를 기억한다. 선택의 여지가 제한적이었던 TV와 비디오게임을 기억한다. 조부모님과 좋아하는 친척들, 그리고 예전 같은 반 친구들과 연락하며 지내기도 힘들었다. 우리에게 필요한 중요한 정보를 찾거나 어떤 새로운 활동이나 음식점들이 있는지 쉽게 찾을 수 없었던 때를 기억한다. 좋아하는 아티스트의 CD(또는 LP!)가 동났던 레코드 가게도 기억한다.

'예전'에는 스마트폰과 소셜미디어와 같은 테크놀로지를 가지지 못한 것으로 인해 상실감을 경험하는 일도 없었다. 전혀 경험하지 못한 뭔가를 그리워하기란 어렵다. 우리는 화성으로의 휴가 여행을 지금 당장 그리워하지 않는다. 아마도 언젠가 그런 여행이 없는 삶은 상상할 수 없을 것이다.

스크린이 제기할 수 있는 일부 가공할 도전을 고려할 때, 부모로서 우리는 J. D. 샐린저의 《호밀밭의 파수꾼》의 주인공 홀든 콜필드와 비슷한 감정을 느낄지도 모른다. 홀든은 '호밀밭의 파수꾼'이 되는 상상을 하는데, 그 속에서 그는 아이들이 순수의 절벽에서 사춘기로 추락하지 않도록 상징적으로 보호한다. 우리는 종종 스크린, 특히 스마트폰이 아이들을 이 유명한 절벽에서 떨어뜨릴 것을 걱정한다. 이 테크놀로지로부터 아이들이 얻는 것은 무엇인가? 그리고 잃는 것은 무엇인가?

테크놀로지는 우리에게 너무나도 많은 약속과 잠재력을 주지만, 허다한 문제도 함께 준다. 테크놀로지'호'의 발명은 부정적 결과라는 '파선'을 동시에 가져왔다. 지금보다 더 단순했던 시절 우리의 생각이 무엇이었든 간에, 그곳으로 되돌아갈 수 없다는 건 분명하다. 우리는 모두 미래를 향해하는 이 배에 승선했다.

어떻게 파선을 피할까

〉〉〉

아마도 파선을 생각하면 타이타닉 침몰 영상이 떠오를 것이다. 우리는 테크놀로지가 조만간 인류라는 선체에 균열을 일으켜 우리 모두를 해저 무덤으로 내려가게 할 것이라는 암시를 주려는 의도는 없다. 인간은 창의적이며 탄력적이다. 우리는 테크놀로지의 일부 단점은 최소화하되 장점을 활용하는 방법을 터득할 수 있다. 만약 비극적인 파선 가능성이 희박하다면, 아마도 목표는 이 항해 중 선체의 지나친 흔들림을 막는 게 되어야 할 것이다.

테크놀로지의 세상에서 균형 잡힌 아이들로 키우는 도전에 대한 쉬운 해법은 없다. 인생 최대의 난제에 대한 간단한 해법은 대개 없다. 중동의 평화를 확립한다? 우리의 건강보험 체계가 '재앙'이므로 그 대신 더 나은 체계를 만든다? 경제 성장으로 모두에게 혜택을 준다? 정치인들은 그런 난제에 대한 해답이 자신들에게 있다고 약속하지만, 쉬운 해답은 없다는 걸 역사가 말해 준다. 만약 해답이 존재한다면, 지금쯤 그것을 찾았을 것이다.

우리는 균형식 섭취와 스크린 사용의 균형 있는 관리 사이에서 많은 유사점을 끌어낸 바 있다. 건강한 음식을 섭취할 방법은 있지만, 그와 다르게 먹고 싶은 유혹이 날마다 주변 곳곳에 있다. 미국에서 비만과의 전쟁은 갈수록 늘어가는데 해법을 찾기가 힘들다. 일례로 아마존에서 '체중 감량'에 관한 책을 검색하면 수천 권이 나온다. 체중 감량에 관한 책은 전혀 부족하지 않다. 하지만 미국인들에게 실로 체중 감량이 부족하다. 수많은 책들이 어떻게 그와 똑같이 할 수 있는지를 설명하지만 비만 문제는 감소하지 않는다.

건강한 식사를 유지하는 것과 유사한 방식으로 반드시 우리와 자녀들의 삶에서 테크놀로지가 제기하는 내재된 도전을 다루는 데 혼신의 노력을 기울여야 한다. 어느 경우건 쉬운 해법은 없다. 혹자는 때로 해답은 단순한데 쉽지는 않다고 말할지도 모른다. 예를 들어, 마라톤을 뛰는 것은 단순하다. 42.195킬로미터 내내 한 발을 다른 발 앞에 놓으면 된다! 그런데 그게 어렵다는 건 간단한 이론이다. 마라톤을 하려면 반드시 여러 달 동안 훈련을 해야 한다. 그렇지만 만약 그 목표를 향해 열심히 한다면 이루어질 수 있다. 혹자는 테크놀로지 세상에서 균형 있는 삶을 영위할 간단한 해법은 스크린 타임을 점검하는 한편, 더 많은 시간을 서로에게 투자하는 것이라 말할지도 모른다. 하지만 다 알다시피 그렇게 하기가 말처럼 쉽지 않다.

우리가 이 책을 쓴 목적은 부모들에게 이런 초연결사회에 내재된 도전 속에서 어떻게 균형 있고 건강한 아이들로 키울 것인가에 관한 지침을 제공하기 위해서이다. 이 일의 어려움을 이해한다. 우리도 가정에서 책임 있는 테크놀로지 사용 문제로 씨름한다. 이 책을 집필하는 과정에서 가끔 식구들에 관심을 두기보다 스크린에 우리 눈이 머물기도 했었다는 점을 인정할 수밖에 없다! 둘 다 심리학자이고 스크린이 우리를 유혹하는 기제를 누구보다 잘 이해하는 사람들이 말이다. 이런 도전에 대해 단체 강연을 하는 우리지만, 여전히 가끔 균형 있는 스크린 사용으로 자신과 씨름한다. 우리는 이해한다.

이 일에 모두가 같은 처지에 있으며 이런 도전으로 씨름하는 자신과 다른 사람들에게 '테크노비난'을 삼가야 한다는 것을 반드시 기억해야 한다. 가혹한 판단은 문제를 해결하기보다 오히려 문제를 양산한다. 불행히도 그것은 테크놀로지의 진화에 따라 더 이상 쉬워지지 않을 것이다. 따라서 이런 도전에 임하려면 반드시 공동체 전체가 팔을 걷어붙여야 한다.

희소식은 분명 희망은 있다는 사실이다. 우리의 당면 과제와 스크린 사용 점검의 중요성을 이해하여 실로 무엇이 우리와 우리 아이들을 만드는지에 집중할 수 있다. 우리는 항상 '바르게' 이해하지는 못한다. 하지만 해석의 여지는 있다. 정로를 벗어났을 때는 반드시 이 사실을 인식하고 정상을 되찾고자 노력해야 한다.

스크린 사용에 관한 한, 거기서 한 걸음 물러서 그것의 균형 여부에 대한 정기적인 평가 없이는 문제를 다룰 수 없다. 우리는 매일 의식적으로 이런 질문을 하며 상태를 점검하려는 직접적인 노력을 할 수 있다. 우리의 욕구를 보다 효과적으로 충족하기 위해 테크놀로지 참여에 신중할 필요가 있다. 그렇게 해야 우리는 항로를 바로잡을 수 있다. 이런 노력과 더불어, 우리의 요구들은 디지털 세계가 아닌 현실 생활에서 이루어진다는 사실을 모두가 기억하는 것이 중요하다.

우리는 물 밖으로 나온 물고기가 아니다

›››

스크린의 주된 매력은 우리의 욕구와 필요를 실제 삶보다 스크린 내에서 더 잘 충족할 수 있다는 약속이다. 우리는 한 번의 버튼 터치나 손가락 스와이핑으로 친구들과 정보, 그리고 오락물에 접근할 수 있다. 자기결정이론 면에서 우리는 관계성과 자율성, 그리고 유능성을 위한 우리의 본질적인 욕구를 스크린을 통해 충족할 수 있다. 하지만 인간이라는 종은 디지털이 아닌 세상에서 살도록 진화했다. 만약 이런 요구들이 진화론적 유산과 비교적 일관되게 충족되지 못한다면 우리는 그 대가를 치르게 될 것이다. 테크놀로지의 출현으로도 수백만 년에 걸쳐 진화한 인간의 기본적인 욕구를 바꾸지는 못했다.

다들 '물 밖으로 나온 물고기'라는 표현을 알 것이며, 그 의미는 어떤 사람이 자신에게 좋거나 알맞은 환경에 있지 못하다는 것이다. 스크린에 지나치게 몰두할 때 우리는 마치 물고기처럼 디지털이라는 바다에서 살려고 발버둥치는 인간과도 같다. 물론 우리는 바다에 들어가 헤엄을 치며 놀 수 있지만, 궁극적으로 우리의 필요를 충족하려면 육지로 돌아가야 한다. 아무리 오래 물속에 머물러도 우리에게 지느러미나 아가미는 생기지 않는다. 만약 우리가 물고기처럼 바다에 살려고 안간힘을 쓴다면 오래 견디지 못할 것이다. 마찬가지로 우리의 뇌와 신체는 서로 함께 얼굴을 맞대고 실제 세상에 참여하게 되어 있다. 우리가 참치처럼 바다에 살 수 없듯이 우리의 모든 욕구를 스크린으로 충족할 수 없다.

우리가 스크린에 얼마나 많은 시간을 보내는지를 보면, 거기엔 기회비용이 수반된다. 스크린을 보는 그 시간은 반드시 다른 어딘가에서 빼와야 한다. 스크린이 신체 활동과 수면, 그리고 직접적인 접촉을 대체할 때가 너무 많다. 투자회수율은 어떻게 될까? 아이들이 자신의 삶을 향상시키기 위해 스크린에서 무엇을 해도 이런 기본적인 욕구들이 충족되지 못한다면 그들은 그다지 행복하지 않을 것이다. 스크린의 유익은 우리의 기본적인 욕구를 충족하지 못하는 것의 비용을 상쇄할 수 없다.

해답을 얻으려면 내면을 보라

›››

과도한 스크린 타임이 기분과 수면, 신체 활동, 그리고 관계에 부정적 영향을 미친다는 풍부한 증거들이 있다. 그러므로 비록 스크린이 여러 모로 우리의 삶을 더 좋게 만든다는 약속으로 우리를 유혹해도 지나친 사용은 행복에 부정적 영향을 미칠 수 있다. 하지만 행복이 현실 세계 그리고 서로와 관련이 있다는 증거를 외부에서 찾는 대신 우리는 이 사실을 파악하기 위해 우리 내면을 살펴볼 수 있다.

만물은 그 스스로 실체거나 그렇지 않다. 그러므로 누가 그것을 실체라고 말하는지 여부와 별개로 각각의 실체는 존재한다. 이런 의미에서 사람은 실체를 가리킨다. 달을 가리키는 손가락에 관한 불교의 비유처럼 그 사람의 검지를 실체로 오인하면 안 된다. 달은 실체이고 그가 그것을 가리키는 것과 별개로 그것은 스스로의 아름다움 속에 존재한다.

이 비유를 인용하자면, 테크놀로지는 손가락이라 할 수 있다. 서로에 대한 우리의 관계는 달에 해당한다. 이상적으로, 우리는 관계의 달을 가리키기 위해 테크놀로지의 손가락을 사용한다. 우리의 공통적인 도전은 관계를 희생하며 테크놀로지에 집중하지 않도록 하는 것이다.

따라서 우리는 직접 몇몇 실체를 살피기 위해 지금 당장 약간의 탐색을 요청한다. 다음의 질문들을 자문하고 어떻게 답했는지에 주목하라.

- 무엇이 인생에서 가장 행복했는가?
- 이중 얼마나 많은 것들이 테크놀로지에 의존했는가?
- 테크놀로지를 포함하지 않거나 테크놀로지에 전혀 의존하지 않은 것은 얼마나 되는가?
- 가장 행복했던 때 중 다른 사람들과의 직접적인 참여를 포함하는 것은 얼마나 되는가?
- 스마트폰 같은 새로운 기기를 가졌을 때, 그것이 행복을 얼마만큼 높였는가?
- 이런 행복이 얼마나 오래 유지되었는가?
- 소셜미디어를 통해 뭔가를 공유했을 때, 그것으로부터 얼마나 많은 행복을 얻었는가?
- 이런 행복이 얼마나 오래 지속되었는가?
- 다른 누군가가 올린 게시물을 좋아했다면, 그들의 게시물에서 얼마나 많은 행복을 이끌어 냈는가?
- 이런 행복이 얼마나 오래 지속되었는가?
- 내가 올린 게시물을 사람들이 시청 또는 좋아요를 한 후 내 게

시물에 대해 그들이 어떻게 반응할지 또는 반응했는지 얼마나 많이 생각하는가?

이런 질문들을 자문할 때, 연구 결과를 참조하지 않더라도 이에 답할 수 있음을 우리는 알 수 있다. 우리의 행복은 테크놀로지 안에서 발견될 수 없다. 행복은 주로 몸으로 참여하며, 서로 함께 하고, 주변 세상과 함께 하는 데서 발견된다.

인생에서 무엇이 우리를 행복하게 하는지를 점검을 통해 발견할 수 있는 반면, 여기에는 약간의 한계도 있다는 걸 우리는 인정한다. 스크린은 그것으로 우리의 욕구를 효과적으로 충족할 수 있다며 우리를 설득하는 유혹적인 방식을 갖고 있다. 서서히 뜨거워지는 물속에 남겨져서 위험을 인식하지 못하는 개구리의 이야기처럼, 우리는 스크린 사용이 우리의 생산성과 수면, 신체 활동, 직접적 관계의 질, 그리고 전체적인 행복을 얼마나 감소시키는지 인식하는 데 큰 어려움을 겪는 것처럼 보인다. 갈수록 초연결사회화 되는 세상에서 우리가 (그리고 다른 사람들이) 얼마나 테크놀로지의 영향을 받는지 객관적으로 평가한다는 것은 실로 엄청난 도전이 아닐 수 없다.

관심 쟁탈전

›››

테크놀로지의 유익은 실재적이다. 우리는 날마다 그것을 경험한다. 하지만 잠재적 유익을 향해 열린 문은 각각 그것의 잠재적 비용이라는 또 다른 문을 연다. 루게릭 병과 싸우기 위한 '아이스버킷 챌린지Ice Bucket Challenge'가 입소문을 타고 1억 1500만 달러를 조성하게 한 주역인 소셜미디어가 수많은 자살의 원인인 사이버폭력을 촉진하기도 한다. 스크린에 관한 난제는 그 유익 안에 다수의 부정적 영향이 도사리고 있다는 것이다. 어느 한쪽 없이 다른 쪽을 가지기란 불가능하다. 이런 순환에서 장점 음陰과 단점 양陽은 서로를 보완한다.

어느 바쁜 아침 메리는 십 대 딸 앰버를 등교시키며 언쟁을 벌였다. 양측 모두 감정이 상했다. 메리는 직장으로, 앰버는 학교로 향했다. 둘은 여전히 서로에 대해 화가 나 있었다. 메리는 마음을 진정시키고 1시간 내로 딸에게 사과의 메시지를 보냈다. 앰버도 같은 내용의 답장을 보냈으며 두 사람 모두 휴대전화를 이용해 상한 감정을 달랠 수 있어 기뻤다. 휴대전화가 없었더라면 온종일 말다툼만 생각하며 화해할 수 있는 오후가 되기까지 기다려야 했을 것이다.

로드니는 십 대 아들 잭슨에게 재미있으라는 의도로 아들이 축구 시합에서 보여줬던 경기에 대한 메시지를 보냈다. 잭슨은 아버지의 농담을 이해하지 못하고 그 메시지를 곧이곧대로 받아들였다. 그는 아버지에 대해 몹시 화가 났다. 메시지를 통해 사태를 진정시키려 했던 로드니는 아들과 직접 통화하는 게 상책이겠다고 판단했다. 잭슨은 좀처럼 전화를 받지 않다가 결국 아버지와 통화를 했다. 얼마 후 그들은 화해했지만, 약간의 뜻하지 않은 앙금이 생겼다.

테크놀로지가 관계 향상 그리고 관계 단절 모두를 초래할 수 있음을 우리는 안다. 혹자는 우리가 테크놀로지로 인한 결과는 줄이되 그 유익은 거두도록 테크놀로지를 주의 깊게 사용하겠다는 결심만 하면 된다고 짐작할지도 모른다. 이렇게 하기가 어려운 이유는 스크린이 초자극으로서 변동강화계획을 통해 손짓하기 때문이다. 스크린에 의해 뇌의 원시 영역이 활성화되어 우리 힘으로는 어쩔 도리가 없어 보인다. 고전적 조건형성을 통해 우리는 스마트폰의 소리와 모습에 반사적으로 반응한다. 마음챙김 훈련은 스크린 사용에 대한 보다 신중하고 의식적인 결정을 위해 우리의 주의와 의식을 강화하는 한 방편이다.

하지만 우리는 험난한 도전에 직면하고 있다. 식품산업과 마찬가지로 첨단산업도 이윤 창출을 원한다. 그들의 목표는 소비자가 자신의 상품을 이용하도록 만드는 것이다. 그들은 모두 우리의 관심이라는 가장 값나가는 상품을 놓고 경쟁을 벌인다. 업계 내부자들은 변동강화계획과 초자극, 그리고 자신의 상품에 우리가 중독되는 기제에 관한 모든 것을 알고 있다. 그들은 분석이나 알고리즘을 통해 우리의 모든 디지털 행보를 추적해서 끊임없이 그들의 플랫폼과 광고를 정비한다. 그들은 우리의 관심을 얻는 법을 알고 있다. 이런 업체들은 우리의 주의력을 끊임없이 끌어당기며 공동체적 행복이 타격을 입어도 상관하지 않는다. 그들이 이윤을 창출하는 데 우리의 장기적인 행복은 필요치 않다. 사실 많은 회사들로서는 우리의 장기적인 행복에 집중하는 것이 도산에 이르는 가장 확실한 길이다!

기업은 사회악이 아니다. 마치 하나의 유기체처럼 그 이면에서 사람들은 그저 생존과 번영을 위해 몸부림칠 따름이다. 그것이 그들의 목적이며, 이를 위해서는 이윤 창출이 필요하다. 대개 기업의 성공은 손익계산서에 의해 평가된다. 우리와의 거래, 그리고 우리의 돈을 얻으려면 기업들에게는 우리의 관심이 필요하다. 우리의 관심을 놓고 경쟁 중인 그들에게는 더 자주, 그리고 더 현명하게 우리를 끌어당기고 '중독시킬' 방법을 찾는 것이 최대 관심사다. 아동과 십 대들은 특히 감수성이 풍부하며, 이 때문에 기업은 그들을 고객으로 얻고 유시하기 위해 그토록 열심인 것이다. 담배 산업과 유사한 방식으로, 만약 첨단업체들이 어린 사용자들을 자신의 플랫폼에 중독시킬 수만 있다면 그들은 미래의 충성된 고객들을 확보하게 된다.

일반적으로 담배 산업과는 달리, 기업이 판매하는 첨단 기기들은 유익을 제공한다. 진정한 문제를 야기하는 것은 종합적이고 장기적인 영향이다. 인간과 마찬가지로 기업은 자사 상품 사용이 가져올 잠재적이고 장기적이며 모호한 결과까지 내다보며 생각하도록 진화하지 않았다. 그들은 분기 소득과 주가를 바라본다. 기업의 이런 행태는 이전 장들에서 언급된 '호두 수천 개로 인한 죽음'으로 이끈다. 기업들이 이윤 창출을 위해 우리의 시선을 스크린에 붙들고자 서로 쟁탈전을 벌여서 결국 우리는 수없이 많은 호두를 섭취하도록 유혹받는다. 우리에게는 가족이 건강에 유익한 분량의 호두를 먹을 방법을 찾는 것이 중요하다. 바로 이 부분에서 테크 해피 라이프 모델이 도움을 준다.

테크 해피 라이프 모델

›››

우리 자녀들은 '예전'이란 걸 모르는 그런 세상에서 자라고 있다. 초연결성이 그들에게 전혀 '초'라고 느껴지지 않는다. 그들에게는 그것이 정상이다. 따라서 우리는 아이들이 '현실 세계' 속에 굳건히 발을 디디게 하려고 애쓰는 갈수록 힘겨운 도전에 직면하고 있다.

우리의 자녀 양육 방식은 그들에게 여러모로 영향을 미친다. 우리 모두는 아이들이 행복하고 성공적이며 정서적으로 안정된 성인으로 자라도록 양육함으로써 그들에게 긍정적인 영향을 미치고자 노력한다. 효율적인 양육을 위한 하나의 '비법' 같은 건 존재하지 않는다. 하지만 온정과 참여, 그리고 제한 설정을 특징으로 하는 권위형 양육 방식이 그런 바람직한 결과를 낳는 것으로 드러났다. 이런 효율적인 양육의 틀에는 관계성과 유능성, 그리고 자율성이라는 자녀들의 내적 욕구를 위한 발달적인 고려가 포함된다. 테크 해피 라이프 모델은 권위형 양육 방식을 활용하고 심각성 정도에 의거하여 스크린 타임의 도전을 다루는 틀을 제시한다.

관계의 기반 위에서

테크 해피 라이프 모델의 3단계인 녹색등과 황색등, 그리고 적색등 단계는 관계의 기반 위에 놓인다. 양육의 지상 과제 혹은 목표의 하나는 건강하고 행복한 자녀들로 키우는 것이다. 우리가 이들에게 긍정적인 방식으로 영향을 미치는 기반이 곧 우리와 아이들과의 관계다. 그 관계가 강하면 강할수록 우리가 삶의 모든 면에서 그들에게 영향을 미칠 가능성은 더 커진다. 거기에는 테크놀로지도 포함된다. 우리가 심혈을 기울여 보존코자 하는 관계에 대한 투자는 반드시 이뤄져야 한다. 우리는 우리와 그들과의 관계를 통해 그들의 심리적 욕구의 일부인 관계성 욕구를 충족하고자 노력한다.

리틀 리그에서 아이들 경기를 지켜보던 부모들이 있다. 부모 대부분이 경기 내내 자신의 휴대전화를 보고 있다. 타자가 등장할 때 부모들은 스크린에서 눈을 들어 쳐다보지만 하던 일에 너무 열중한 나머지 경기 일부를 놓치곤 했다. 팀과 수재너는 아들 카터가 야구 경기하는 모습을 보려고 늘 경기에 참석한다. 하지만 경기 동안 자주 휴대전화를 확인했으며 특히 카터와 그의 팀원들이 한 번씩 펼치는 정말 좋은 경기 장면을 놓쳤다. 심지어 카터는 경기 중 막간에 1루 석에서 부모의 눈이 경기 대신 스마트폰에 쏠린 걸 얼핏 보았다.

하루는 경기 후 카터가 부모에게 내놓고 물었다. "제가 7회 말에 직선타를 잡아 3루수 아웃시키는 거 보셨어요? 안 보신 거 맞죠! 두 분 모두 경기 대신 휴대전화를 보고 계셨어요! 우리가 경기하는 모습을 좀 봐주시면 안 돼요?" 팀과 수재너는 너무도 미안해서 카터에게 이제 경기 내내 휴대전화를 치우

겠다고 맹세했다. 가끔 유혹과 싸워야 할 때도 있었지만 그들은 약속을 지켰다. 가장 최근 경기에서 그들은 다행히도 카터가 더블 플레이하는 모습을 똑똑히 볼 수 있었다. 카터는 자부심으로 환히 웃었고 부모가 그 모든 걸 지켜봤다는 사실을 알고는 흡족했다.

자녀들과의 돈독한 관계를 위해서는 우리 자신의 테크놀로지 사용을 억제할 필요가 있다. 우리 눈이 아이들보다 스크린을 향한다면 우리의 관계는 물론 그들에 대한 우리의 영향력도 약해진다. 우리는 스크린상의 것들이 그들보다 더 중요하다는 메시지를 보낸다. 그렇게 해서 본의 아니게 그들에게 이런 가치의 본보기가 된다. 부모 스스로가 전하지 못하는 것을 아이들에게서 기대할 수는 없다.

반면 스크린보다 자녀들이나 직접적인 상호작용을 우선시할 때 우리가 그들에게 심어주려는 그런 가치와 행동의 본보기를 보이는 것이다. 부정적 상호작용과 긍정적 상호작용의 비율이 1:5가 되게 하는 '마법의 비율'을 사용하는 것 역시 관계의 성장을 촉진하는 또 다른 방법이다. 아이들과의 상호작용이 세탁물 목록처럼 단순히 해야 할 일로 되어서는 안 된다. 아이들과 관계를 맺을 수 있는 강한 기반을 확립하고 유지함으로써 테크 해피 라이프 모델의 녹색등 단계 내에서 예방 전략들을 더 성공적으로 사용할 수 있다.

녹색등 단계

녹색등 단계 혹은 예방적 단계는 우리의 노력 대부분이 경주되어야 하는 단계다. 이런 노력 덕분에 우리는 최고의 투자수익률을 얻는다. 우리는 스크린 타임을 자연스럽게 제한하는 스포츠와 음악, 그리고 취미 등의 욕구 충족 활동에 아이들을 참여시키려고 애쓴다. 가족으로서 우리는 일면 신성한 시간과 공간의 섬을 떼어놓는다. 우리 자신과 아이들을 스크린의 유혹에서 보호하기 위해 한계를 둔다. 예를 들어 식사 시간에는 스크린이 없어야 한다. 게임 콘솔과 텔레비전은 침실에 놓지 말아야 한다. 우리는 기기에 항상 연결된 상태가 기준이 되길 원치 않는다. 만약 이렇게 되면 서로와의 연결은 더 뜸해지게 된다.

어떤 의미에서 우리의 주의력은 가장 소중한 자원이지만 한정석이다. 우리는 이런 제한된 자원을 어떻게 할당할지에 유념할 필요가 있다. 생산성뿐만 아니라 다른 사람들과의 연결 모두 중요하다. 우리는 '현재 여기에 존재함'으로써 관계와 현재 이 순간에 경의를 표한다. '모노' 또는 '유니' 태스킹에는 많은 유익이 있다. 우리는 다음과 같은 선Zen의 한 인용구를 떠올린다. "만약 걸으려면 그저 걸어라. 만약 앉으려면 그저 앉아라. 하지만 무엇을 하든지 우왕좌왕하지 말라." 이 인용구를 해석하면 현재 하는 일에 온전히 참여하고 산만해지는 걸 피하라는 것이다.

황색등 단계

심지어 최선의 환경에서도 스크린 타임으로 인해 다소 힘든 일이 생길 수 있음을 우리는 확인할 수 있다. 떨어지는 성적과 수면 박탈, 우울함, 그리고 사회적 위축 같은 문제들이 대두된다면 문제가 황색등 단계에 있다는 걸 인식하고 이런 것들을 다룰 필요가 있다. 여기서 핵심은 이들을 재빨리 파악해서 심각한 문제로 발전하기 전에 다루는 것이다. 우리는 온정을 유지하되, 더 많은 제한과 규칙과 결과를 시행해야 할 것이다. 사실상 권위형 양육 방식 내에서 약간의 개입 전략에 관한 '다이얼을 올려야'만 한다. 여전히 우리는 아이들의 자율성과 관계성, 그리고 유능성 욕구의 발달적 차이를 고려해야 함을 기억한다.

우리의 아이들이 성공을 원한다는 사실을 기억하는 것은 항상 중요하다. 그들은 돈독한 우정을 나누고, 좋은 성적을 얻으며, 문제를 피하고, 인생에서 성공하길 원한다. 그래서 우리는 이런 문제를 다루는 데 있어 협력적인 접근(즉, 로스 그린 박사의 협업적이고 선제적인 해법)을 활용코자 한다. 요컨대 우리는 아이들 스스로 자신들의 목표를 이룰 수 있게 돕는 일에 그들과 제휴한다. 궁극적으로 아이들은 자유를 책임 있게 사용하는 법을 배워야 한다. 다시 말해 그들은 자기 관리를 배워야 한다. 그런데 만약 우리가 그들 대신 모든 걸 관리한다면 그들은 이런 핵심적 기술을 훈련할 수 없다.

아이들이 자유를 책임 있게 사용할 기회를 제공하지만, 그렇다고 뒤로 물러나 그들이 원하는 대로 무엇이든 허락한다는 의미는 아니다. 우리는 본보기를 보이고, 이끌며, 그들에게 기회를 주는 한편, 합리적인 제한 또한 정하게 한다. 그들이 자유를 책임 있게 행사하고 건전한 선택을 할 때, 제한의 고삐를 약간 늦출 수 있다. 그들이 건전치 못한 선택을 할 때 그들을 일으켜 세워 먼지를 털어주고 실수로부터 배울 수 있도록 돕는다. 이는 그들이 스크린 접근과 같은 약간의 자유와 권리를 상실할 수 있다는 것을 의미한다. 하지만 그런 다음 우리는 그들이 다시 시도하도록 자유를 얻을 기회를 제공해야 한다.

적색등 단계

우리가 부모로서 아무리 노력을 해도 아이들이 자신과 타인에게 현저히 해로운 방식으로 테크놀로지를 사용할 수 있다. 우리가 어떻게 테크놀로지와 상호작용하며 거기에 반응하는지를 결정하는 데는 다양한 요소들이 있다. 일례로 다른 중독을 가진 아이들처럼 어떤 아이들은 스크린이라는 세이렌의 유혹하는 목소리를 듣도록 유전학적으로 보다 '프로그램화되어'(아마 유전적 성향인 듯) 있다.[1, 2, 3] 때로는 학교나 또래 문화가 테크놀로지의 매우 불건전한 사용에 강력한 영향을 미칠 수도 있다. 지난 수년간 심리학이 우리에게 가르쳐온 것의 하나는 우리 행동이 환경적이고 상황적인 요소에 의해 강력히 영향을 받을 수 있다는 것이다. 우리의 환경, 특히 사회적 측면은 우리 안의 최선을 끌어낼 수도, 아니면 최악을 끌어낼 수도 있다.

적색등 단계에 들어선 아이들은 보다 만연하고 두드러진 방식의 테크놀로지 사용으로부터 고통을 받거나 아니면 고통스러울 잠재성을 지닌다. 그들은 만성적인 수면 박탈이나 성적 저하, 또는 인앱 구매를 위한 신용카드 도용으로 고통을 받거나, 소셜미디어에서 다른 사람들을 괴롭히기 시작한다든지, 아니면 학대의 피해자가 되기도 한다. 그리고 운전 중 일상적으로 메시지를 한다든지, 반 친구들과 누드 사진을 교환하거나, 게임 또는 포르노에 중독될 수도 있다. 아울러 이 단계의 아이들은 사이버폭력이나 또래의 누드 사진 돌려보기를 통해 다른 사람들을 심각한 고통에 빠트릴 수도 있다. 그렇다고 그들이 나쁜 아이라는 뜻은 아니다. 우리는 누구나 어두운 길에 현혹되기 쉽다. 착한 아이들도 나쁜 일에 휘말릴 수 있다.

아이들이 적색등 단계에 접어들면, 부모들은 강력한 방식으로 개입하고 환경을 바꾸어야 한다. 우리는 항로를 바로 잡기 위해 열심히 노력하며, 더 바람직한 행위는 자녀들과 함께 노력하는 것이다. 이것이 스마트폰이나 게임에 대한 접근 제한을 의미할 수도 있다. 아울러 아이들의 시간과 다양한 앱 사용을 엄격히 관리 감독해야 한다는 걸 의미할 수도 있다. 만약 스크린의 '즉각적인 중단'을 강요당하면 대부분의 요구를 스크린으로 충족하는 아이들은 엄청난 어려움을 겪을 수 있다는 사실을 명심하는 것이 중요하다. 따라서 절대적으로 필요한 경우가 아니라면 스크린에 대한 전면적인 제한은 삼가야 한다. 더불어 우리는 그들을 위해 마련된 다른 욕구 충족 활동들을 갖추어야 한다. 종종 적색등 단계의 아이들은 부정적인 생각과 감정의 접근을 막으려고 스크린을 이용한다. 만약 우리가 스크린을 완전히 제거하면 온통 그런 생각과 감정에 휩싸일 수 있다. 그러므로 적색등 단계의 스크린 사용 문제 해결을 도울 심리학자나 상담사와의 상담이 중요할 수도 있다.

심지어 아이들이 스크린과 엄청난 씨름을 할 때도 그들은 여전히 성공을 원한다는 사실을 우리는 명심해야 한다. 따라서 침착하게 배우자와 연합전선을 형성하면서 아이들과 함께 이 문제를 해결해야 한다. 부모의 개입 수준은 아이들의 연령과 성숙도, 그리고 개입을 수용하려는 의지에 달려 있다. 요컨대 우리는 항상 그들에게 다가가며, 그들을 사랑하고, 그들을 위해 거기 존재하며, 그들과 좋은 관계를 원한다는 메시지를 전달한다. 이것이 그들의 긍정적 반응을 보장하지는 않는다. 하지만 비록 당시에는 아이들이 그걸 인정하지 않아도 그런 행동은 중요하다.

테크놀로지에 대해 생각하며

›››

우리는 스크린 타임의 도전이 심각하게 받아들여질 필요가 있다는 설득력 있는 사례를 만들고 싶었다. 테크놀로지가 지닌 수많은 장점의 이면에는 마치 몸에 좋지 않은 음식처럼 우리의 행복을 서서히 빠져나가게 하는 불건전한 생활 습관으로 우리를 유인할 잠재성이 있다. 세대를 초월하여 부모들은 새로운 도전에 직면하고 있다. 모든 세대의 부모들은 아이들이 직면한 몇몇 새로운 재앙의 경고를 받는다. 테크놀로지에 대한 이런 우려라고 별반 다를까?

우리는 하늘이 무너진다고 주장하는 것이 아니다. 전 세대가 우울증과 단절의 나락으로 빠지고 있다고는 생각지 않는다. 초연결사회에서 자라나는 아이들 대다수는 괜찮은 것으로 드러날 것이다. 하지만 이런 테크놀로지의 도전은 마치 정반대로 하고픈 끊임없는 유혹이 도사린 환경에서 건강한 식생활을 하는 도전과도 같다. 종종 부모들은 자녀들이 성인이 되기까지는 건강에 나쁜 식습관의 폐해 전체를 볼 수 없다. 만약 우리가 이것을 심각하게 받아들이지 않는다면, 전형적인 스크린 사용은 행복을 감소시킬 수 있다. 우리가 미처 깨닫지 못하는 새 그런 일이 일어나서 경종을 울릴 일도 없다. 그저 정상처럼 보일 것이다. 마치 오염된 공기를 마시는 것처럼, 거기에 워낙 길들어 있다 보니 깨끗하고 신선한 공기를 마신다는 게 어떤 느낌인지 의식조차 못 한다.

하지만 한 걸음 물러서서 우리의 삶을 좀 더 객관적으로 성찰한다면, 무엇이 진정 우리를 행복하게 하는지 볼 수 있다. 그것은 지금, 이 순간에 존재하는 것이다. 그것은 서로 간에 그리고 우리 주변의 세상과 연결되는 것이다. 그것은 아이들 그리고 서로와 함께하는 모험이다. 하지만 그것은 우리가 굳이 말하지 않아도 된다. 자신의 내면을 살펴보라. 그러면 이것이 진리임을 알 것이다. 부모로서 우리가 할 일은 이런 진리 역시 유념하도록 자녀들을 이끄는 것이다.

테크놀로지가 현세대와 미래 세대에게 도전을 제기하지만, 분명 희망도 있다. 대다수 가정이 건강한 식습관을 개발할 수 있는 것처럼, 가족들은 스크린 사용을 지속적으로 확인하는 법을 배울 수 있다. 그것이 완벽하지는 않을 것이다. 하지만 만약 우리가 전반적으로 대체로 스크린 사용을 지속적으로 확인하는 습관을 개발할 수 있다면, 우리는 자녀들과 함께 그 유익을 거둘 수 있다.

세월이 흐를수록 학교가 자녀들에게 건강한 식사와 운동 습관 들이기를 돕는 데 더 큰 역할을 하는 것처럼 테크놀로지에 관해서도 유사한 접근을 개발하는 것이 결정적이다. 테크놀로지는 특별한 기회와 도전을 제시하는데, 그중 다수가 학교에서 일어난다. 따라서 훌륭한 디지털 시민성과 건전한 스크린 습관 교육이 학교 교과과정의 일부가 되어야 한다. 이상적인 것은 유치원부터 시작해 매년 교과과정에 반영하는 것이다. 훌륭한 디지털 시민성에 대한 정기적인 강의만으로는 충분치 않다. 가정과 학교는 아이들의 건전하고 생산적인 테크놀로지 사용을 돕는다는 공동의 목표를 향해 서로 제휴해야 한다.

삶과 테크놀로지의 균형을 이루는 과정에서 박탈을 경험하지 않는다는 사실을 기억하는 것이 필수다. 만약 우리가 건강한 균형을 배운다면, 단점을 줄이는 한편 스크린이 제공하는 유익을 얻을 수 있다. 굳이 양자택일을 할 필요가 없다. 신중히 접근한다면 두 가지 모두 가질 수 있다. 우리가 가장 명심해야 할 불가피하고 본질적인 진리는 바로 우리의 행복은 궁극적으로 상호 간의 깊고 의미 있는 직접적인 관계에 있다는 것이다. 이 진리를 등대 삼아 정로를 따라 우리의 항해를 계속할 수 있다.

어느 테크 해피 라이프

›››

클라레나는 일찌감치 잠에서 깨어나 아이스박스를 채우고 장난감을 승합차에 싣고 스마트폰을 이용해 사촌이 주말 동안 빌린 목장으로 가는 경로를 찾으며 친척 모임을 준비했다. 그녀는 아이들이 일어나자마자

아침을 준비하는 동안 자신들이 할 일을 하도록 격려했다. 아침에 스크린 타임이 없는 것을 아이들도 이해하지만 아이들이 강아지 사료를 챙기며 채비를 하는 동안 라디오는 켜져 있다. 세 아이 중 가장 나이가 많은 에스테파니아는 배낭에 책과 일기장, 그리고 스마트폰을 넣는다. 둘째 마르코는 승합차에 게임기를 갖다 놓으며 목장으로 가는 길에 하려는 게임을 고대한다. 아직 세 살밖에 안 된 루벤은 너무 어려 자신의 기기는 없지만, 색칠용 그림책과 크레용을 가지고 있다. 목장으로 가면서 가족은 노래도 부르고 이야기도 나누며 차창 밖의 경치도 감상한다. 목장에 도착한 그들은 친척들과 함께 시간을 보내며 음식을 나누고 목장을 둘러본다. 가끔 사진을 찍기 위해 스마트폰이 등장하지만 어디까지나 기기가 아닌 서로에게 집중한다. 여행 후에는 소셜네트워크를 통해 사진을 공유할 것이다. 하지만 그들이 목장에서 함께 보낸 시간은 진정한 '좋아요'를 누를 만한 추억을 만들었다.

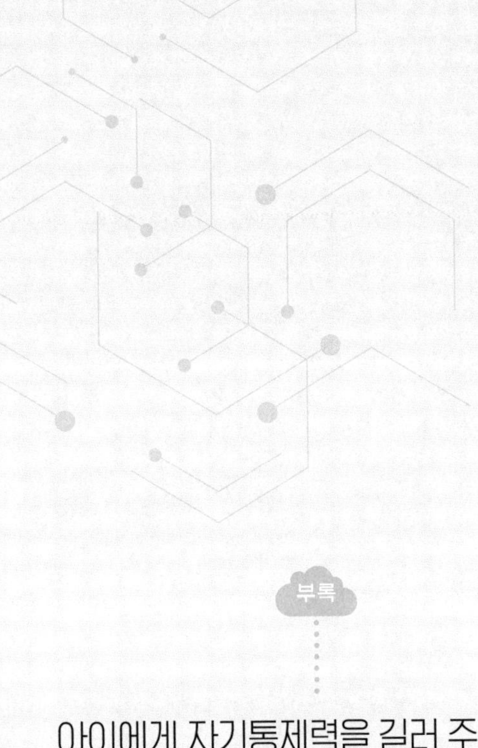

부록

아이에게 자기통제력을 길러 주는 방법

부록 1

가족 스크린 타임 평가FAST, Family Assessment of Screen Time

다음의 평가 척도에서 '스크린 타임'은 자신 또는 가족이 업무 그리고 오락을 위해 스마트폰, 컴퓨터, 태블릿(아이패드 등), 텔레비전, 비디오게임 등의 스크린 총 사용 시간을 의미한다는 점에 유의한다.

아래의 질문들에 대한 응답을 문항 별로 표시한다. 각자 다른 가족 구성원들과 독립적으로 질문에 대해 최대한 정확히 답한다. 정답이나 오답은 없다.

1. 보통 매주 나의 스크린 타임은 어느 정도인가?

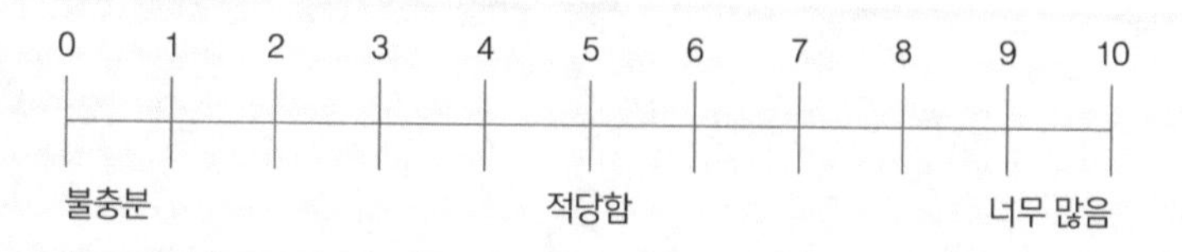

2. 내 연령대 사람들 대부분의 스크린 타임은 어느 정도인가?

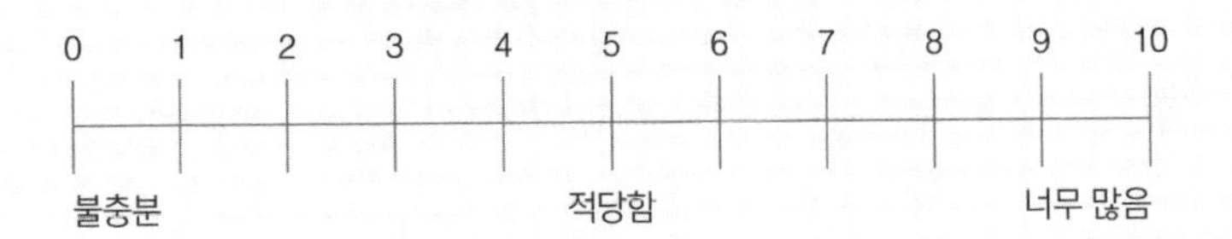

3. 우리 가족 구성원의 스크린 타임은 어느 정도인가?

가족 구성원 1 ______________ (이름)

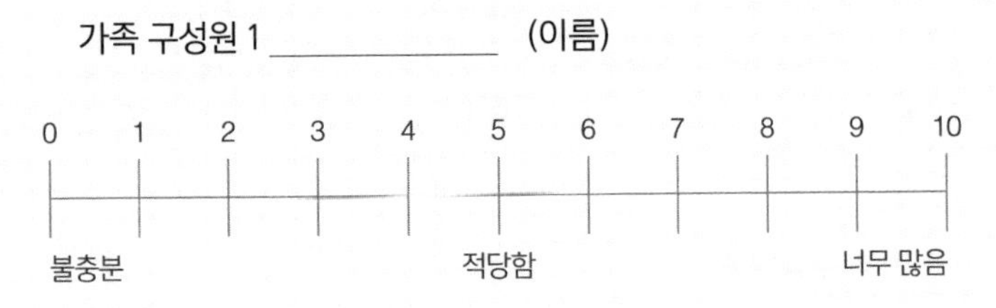

가족 구성원 2 ______________ (이름)

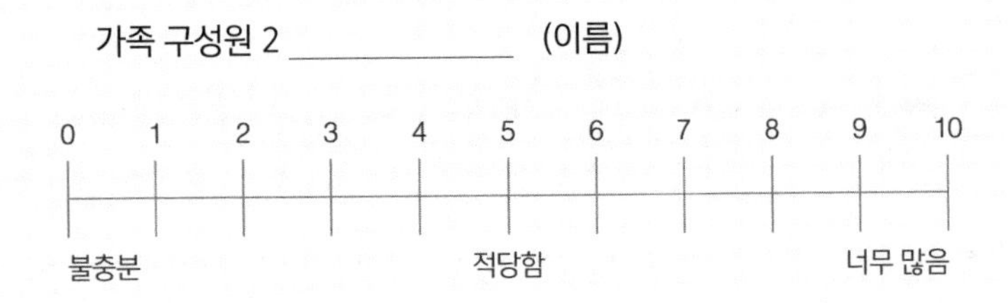

가족 구성원 3 ______________ (이름)

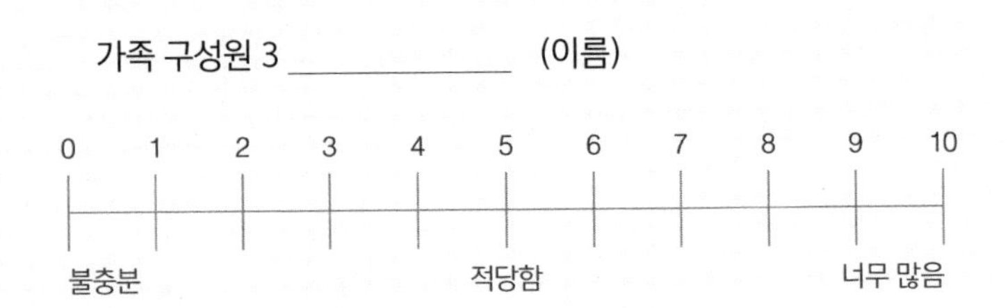

가족 구성원 4 ____________ (이름)

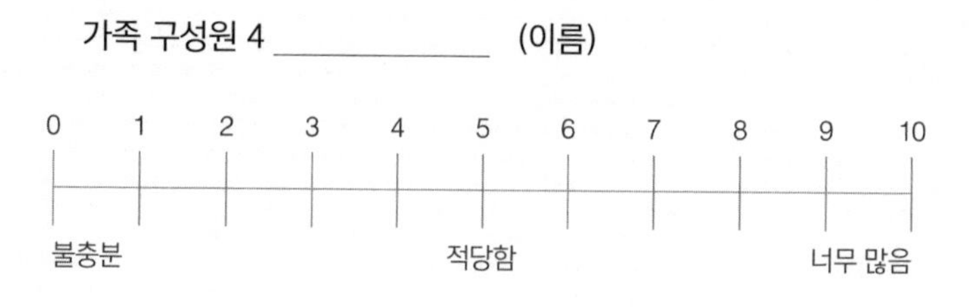

가족 구성원 5 ____________ (이름)

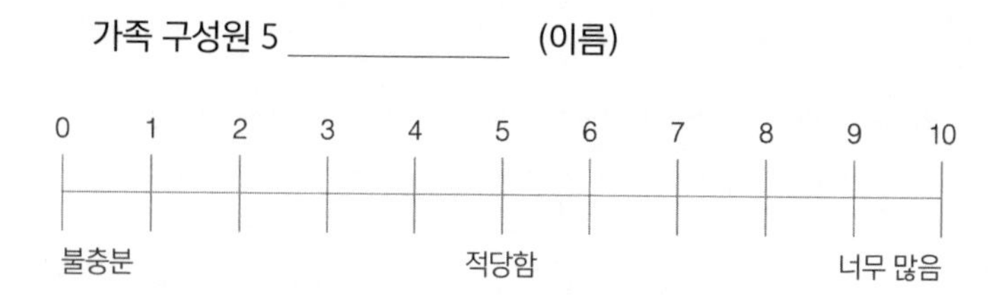

가족 구성원 6 ____________ (이름)

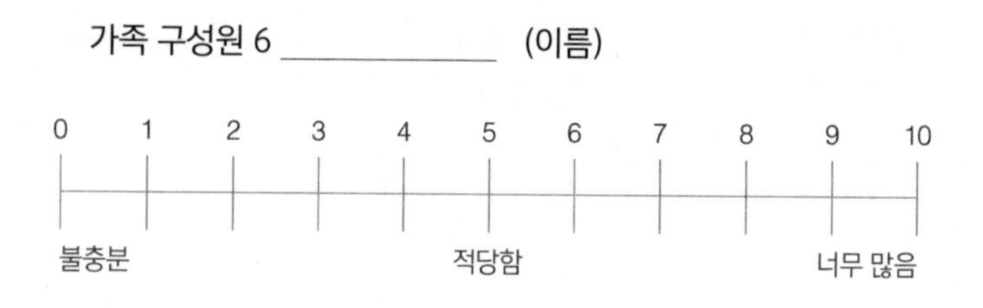

평가를 마친 후: 가족 전원의 평가가 끝나면, 한 사람씩 돌아가면서 자신의 평가를 가족들과 나누는 시간을 가진다. 한 사람이 자신의 평가를 공유하는 동안, 다른 사람들은 집중하여 경청한다. 다음의 사항에 유의한다.

- 스크린 타임은 모든 사람에게 도전을 제기한다는 점을 기억한다. 심한 비평이나 자기방어를 삼간다.
- 각자의 관점은 모두 타당하다는 사실에 유의한다. 다른 사람

의 평가에 대한 동의 여부와 상관없이, 각자의 평가는 그 사람의 시각을 반영한다.

- 만약 누군가 다른 사람들의 스크린 사용을 문제로 인지한다면, 그것은 문제가 맞다.

더 나은 균형을 찾아서: 가족을 위한 다음의 몇 가지 질문을 참조한다.

- 가족의 전반적인 모습은 어떠한가? 가족이 대체로 균형을 이루고 있는가?
- 다른 사람에게 들은 것과 자신의 성찰을 고려할 때, 가족에게 긍정적 영향을 미칠 수 있다고 생각하는 스크린 사용의 한 가지 변화를 말해 보자. 이것에 대한 다른 사람의 행동에 상관없이 이런 변화에 헌신한다.
- 한 달 내에 다시 모여서 이 평가를 한 번 더 한다. 상황이 어떻게 변했나?

부록 2

테크 해피 라이프 전략을 위한 지침

테크 해피 라이프 전략은 연구와 우리의 임상적이고 개인적 경험들, 그리고 부모의 제안을 바탕으로 한다. 완전한 목록을 생각하며 이것을 만들지는 않았다. 여기에 제시된 것은 이미 본서에서 언급된 전략들의 요약이며 참조를 위한 지침이다. 부모들이 서로 다른 가치관을 지니고 있으므로 이 전략 중 많이 동의하는 부분과 그렇지 못한 부분이 있을 수 있음을 안다. 어찌 됐건, 우리는 이들을 검토하고 몇 개를 골라 시험하기를 권한다. 또한, 우리가 이 전략을 위한 일반적인 범주들을 제공하고자 시도하였으나 범주 간에 일부 중복되는 부분이 있을 수 있다. 끝으로 이 목록을 계속 갱신하며 웹사이트를 정기적으로 수정할 예정이다. 갱신된 목록은 www.techhappylife.com의 '테크 팁Tech Tips' 페이지를 참조하기 바란다. 독자들의 비법과 전략을 들을 수 있길 고대한다.

- **모든 벨 소리, 알림 장치, 푸시 알림을 끈다.** 이런 것들에 주의를 돌리지 않기는 신경학적으로 불가능하다. 만약 이들 중 일부를 켜놓아야 할 필요가 있다면 가장 기본적인 것만 사용한다. 아이들에게 태블릿이나 스마트폰에 새로운 게임을 설치할 때마다 알림 수신을 거부하도록 교육한다. 이것에 관한 질문은 흔히 설치할 때 받는다.
- **문자메시지와 소셜미디어 알림을 묵음으로 제한한다.** '초기설정'으로 문자메시지와 소셜미디어 알림음을 잠금으로 설정하는 걸 고려한다. 그럼으로써 언제 전화에 주의를 돌릴지 스스로 선택한다. 하루 중 이런 사소한 산만함이 행복과 직접적 관계, 그리고 생산성을 저해할 수 있다. 대단히 중요한 뭔가를 기다릴 때는 언제든 알림음을 잠시 다시 켜놓을 수 있다.
- **모노태스킹 습관을 들인다.** 한 번에 하나의 작업에 집중한다. 분산되지 않은 관심으로 사람과 업무를 존중한다. 따라서 신중하고 목적이 분명한 기기 사용을 위해 경계를 정한다. 플러그를 뽑고 시간의 외딴 섬을 만든다.
- **한 번에 하나의 스크린만 본다.** 영화나 TV를 시청할 때 가족 전원이 전화기를 끄거나 (혹은 비행모드), 태블릿과 노트북을 끈다.
- **보행 중 휴대전화 사용을 피한다.** 보행 자체가 일종의 모노태스킹 또는 유니태스킹일 수 있다. 걸을 때는 걷기만 하라. 시

선을 위에 두면 '산만한 보행'으로 인한 다양한 사고의 기회를 줄일 수 있다.[1] 또한, 우리를 주변 세상이나 다른 사람들과 연결할 기회를 준다(시선이 전화기에 있지 않다고 가정할 때).

- **웨어러블을 조심한다.** '정량화된 생활'이 멋있어 보이고 동기부여가 될 수도 있지만, 웨어러블 신제품에는 앱과 벨 소리, 푸시 알림, 메시지 기능이 따른다. 자신 또는 아이를 위해 웨어러블을 고려 중이라면 운동 전용과 알림 끄기를 권한다. 최근의 연구는 일반적인 의미에서 웨어러블이 체중 감소에 도움을 준다는 생각을 의심한다.[2] 그리고 일반 시계 착용을 권하는데, 시간을 확인하다 스마트폰을 다른 용도(예: 문자메시지, 뉴스 확인)로 사용할 수 있기 때문이다.
- **달리기나 운동 중에는 스마트폰보다는 음악 전용 플레이어를 사용한다.** 스마트폰으로 통화를 하는 건 어쩔 수 없지만 음악 전용 플레이어는 운동에 집중하게 한다. 문자메시지는 나중에 하면 된다. 운동이나 달릴 때만큼은 완전히 플러그를 뽑도록 노력한다. 몸을 주변 세상과 연결하거나, 아니면 누군가와 같이 운동하는 것을 고려한다.

집과 가족

- **침실에는 TV, 컴퓨터, 게임기 같은 스크린을 전부 치운다.** 그럼으로써 아이가 컴퓨터로 뭘 하는지 그리고 언제 컴퓨터를 하

는지 지켜볼 수 있다. 만약 집에 서재 공간이 있다면, 컴퓨터를 거기 두도록 추천한다. 자기 방에 노트북을 두려는 십 대 후반에게는 자기 전 그것을 방 밖에 두도록 권한다.

- **아동과 청소년은 밤에 자기 방에서 정해진 시간까지만 디지털 기기를 사용하게 한다.** 아동과 청소년의 방에서 스크린을 완전히 치우기란 사실상 불가능한데, 취침 시간 넘어 접근할 수 있는 기기가 방에 있다는 사실은 아이들에게 너무도 큰 유혹이다. 이상적으로는, 적어도 취침 30분 전에 기기를 방 밖에 내놓고 꺼야(또는 충전대에 올려놓아야) 한다.
- **저녁과 식사 시간은 신성한 공간이다.** 식사 시간 중에는 일절 휴대전화를 금해야 한다. 전부 묵음 처리는 물론 눈에 띄게도 하지 말아야 한다. 식사는 함께한 사람들의 대화와 유대를 위한 공동의 시간이다. 심지어 혼자 식사할 때에도 스크린 사용을 하지 않을 것을 권한다.
- **집안의 특정 방에서는 일체 기기를 쓸 수 없게 한다.** 집안에 독서실이나 응접실처럼 스크린이 허용되지 않는 공간을 가질 수 있다. 또한, 화장실에서도 기기 사용을 금하기를 권한다. 여기에는 여러 이유가 있으며 일부는 위생과 관련이 있다. 십 대에게 이렇게 하도록 제한하기가 어렵겠지만, 우리는 그들이 어렸을 때부터 그런 습관을 들이도록 돕고 싶다.
- **아이가 새로운 테크놀로지의 초기 수용자**early adopter**가 되지 않게 한다.** 그러므로 발달상 아이들이 준비되기 전에는 기존(예: 스마트폰, 스냅챗) 또는 새로운 테크놀로지에 대한 접근을 허용

하지 말아야 한다. 일단 새로운 테크놀로지에 접근하면 그것을 떼기가 몹시 힘들다. 아이가 테크놀로지 면에서 뒤처지는 건 원치 않지만, 또래 집단 중 특정 기기에 최초로 접근하는 건 문제가 있다.

- **기기 충전 영역을 정한다.** 밤에는 침실 밖의 한 장소에서 모든 기기를 충전하도록 한다.
- **최소한 취침 30분 전부터 스크린 타임을 금한다.** 기기의 청색광 노출은 수면 주기를 교란한다는 연구가 있다.[3]

여행

- **운전자는 일절 휴대전화 사용을 금한다.** 심지어 블루투스 전화도 사고 위험을 높인다. 휴대전화는 글러브박스나 센터 콘솔, 트렁크로 치워 유혹을 피한다. 자동차 운전 중 전화나 문자메시지를 차단하는 앱의 설치와 사용을 고려한다.
- **일반적으로 차 안에서 아이들에게 스크린 타임을 허용해선 안 된다.** 여행 시간은 함께 대화하거나 음악을 즐기기에 그만이다. 아울러 정적이나 지루함에도 나름의 가치가 있다. 장기 여행 시는 예외를 둘 수 있지만, 여전히 그것이 무제한적인 스크린 접근을 의미해서는 안 된다.
- **식당에서는 휴대전화나 기기를 금한다.** 외식을 비롯한 식사를 통해 우리는 공통의 경험을 만들기를 원한다. 아이들은 온통

마음을 사로잡는 스크린 없이 주의력과 행동을 관리하는 법을 배워서 유익을 얻는다.

- **비행기 내에서 시간제한을 정한다.** 스크린은 여행을 더 즐겁게 만드는 탁월한 방법이 될 수 있지만, 전자 기기에 무제한적 접근은 문제이다. 아이들이 다른 활동을 즐기는 법도 배우길 바란다. 비행 시작 전 온 가족이 기대하는 바를 미리 나눈다. 비행기에서 스크린 타임을 넉넉히 가질 여지가 있지만, 책, 카드, 퍼즐 북, 게임, 만화 같은 대안 활동을 제공한다.
- **운전 중에는 알림 차단 기능을 활용한다.** 운전 중 문자메시지 유입을 차단해서 아이들에게 안전 운전의 본보기가 될 수 있다. 우리 대다수는 운전 중 특히 문자메시지 도착 알림을 듣거나 볼 때 전화기로 향하는 시선을 거부하기 어렵다. 운전 중 그런 알림들을 꺼서 계속 안전 운전에만 집중한다.

게임

- **아이가 중독성 있다고 생각되거나 장시간을 요구하는 성향의 게임을 시작하지 않도록 한다.** 일단 유혹이 자리한 후 멈추기보다는 아예 이런 게임들을 시작하지 않는 편이 더 쉽다.
- **아이(또는 부모)에게 빈번한 상황 확인이나 새로운 행동 등을 요구하는 게임/앱은 설치하지 않는다.** 그런 게임들은 빈번하게 확인하도록 하며, 그 저변에는 스크린으로 인해 초래되는 미

묘하지만 만연한 해악이 자리하고 있다.

- **게임 및 앱의 적합성 확인을 위해서는 오락소프트웨어 등급 위원회나 커먼센스 미디어 홈페이지를 찾아본다.** 유튜브나 앱 스토어 내의 다양한 게임 동영상 클립을 미리 보며 게임을 파악할 수 있다.
- **아이가 게임 하는 모습을 지켜보거나 같이 게임을 한다.** 아이가 게임 하는 모습을 잠시 지켜보는 것은 아이와 연결되는 지름길이다. 게임에 대해 아이에게 질문하라. 그것의 어떤 점을 좋아하는지 찾아낸다. 부모도 덩달아 그 게임을 즐길 수 있다! 게다가 게임을 중심으로 아이와 상호작용하면서 그것이 아이에게 적합한지 직접 확인할 수 있다.
- **학교 수업이 있는 주중 아침에는 게임을 금지한다.** 아이들은 학교 수업을 위해 심신을 준비해야 한다. 비디오게임의 자극에서 교실 환경으로 옮겨가기가 어려울 수 있다. 아이들, 특히 어린아이들에게 아침 비디오게임이나 비디오 시청을 허락하는 것은 시간제한을 둘러싼 힘겨루기로 이어질 소지가 있다.
- **아이들 여럿이서 함께 게임을 할 때는 같은 게임을 함께 하거나 돌아가면서 하도록 요구하거나 아니면 최소한 강력히 권한다.** 게임을 하는 것은 물론 재미일 수도 있지만, 이상적으로는 아이들이 함께하면서 갖는 공유된 경험이다. 아이들이 '모여도 각자'이고 자기 게임이나 기기만 한다면, 서로 간의 상호작용으로 인한 수많은 유익을 놓치게 된다.
- **여름방학이나 주말, 휴일에는 아침 게임 '시작' 시간을 설정한**

다. 종종 아이들은 아침에 눈을 뜨면 맨 먼저 게임부터 시작하려고 한다. 그들이 새벽 5시에 일어나 부모가 일어나기 전 몇 시간 동안 게임을 하는 선례를 만들면 안 된다. 게임 시작 시각은 오전 9시나 10시가 적당하다.

- **아이들에게 용돈으로 게임과 앱을 구매하게 한다.** 아이들이 새로운 게임 콘솔이나 게임, 앱, 또는 인앱을 사고 싶다면, 용돈으로 사도록(또는 협력하도록) 요구한다. 이를 통해 그들에게 돈의 소중함과 만족을 지연하는 법을 가르칠 수 있다. 아이들은 직접 값을 치르고 얻은 것에 더 감사하는 마음을 가진다.
- **합리적인 시간제한을 정한다. 오락용 스크린 타임으로 주중에는 1시간, 그리고 주말이나 휴일, 여름방학에는 2시간 정도를 고려한다.** 어린아이들에게 그런 시간제한을 시행하기는 비교적 쉽다. 물론 여러 가지 예외를 둘 수는 있지만, 약간의 합리적인 제한을 생각하는 편이 좋다.
- **어린아이들의 경우에는 타이머 사용을 고려한다.** 어린아이들에겐 종종 타이머가 요긴하다. 게임 시간 종료 5~10분 전에 알리면 아이들은 한 레벨을 마무리 지을 수 있다. 아이들이 게임의 중요한 부분 때문에 시간제한을 초과하면 그 시간만큼 다음 게임 시간에서 제하는 방식을 고려한다. 이는 시간제한 초과에 대한 논리적 귀결이며 게임의 중요한 대목에서 '플러그를 뽑을 때'의 분노와 눈물을 피할 수 있다. 이런 논리적 귀결에 대해서는 시행 전에 반드시 논의한다.
- **빠르고 자극이 강한 게임보다 천천히 진행되는 게임을 선택한**

다. 이는 뇌의 변화가 급격한 어린아이들에게 특히 중요하다. 게임의 빠른 진행은 아이들의 뇌를 고도의 자극에 반응하도록 '프로그램화'할 수 있다는 일부 우려의 목소리가 있다. 따라서 그런 게임에 비하면 교실에 앉아 있거나 책을 읽는 것을 지루하게 느낄 수 있다. 완만한 진행의 문제 해결형이면서 재미있고 오락적인 아동용 게임이 많다. 이런 게임으로는 컷더로프Cut the Rope, 스왐피는 어디에?Where's My Water?, 스크리블노츠Scribblenauts, 배드피기즈Bad Piggies, 페글클래식Peggle Classic, 월드오브구World of Goo가 있다.

- **이웃의 부모와 미리 상의한다.** 아이가 이웃 친구 집에 자주 들러 거기서 비디오게임을 한다면, 그 집에서는 스크린 타임을 어떻게 관리하는지 친구 부모와 대화한다. 친구 방문 시 그들의 기대와 제한에 대해 몇 가지 협의를 하도록 노력한다.

학교

- **아이의 학교나 교사들과 협력하도록 노력한다.** 기기 사용에 관한 그들의 기대와 제한이 무엇인지 파악한다.
- **공부와 놀이를 분리한다.** 가능하다면, 게임이나 소셜미디어, 기타 오락물이 설치되지 않았거나 접근이 어려운(예: 배경에 깔려있지 않거나 패스워드가 저장되지 않은) '학습용' 컴퓨터 한 대를 마련한다. 그 '학습용' 컴퓨터를 '오락용' 컴퓨터와 아예 분

리하여 아이(그리고 부모)가 각각의 컴퓨터에 접근하려면 반드시 다른 장소로 이동하도록 만든다. 만약 아이의 학교에서 학습용 노트북이나 태블릿을 지급한다면 아이/십 대와 함께 이용약관을 검토하고 그 기기를 학습 전용으로 유지한다. 컴퓨터가 한 대뿐인 가정이라면 두 사용자를 위한 접근을 설정해서 한 사용자는 전적으로 학습용으로 접근하고(예: 그 사용자 계정에는 게임을 설치하지 않음) 다른 한 사용자는 오락용(예: 소셜미디어, 게임)으로 처리한다.

- **학교 공부와 스마트폰을 분리한다.** 아이가 커서 스마트폰을 가지면 숙제하는 동안 전화기를 다른 방에 두도록 권한다. 30분 주기의 휴식 시간에 스마트폰을 확인할 수 있다. 만약 이런 생각에 십 대가 저항한다면, 단지 하나의 실험으로서 시도할 의향이 있는지 본다.

부록 3

테크 해피 라이프 FAQs

1. 몇 살에 스크린 타임을 접하게 할까요?

유아나 걸음마를 시작한 아이에게 스크린 타임을 주고픈 마음이 강해도, 2세 미만의 아이들에게 스크린 타임을 주면 안 된다는 것이 우리의 입장이다. 이 시기 아이들의 뇌는 급격히 발달한다. 뇌는 스크린이 주는 그런 형태의 자극에 노출되어 진화하지 않았다. 영유아들의 뇌가 진화적 유산에 더 가까운 방식으로 발달하려면 그 자극은 부모와 형제, 양육자, 그리고 그들을 둘러싼 환경처럼 자연적인 원천에서 나와야 한다. 마찬가지로 양육자로서 우리의 관심을 스크린이 아닌 아이들에게 두는 것이 중요하다. 한평생 영향을 미치는 건강한 애착은 따뜻하고, 주의 깊으며, 일관된 양육에 기초한다.

과도한 스크린 타임이 주의력, 수면, 학업 성취도, 침울, 시력, 그리고 비만 문제와 관련 있다는 수많은 연구가 있다. 현재 실험 연구 시행의 비윤리성 문제로 인해 대다수는 상관관계 연구에 그친다. 하지만 두 살 미만에게는 스크린 타임을 금할 것을 권장한다. 우리는 지나치다 싶을 정도로 '조심하는' 게 상책이라고 생각한다. 하지만 발달상으로 적합한 내용이라면 짧은 스크린 타임이 회복 불가능한 해를 발생하지는 않을 것이다. 물론 이 시기와 연령에서 하나의 도전이지만, 원하는 목표를 분명히 갖고 있어야 한다.

2. 아이의 스크린 타임은 하루 몇 시간으로 정할까요?
아이에게 하루 어느 정도의 스크린 타임을 허용할지 고민할 때 고려할 요소는 여러 가지이다.

- 아이의 연령(걸음마 단계, 학동기, 십 대)
- 기기 유형(예: TV, 아이패드, 스마트폰, 킨들 페이퍼 화이트, 게임 콘솔, 가상현실 헤드셋)
- 미디어 유형(예: 읽을거리, 소셜미디어, 문자메시지, 오락용 게임, 교육용 게임, 비디오)
- 내용(예: 폭력적인 일인칭 슈터 비디오게임, 왕좌의게임, 아동 친화적인 교육용 앱)
- 상황(예: 아이 홀로, 가족과 함께, 친구와 함께, 차 안에서, 공항에서)
- 소모적 대 창조적(예: 유튜브 시청 대 동영상 만들기, 게임 하기 대 게임 프로그래밍, 학교 리포트 쓰기)

일반적으로, 우리는 2세 이상 아동의 '오락용' 스크린 타임을 매일 약 1~2시간으로 제한하기를 권한다. 이처럼 하루 2시간 미만의 시간제한은 TV, 스마트폰, 태블릿, 비디오게임 콘솔 등등 모든 오락 시간을 포함한다. 따라서 우리는 '스크린 타임'은 그 용도에 따라 다르게 산정된다고 생각한다. 창조적인 노력(예: 동영상 만들기, 예술)과 교육/학습용 스크린 타임(예: 프로그래밍, 숙제하기, 킨들로 전자책 읽기)을 위해서는 스크린 타임을 추가로 허용해도 무방하다고 생각한다. 이는 미국소아과학회가 발행한 아동 미디어 지침 최신판과도 일치한다.[1]

하지만 우리는 오락용 스크린 타임에 제한을 두기 어렵다는 걸 알기 때문에, 더 유동적인 접근을 옹호한다. 그래서 여러 가지 예외가 가능하다(예: 친구 집에서 잘 때, 가족 영화의 밤, 휴일). 스크린 타임의 엄격한 시행(예: 아이가 곧 레벨을 마치려 할 때 강제로 끄는 것)은 갈등의 지름길이다. 우리는 엄격한 접근을 신봉하지 않지만, 약간의 명백한 제한은 필요하다. 일례로 다섯 살짜리가 M 등급Mature rated(15세 이상 등급-역주)인 콜오브듀티: 인피니트워 게임을 하면 안 된다.

부모로서 우리는 아이들의 스크린 사용이 그들의 기본적 욕구에 방해가 되지 않도록 노력하길 원한다. 예를 들어 아이의 수면이나 신체 활동이 충분하지 못하면 개입이 필요할지도 모른다. 또한, 우리는 아이들이 직접적인 상호작용을 할 수 있도록 해 주고 싶다. 창조적 노력을 위한 약간의 추가 시간을 허락하되, 여전히 아이들과 스크린 제한을 설정할 필요가 있다. 이는 생산적이고 창조적인 목적으로 스크린을 사용해도 육체적, 심리적 욕구가 사라지지 않기 때문이다. 흥미롭게도 코먼센스 미디어가 대규모로 실시한 조사에 의하면 이십 대와 십 대 스크린 사용의 단지 3퍼센트가 콘텐츠 창작(예: 블로깅, 창조적 예술 활동)에 사용되었다.[2]

일단 아이들이 스마트폰을 가지면, 그들의 스크린 사용을 제한하기가 매우 어렵다. 십 대에게 엄격한 제한을 강요할 수 없으며 종종 역효과를 낼 수 있다. 특히 십 대 후반이 이에 해당한다. 따라서 우리는 8장의 녹색등(예방) 전략을 검토하길 권한다. 가족 전원의 의견을 참조하며 스크린 사용을 둘러싼 가족의 기대와 규칙을 만든다면, 타협을 반영한 스크린 타임 창출에 도움이 될 것이다.

3. 아이에게 스마트폰을 허용하는 시기는 언제가 좋을까요?

아이가 별안간 스마트폰을 적절히 관리할 만큼 책임 있게 되는 그런 마법의 연령은 없다. 열 살이지만 열여덟 살보다 훨씬 성숙하고 책임감 있는 아이들도 일부 있다. 아이들이 스마트폰을 갖는 연령대가 급속도로 낮아지는 실정이다. 상당 비율의 학생들이 스마트폰을 가지고 있다. 아이가 스마트폰을 소유하는 시기가 지나치게 '뒤처지면' 문제가 될 수 있다. 친구들이 아이와 쉽게 연결될 수 없어서 현실감에서 뒤처질 수 있다. 또한, 중학생이 되었는데 아이에게 휴대전화가 없으면 부모가 위치와 일정을 관리하기가 힘들다(예: 도착 시각이나 과외활동 후 데리러 갈 시간 조율하기).

하지만, 만약 아이가 여러 가지 면에서 책임 있는 모습을 보이면(예: 성적, 운동, 집안일 거들기), 스마트폰은 중학교 무렵이 적절할 듯하다. 하지만 '전부 아니면 전무'의 명제일 필요는 없다. 다음의 몇 가지 대안을 고려해 보라.

- 아이에게 더 제한된 기능의 '초보자용' 전화기를 제공한다.
- 휴대전화의 책임 있고 정당한 사용에 관한 아이의 의견을 들으려고 노력한다. 만약 아이에게 약간의 의견을 내도록 허락하면 자신이 협력해 만든 규칙과 제한을 더 잘 지킬 것이다.
- 아이에게 휴대전화를 사주기 전에 사용 계약서 조건을 정하고 합의한다. 그리하여 휴대전화의 소유는 자신의 책임 있는 사용 여하에 달린 '조건적'인 것이다.
- 아이에게 휴대전화를 '빌려주는' 것임을 알게 한다. 그 자체로는 그의 것이 아니다. 따라서 휴대전화 사용의 특권은 그의 책임 있는 사용 여부에 따른다.
- 부모가 아이 휴대전화에 무엇이 있는지 보겠다고 결정하면 언제든 거기에 접근할 수 있음을 아이에게 알린다. 그러므로 아이는 자신의 휴대전화 사용 방식에 대해 신중하게 생각해야 한다. 아이가 명심하길 바라는 규칙은, 만약 우리가 아이의 게시물을 읽거나 본다는 사실에 아이가 수치심을 느끼거나 분노한다면 그것을 전송하거나 올리지 말아야 한다.
- 아이가 스마트폰을 책임 있게 사용할수록 그들은 스마트폰에 더 많이 접근할 수 있다.
- 운전 중 문자메시지와 전화는 절대 금지다.
- 잘못된 사용에 대한 몇 가지 결과를 미리 결정하며, 여기에는 스마트폰 접근 또는 특권 일부를 상실하는 내용을 반드시 포

함시킨다.

다양한 스크린의 적절한 사용에 대해 계속 논의해야 함을 기억하기 바란다. 테크놀로지의 진보와 아이들의 발달 모두 급속도로 진행되고 있다. 아이들과 우리의 긴밀한 관계는 우리가 그들의 테크놀로지 사용에 긍정적 영향을 미칠 수 있는 기반의 역할을 한다.

4. 스마트폰을 사주기 전 서약서에 서명을 요구할까요?
이 주제에 관한 보다 많은 정보는 8장을 참조하기 바란다. 우리는 휴대전화 사용에 관한 계약을 하는 편이 유익하다고 생각한다. 정식 계약서 작성 여부와 상관없이, 스크린 특권에 관한 기대와 책임을 거듭 살펴보는 게 중요하다. 운전과 마찬가지로 스마트폰 소유도 권리가 아닌 특혜로 간주해야 한다. 따라서 만일 아이가 기기를 책임 있게 사용한다면 특혜에 더 많이 접근할 수 있다. 계약서 작성은 아이에게 기대와 결과(오용에 따른)를 확실히 해줄 탁월한 방법이다. 계약서 만들 때 명심할 몇 가지 요점이 있다.

- 이 일에 아동/십 대와 협력한다. 계약서 작성이 하향식 접근이면 안 된다. 아동과 십 대가 이를 충분히 생각하고 직접 참여하는 게 중요하다. 이는 아이가 계약 조건을 좌우한다는 의미가 아니며, 그들에게 목소리를 낼 기회를 주려는 것이다.
- 주된 기대와 결과에 집중한다. 만약 여러 세부 사항으로 빽빽한 5쪽 분량의 계약서를 작성했다면, 유익하거나 그것을 지

킬 가능성은 거의 없다. 애플이나 구글의 서비스 조건에 동의하기 전에 읽어보려던 적이 있는가? 사람들이 그걸 읽지 않는 주된 이유 중 하나는 너무 길고 복잡하기 때문이다!

- 테크놀로지는 유동성 있는 목표이며 아이의 욕구 역시 발달에 따라 변하므로 그런 계약을 정기적으로 꺼내 보고 수정하는 것도 좋은 생각이다.
- 아이와 함께 계약서를 작성했어도, 책임 있는 테크놀로지 사용에 대해 계속 대화를 한다. 아이의 말에 귀 기울이라. 이것은 일방적이면 안 된다.
- 모두가 특정 조건에 대해 합의하도록 가족 전체를 위한 계약서 작성을 고려한다. 예를 들어, 기기 금지 같은 규칙을 준수하는 것은 자녀뿐 아니라 부모를 위해서도 바람직하다.

5. 몇 살부터 인스타그램 등의 소셜미디어를 허락하나요?

스마트폰 허용 연령과 마찬가지로 소셜미디어에 접근할 연령이 딱히 정해지지는 않았다. 스마트폰과 마찬가지로 소셜미디어가 '일반화'되는 나이가 계속 내려가고 있다. 우리는 아이들이 중학교에 들어갈 때까지, 또는 고등학교까지면 더 좋겠고(만약 미루는 게 가능하다면), 소셜미디어 접근을 허락하지 않기를 권한다. 여기 몇 가지 명심할 사항이 있다.

- 아이가 '초기 수용자'가 되는 걸 피한다. 아동/십 대의 친구들은 언제 소셜미디어에 접근하는가? 만약 아이가 소셜미디어

에서 막차를 탄다면 그것도 문제를 유발할 수 있다.

- 소셜미디어에 접근을 허용하기 전에 그 사용에 관해 몇 가지 해야 할 것과 하지 말아야 할 것들을 점검한다.
- 소셜미디어 사용이 '전부 아니면 전무'일 필요는 없다. 처음에는 미디어 플랫폼 한 군데만 접근하게 할 수 있다.
- 소셜미디어 사용에 관해 아동/십 대와의 접촉점 형성을 고려하되, 이는 스크린 사용이라는 보다 일반적인 접촉의 일환이 되어야 한다.
- 물론 개인차가 있긴 하지만 이십 대와 십 대 청소년들을 비교할 때, 여자들은 문자메시지와 소셜미디어에, 그리고 남자들은 게임에 더 빠져 있음을 발견할 수 있다.
- 소셜미디어 사용은 식사 중 스크린 금지, 야간 기기 전원 차단, 욕실 내 기기 금지처럼 일반적이고 건전한 테크놀로지 습관 안에 포함된다. 우리가 일반적인 의미에서 아이들의 건전한 테크놀로지 습관을 개발하고 유지하도록 도울 수 있다면, 그들은 자신의 소셜미디어 사용을 책임 있게 관리할 수 있다.
- 아이와 함께 자신의 스크린 사용으로 테크놀로지 회사가 어떻게 돈을 버는지 토론하면 도움이 될 수 있다. 테크놀로지 회사가 특히 소셜미디어 플랫폼이나 게임과 같은 자사 첨단 기술 상품에 '중독'되게 하려고 신경과학자, 심리학자, 마케팅 전문가를 동원한다는 사실을 아이도 알아야 한다. 흔히 십 대는 자신이 누군가에 의해 조종당한다는 생각에 민감하며, 회사가 어떻게 자신에게서 이득을 취하는지 안다면 자신의 기기 사용

에 대해 더 비판적으로 사고할 수 있다.

- 소셜미디어의 균형 있는 사용에 관해 부모들은 십 대 만큼, 아니 그 이상으로 씨름하고 있다. 부모로서 우리는 우리가 아이에게서 원하는 모습에 대해 항상 모범이어야 한다. 만약 우리 스스로 소셜미디어 사용을 효과적으로 책임 있게 관리하지 못한다면, 어떻게 아이에게 그걸 기대할 수 있겠는가?

6. 아동/십 대에게 특정 비디오게임 유형을 제한해야 할까요?

이에 대해 짧게 답하자면, '그렇다'이다. (더) 긴 대답은 지금부터 시작하겠다. 오락소프트웨어 등급위원회는 부모들의 구매 결정을 도울 목적으로 비디오게임 및 이와 유사한 모바일 게임을 위한 등급 체계를 제공한다. 우리는 어떤 콘텐츠가 아이에게 적절한지를 결정하는 지침으로 이 등급 체계를 활용하기를 추천한다. 이런 등급은 앱 스토어에 있으며, 그 게임의 발달적, 내용적 적절성 여부 결정에 도움을 줄 게임 동영상 클립들도 종종 눈에 띈다.

부모로서 우리는 여섯 살 난 자녀가 〈펄프 픽션〉, 〈샤이닝〉, 〈아메리칸 파이〉, 〈양들의 침묵〉과 같은 영화나 포르노를 시청하는 걸 원치 않는다. 미국영화협회MPAA, The Motion Picture Association of America는 아이들에게 노출될 콘텐츠의 유형에 대한 정보를 부모들에게 주기 위한 영화 등급 체계를 갖추고 있다. 마찬가지로 우리는 어린아이들이 발달단계에 부적절한 게임을 하는 것을 원치 않는다. 이런 등급이 준비된 데는 이유가 있는데, 바로 그런 콘텐츠가 두려움과 불안 증가, 폭력에 대한 무감각, 그리고 성을 향한 불건전한 태도의 발달과 같은 형태로 어린 시청자/게이머들에게 해로울 가능성이 있기 때문이다.

다른 권고들과 마찬가지로 우리는 의사 결정에 극단적으로 엄격해야 한다고 생각하지 않는다. 인생은 흑백으로 나뉘지 않으며, 이런 결정 일부는 융통성을 발휘할 수 있다. 하지만 아이가 무슨 게임을 하는지 아는 건 대단히 중요하다. 유튜브나 앱 스토어에서 게임 동영상 클립을 시청해서 게임을 미리 보는 것도 좋은 생각이다. 심지어 아이와 함께 게임을 할 수도 있다! 아이들이 하는 게임의 '세상' 속으로 들어가는 것은 그들을 더 잘 이해하고, 관계를 형성하며, 그들의 관심사에 대한 존중을 나타낼 수 있는 한 방법이다.

물론 여전히 아이들 다수가 적합하지 않은 게임(또는 쇼 프로그램 시청)을 하려 한다. 사실 종종 아이들은 이런 게임이 자신들에게 부적합하기 때문에 하고 싶어 한다. 만약 이런 부적합한 게임을 허용하면 그들은 그 당시에는 즐길지 모른다. 하지만 그것이 그들이 그런 게임을 하는 것이 적절하다는 의미는 아니다. 이는 식습관을 지도하는 것과 매우 유사하다. 분명 아이들은 더 건강한 선택을 마다하고 청량음료와 치킨 너겟을 더 선호할지도 모르지만, 그것이 그들에게 좋은 선택이라는 의미는 아니다. 아이들이 그 순간에는 게임을 즐길지 모르나 이후에 수면의 어려움, 악몽, 그리고 종일 불안의 고조(예: 어둠이나 태풍에 대해 더 쉽게 겁에 질리거나, 더 감정적으로 반응함)를 겪을 수 있다.

한 걸음 더 나아가

특히 어린 자녀를 둔 부모의 게임 결정에 관한 또 하나의 권고를 덧붙인다. 느리고 다수의 문제 해결을 요구하는 게임에 주목한다(예: 컷더로프, 스왐피는 어디에?). 실제 내용이 혼란스럽지 않아도, 상당수 게임의 정신없이 바쁜 동작은 발달 중인 어린이의 뇌에 좋지 않을 수 있다. 일부 게임의 급박한 행동은 강도 높은 자극에 참여하는 것을 필요로 하도록 어린아이들의 뇌를 '프로그램화'한다.[3] 그래서 그런 아이들은 가족과 함께 식당이나 극장에 앉아 있거나, 교실에 있을 때 쉽게 지루하고 산만한 모습을 보인다. 그들은 콜오브듀티, 템플런, 지오메트리대쉬와 같은 긴박한 게임이 주는 아드레날린 분출 내지는 '경련'에 익숙한지도 모른다.

요점

요즘 시중에는 멋진 게임들이 너무 많다. 만약 아이가 자신의 연령이나 발달단계상 부적절한 게임을 원한다면, 아이들의 관심을 돌릴 만한 수많은 다른 대안들이 있다. 부모들은 아이가 자라면서 어떤 종류의 게임을 할 것인지에 대한 통제권을 상실하기 시작한다. 따라서 어린 시절에 제대로 된 교육이 대단히 중요하다. 우리는 조심하는 편이 상책이라고 믿는다. 그럼으로써 아이가 자라는 내내 버팀목이 되어줄 확고하고도 건전한 기초를 놓는다.

7. 아이의 스크린 사용 관리를 위해 부모 통제나 소프트웨어를 동원할까요?

이 주제는 8장에서 다룬 바 있다. 일반적으로 특히 어린아이들을 위해 기기와 컴퓨터에 관한 부모 통제를 사용하는 것은 좋은 생각이다. 요즘은 아이들이 무심코 극히 부적절한 콘텐츠와 맞닥뜨리기가 너무도 쉽다. 어린 눈에 보이는 어떤 이미지를 안 볼 수는 없다. 그런 콘텐츠에는 어리고 발달 중인 마음을 훼손할 잠재성이 있다.

하지만 우리는 오로지 부모 통제에만 의존하기를 원치 않는데, 그 이유는 당면한 사안들이 이보다 훨씬 더 광범위하기 때문이다. 우리는 아이들이 균형 잡힌 삶을 살기를 원한다. 균형 잡힌 삶은 아이가 부적합한 콘텐츠에 맞닥뜨릴 기회를 줄이는 데 도움을 준다. 이런 취지로, 우리는 아이가 다른 활동들에 관여하도록 테크 해피 라이프 모델의 녹색등 단계 전략을 사용하기를 권한다. 또한, 스크린에 대한 제약 없는 접근을 아이에게 허용하면 안 된다(예: 노트북을 침실에 두지 말 것, 정한 시각에는 반드시 태블릿을 침실 밖에 둘 것). 게임의 내용이 아이의 발달 수준에 적합한지 확인하려면 사전에 내용을 살펴봐야 한다(6번 참조). 코먼센스 미디어 웹사이트에는 부모 통제 전략과 프로그램/앱 권고가 나와 있다.

궁극적인 목표는 자기 조절임을 여전히 기억해야 한다. 부모 통제를 피하는 데 적극적인 좀 더 큰 아이들은 그렇게 할 방법을 찾아낼 것이다. 십 대의 경우 적합한 콘텐츠라는 사안을 협력적으로 다루는 것이 최선일지도 모른다. 부모의 감정, 우려, 가치, 그리고 기대를 표현하라. 이런 문제에 대한 십 대 자녀의 의견도 들어라. 그런 다음, 부모 통제를 완화할 계획을 세워라. 결국, 자신의 양육 방식과 아이들을 신뢰해야 한다. 만약 강력하고 건전한 기초를 개발하고 가치를 확립한다면, 아이들이 '다크사이드 (테크놀로지) 포스'에 의해 완전히 소진되는 일은 없을 것이다. 십 대의 스크린 사용 통제의 유해성이 커도 우리가 막으려는 콘텐츠 자체의 유해성보다 크지는 않다는 사실을 명심해야 한다.

8. 십 대의 스크린 활동(예: 문자메시지, 소셜미디어 이용)을 감독해야 할까요?

이 주제에 대한 더 깊은 논의는 8장을 참조하기 바란다. 대체로 우리는 십 대의 삶에 관여하며 그들과 스크린 사용에 관해 대화한다는 맥락의 감독을 신뢰한다. 그들이 무슨 게임을 하는지, 어떤 소셜미디어 플랫폼을 사용하는지, 누구와 온라인상에서 정기적으로 교류하는지 최소한 의식하려고 노력해야 한다. 하지만 우리는 일반적으로 그들의 온라인 활동에 대한 은밀한(또는 노골적인) 전자 감시라는 의미에서의 감독은 신뢰하지 않는다. 우리는 요즘 십 대가 섹스팅, 포르노 접근, 그리고 사이버폭력 등의 여러 가지 어려움에 부닥칠 수 있음을 전적으로 인정한다. 여전히 십 대의 스마트폰, 태블릿, 그리고 컴퓨터를 뒤지는 것은 중대한 사생활 침범이 될 수 있다. 부모 자신의 십 대를 돌이켜 보라. 부모가 듣기를 원치 않았던 농담이나 대화를 기억할 수 있겠는가? 그런 인격 형성 기간에 했던 모든 대화를 부모가 엿듣는 통로가 있다고 상상하면 얼마나 끔찍한가! 여기 우리가 선호하는 접근을 제시하겠다.

- 타인에 대한 존경, 스크린 사용 제한, 그리고 직접적인 관계의

중요성과 같은 가족의 가치를 확립하며 모범을 보인다.

- 만약 어떤 문제가 있으면 찾아갈 부모가 있다고 느끼도록 아이와 친밀한 관계를 확립하고 유지한다.
- 아이가 부모의 도움이나 지도를 구하러 찾아올 거라 예상되는 문제 시나리오에 대해 아이와 대화한다.
- 스마트폰과 같은 스크린 접근을 시행하기 전에 기대와 규칙을 검토한다.
- 잘못된 사용의 결과를 살펴보며, 여기에는 논리적 결과(예: 스마트폰 접근 상실 또는 제한)의 실행이 포함되어야 한다.
- 단순한 하향식 접근이 되지 않도록 가급적 규칙과 결과에 대해 아동/십 대와 협력적으로 일한다.
- 제약 없는 스크린 접근을 허용하지 않는다(예: 특정 야간 시간대에는 휴대전화를 반드시 끄고 방에서는 일절 컴퓨터 금지). 이는 아이가 어릴수록 시행이 쉽다.
- 테크놀로지의 균형 있는 사용에 대해 지속적인 대화를 갖는다. 만약 십 대가 테크놀로지의 균형 있는 사용법을 배운다면, 그것은 다른 문제들의 가능성을 줄일 것이다(예: 섹스팅).
- 부모 스스로 테크놀로지 사용의 균형에 모범을 보인다. 이는 모든 성인 양육자에게 적용되어야 한다.
- 문제가 있다는 강한 의심이 들지(또는 확고한 증거가 있지) 않는 한, 십 대에게 무죄 추정의 혜택을 준다.
- 만약 십 대가 부모의 신뢰를 져버렸다면, 그것은 부모가 자녀의 온라인 활동을 노골적으로 감시하거나 접근을 제한한 경우

였을지도 모른다. 따라서 자녀의 신뢰를 회복해야 한다. 어떻게 하면 그렇게 할 수 있을지에 대한 기대를 정한다.

현실적으로 십 대는 테크놀로지 사용에서 부모보다 몇 발 앞서 있을 가능성이 크다. 따라서 우리는 십 대의 대부분이 마음만 먹으면 부모의 감시를 따돌릴 방법을 발견할 수 있다고 추정한다. 만약 부모들이 십 대의 테크놀로지 사용에 관해 아이들과 고도의 지능 게임을 벌인다면, 이미 진 거나 다름없다. 그보다는 우리와 십 대의 건전한 관계에 대한 지원이 우선되어야 한다.

9. 숙제나 허드렛일부터 끝내면 보상으로 스크린 타임을 줄까요?

많은 부모는 스크린 타임을 채소를 다 섭취해야 먹을 수 있는 디저트로 취급한다. 그 이유는 스크린 타임이 즐겁지 않은 일을 먼저 한 데 대한 특별 보상이기 때문이다. 많은 심리학자는 이것이 내적 동기를 약화시킬 수 있음을 인정한다. 이상적으로 부모는 아이가 독서 그 자체로(초콜릿 푸딩을 먹기 위해 억지로 삼켜야 하는 익힌 오크라가 아닌) 하나의 보상이라는 생각을 내면화시켜 배움에 대한 애정을 배우기를 바란다. 부모는 스크린 타임에 관해 아이 연령에 맞는 제한을 두어야 하지만, 무심코 숙제와 유용한 구성원이 되는 것의 중요성을 저평가하는 것에 대해서도 주의할 필요가 있다.

하지만 그것이 숙제(집에서 하는 일)와 허드렛일이라 불리는 데는 다 이유가 있다. 아이들 대부분은 주관식 문제에 답하거나 수학 문제지 푸는 것, 또는 빨래 개키기보다 비디오게임 놀이를 더 좋아할 것이다. 많은 아이가 '놀이보다 일 먼저' 접근에 순순히 응한다. 그러므로 만약 '일보다 놀이 먼저'가 문제를 일으킨다면 놀이에 앞서 제한을 정하고 놀이보다 일을 먼저 요구하는 게 최선이다.

아이가 게임에 지나치게 집중하느라 학업 수행에 계속 어려움을 겪을 수도 있다. 만약 그렇다면 아이가 테크 해피 라이프 모델의 황색등 단계에 있을 수도 있다. 이런 씨름이 자주 있거나 일상적이라면 약간의 변화가 유효하다. 여기에는 문제 해결을 위해 아이와의 협력 작업이 수반될 수 있다. 그런 상태의 아이라면 정말로 스크린 타임을 갖기 전에 숙제와 허드렛일을 끝내도록 요구할 필요가 있다. 황색등 단계의 문제가 드러날 때, 보통 그것은 '통제' 다이얼을 올릴 것을 우리에게 요구한다.

그렇지만 아이가 자라면서 이런 유형의 조처를 시행하기가 어렵다. 궁극적으로 우리는 아이가 자신의 공부/놀이 시간의 우선순위를 정하고 관리할 수 있기를 바란다. 그러므로 부모 개입은 아이의 발달 수준뿐 아니라 각자의 욕구에 민감해야 할 것이다.

10. 우리는 아이의 스크린 타임과 가능한 것을 제한하는데, 이웃들은 그렇지 않아요. 아이가 이웃 친구를 방문할 때 어떻게 할까요?

가정마다 스크린 타임에 관한 고유의 규칙이 있으므로 아이가 다른 집을 방문할 때 스크린 사용에 대해 우려를 표시하는 건 당연하다. 예방적인 접근의 하나는 아이 방문 전에 스크린 타임에 관한 그 집의 규칙을 알아볼 겸 그 집 부모와 대화를 하는 것이다. 아이가 그 규칙을 정확히 말하지 않을 것이므로 어른과 대화하면 실제 정보를 입수할 가능성이 크다.

이웃과 스크린 제한을 주제로 논의하는 게 어색할 수도 있다. 예를 들어 만일 주중 아이에게 매일 1시간의 오락용 스크린 타임을 허용하는데 아이 친구 부모는 아무런 제한을 두지 않으면 어떻게 하겠는가? 우리 아이가 갈 테니 그 집 아이의 스크린 타임을 제한하라고 요구하기는 이상하다. 처음에는 이웃의 입장을 알기 위해 일반적인 주제로 대화를 하는 편이 좋다. 아이와 어떻게 제한을 정하는지로 이웃에게 자연스럽게 접근하는 방법도 고려할 수 있다.

한번 이렇게 말해보라. "우리 조니가 비디오게임을 아주 좋아해요, 엄청 많이요! 우린 조니에게 댁에 가면 비디오게임보다 네이선과 노는 데 집중하는 게 얼마나 중요한지 누차 이야기했어요. 친구보다 비디오게임을 택하면 안 되잖아요. 그래서 말씀인데요, 조니가 댁에서 오로지 비디오게임만 하고 싶어 하면 저희에게 알려 주세요. 조니와 함께 그 문제에 대해 말할게요. 아, 아이들이 게임을 던져 버리고 바깥에서 놀게 하려면 맘껏 그렇게 하셔도 됩니다. 저희도 조니가 좀 더 바깥에서 놀도록 노력 중입니다. 만약 조니가 원하는 만큼 비디오게임을 하도록 둔다면, 아마 스스로 바깥으로 나가지는 않을 거예요!" 자신의 아이와 자기 가정의 가치와 기대에 집중하는 것 때문에 이웃이 테크노비난 또는 통제당한다고 느낄 여지를 줄일 수 있다. 인터넷 접근뿐만 아니라 스크린 타임의 내용을 상의하고 연령에 맞는 영화와 비디오게임에 대한 합의를 원할 수도 있다. 만약 다른 가족의 규칙이 지나치게 느슨하다든지 불편하다는 느낌이 들면, 아이들을 자기 집이나 바깥(예: 공원, 수영장)에서 함께 시간을 보내게 하는 것도 하나의 대안이다.

아이가 자라감에 따라 부모 감시가 줄면서 책임이 부모에서부터 아이에게로 점차 옮겨갈 것이다. 우리가 스크린 타임을 통제 또는 감독할 수 있는 정도는 줄어들 것이므로 어려서부터 건전한 습관을 형성하도록 노력하는 것이 중요하다.

11. 아이가 숙제하면서 끊임없이 문자메시지를 하는데(또는 소셜미디어를 사용하는데), 어떻게 할까요?

11장에서 우리는 심리학자의 도움으로 자신의 행동을 스스로 감독하며 문자메시지가 학습에 방해된다는 걸 깨달았던 한 청소년의 예를 제시했다. 결과적으로 그는 스마트폰 없이 과제를 하려고 노력할 수 있었으며 즉시 좋은 결과를 얻었다. 이런 유형의 자기 조절이 이상적이지만, 모든 아이를 위한 실제적인 결과는 아니다. 예를 들어, 자가 감독에 저항하거나 전화기로 인한 방해를 부인하는 십 대는 그런 접근에서 유익을 얻을 가능성이 낮다. 수많은 연구를 통해 사람들은 스크린 사용이 자신의 수행 능력에 어떻게 부정적 영향을 미치는지 인식하지 못하는 경향이 있음을 보여준다.

모든 아이와 가정은 자신의 독특한 환경을 가진다. 하지만 부모가 바람직한 행동의 모범이 되고, 그런 도전의 속성에 대해 아이와 토론하며, 아이가 좋은 선택을 하도록 격려하고, 아이가 자기 행동의 자연적 결과를 경험하도록 허용한다면(부모로부터의 수치심이나 테크노비난 없이) 가장 성공적으로 이런 문제를 해결할 수 있을 것이다.

만약 우리가 강력한 관계 형성에 많은 시간과 에너지를 투자한다면, 십 대와 정기적으로 이런 주제를 이야기할 기회를 얻을 수 있을 것이다. 몇 가지 열린 질문을 통해 무엇이 그들의 효과적인 수행을 도울 수 있을지에 대한 그들의 생각을 물어볼 수 있다. 또한, 우리는 그들이 과제를 하는 동안 스마트폰을 다른 방으로 옮겨놓는 실험을 다만 일주일이라도 시도할 의향이 있는지 질문할 수 있다. 그런 경험이 부모를 대신해 그들을 가르치게 할 수 있다면, 그들이 자신의 학습 습관을 변화시킬 여지는 더 많아질 것이다.

그럼 십 대가 황색등 단계에 있고 A와 B를 받을 수 있는데도 C를 받는다고 가정하자. 십 대 자녀가 과제를 하는 동안 문자메시지나 소셜미디어를 하는 습관을 비난하지 않고 공감하는 방식으로 여러 차례 대화를 시도했는데, 아이가 자신의 '멀티태스킹' 접근을 바꾸는 일에 저항한다고 가정하자. 우리는 그 상황을 협력적으로 해결하려고 노력하는데, 아이는 바꿀 의향이 없다. 아마 멀티태스킹이 생산성과 수행 능력에 미치는 부정적 영향을 부인하는지(아니면 그냥 단순히 인식을 못 하는지)도 모른다. 이는 십 대가 자신의 자율성을 위한 심리적 욕구에 부응하려는 시도로서 '자기 영역을 주장하는' 것일 수 있다. 우리의 다음 행보는 무엇인가? 과제 마감 시한이 되면 아이의 전화기를 빼앗아야 할까?

행동하기 전에 여기 몇 가지 명심할 사항이 있다.

- 화가 난 상태에서는 결정을 내리지 않는다. 먼저 마음을 차분히 가라앉힌다.
- 배우자가 있다면 함께 대안을 논의한다. 연합전선을 구축하도

록 노력한다.

- 부모가 시행하는 제한에 십 대가 선뜻 응할 리는 없지만, 그렇다고 제한을 정하지 말아야 한다는 의미는 아니다. 하지만 먼저 그 여파를 신중히 고려할 필요는 분명하다.
- 행동하기 전 이렇게 자문한다. "제한을 가해서 원하는 결과를 낼 수 있을까?" '옳은' 것과 '효과적인' 것 사이에는 차이가 있다. 우리가 아이에게 제한과 결과를 시행할 때, 특히 십 대의 경우, 종종 우리가 아이에게 바라는 바와 그 이유에서 '옳을' 수는 있으나 (예: 더 건강한 식습관, 더 나은 학습 습관 갖기), 아이의 행동을 바꾸는 데는 효과적이지 못하다. 제한 설정, 규제, 결과를 통해 십 대를 '옳은' 행동으로 이끌려는 노력이 무관심과 고집과 완연한 적의에 직면할 수 있다.
- 결과가 너무 급박해서(예: 낙제 또는 간신히 통과) 저항을 무릅쓸 가치가 있다고 결정했다면, 적어도 일시적으로 과제 하는 동안 스마트폰을 곁에 두는 것을 제한할 수 있다. 십 대의 스마트폰과 특정 앱을 일정 기간 정지할 수 있는 앱을 스마트폰에 설치할 수도 있다. 하지만 여전히 이런 조처가 효과적인지에 대해 아이와 계속 토론한다.
- 하지만 만약 역효과 없이 제한을 가하기 어렵다는 결정이 내려지면 조금 뒤로 물러서서 경험(즉, 자연적 결과)이 스승의 역할을 하도록 해야 하는 때도 종종 있다.
- 이 시점에서 이렇게 자문한다. "십 대 자녀가 호응할 수 있는 다른 방식으로 이 문제를 꺼낼 수 있을까?" 만약 "아니다"라는

대답이 나온다면, 그 문제를 다시 꺼내지 않는 게 상책인데, 잘못하다간 잔소리로 비칠 수 있기 때문이다. 만약 십 대에게 특정 기기 또는 기기 전부를 다른 방에 두면 더 효과적으로 집중해서 공부를 할 수 있다고 이미 100번 말했다면 101번째에 전구에 불이 들어올 가능성은 희박하다.

- 만약 효과적으로 제한을 가하기가 불가능하다고 결정을 내리면, 기회를 보아 이렇게 말하라. "브라이언, 어려운 과목이 많은 줄 알아. 좋은 성적을 받는 게 네게 얼마나 중요한지도 알고. 네가 좀 더 효과적으로 공부하도록 도울 방법이 없을지 너랑 이야기하면 좋겠는데. 네게도 해보고 싶은 너만의 방법이 있을 거고. 그리고 이 주제를 검색하는 방법도 있지. 인터넷에 찾아보면 좋은 전략들이 잔뜩 있어. 그것과 상관없이 네게는 항상 방문이 열려 있다는 사실, 잘 알지?" 문이 열려 있다고 알려줄 수는 있어도 억지로 들어오게 만들 수는 없다. 우리가 전에 말했던 것처럼, 설령 아이가 그런 노력을 수용하지 않더라도 다가가려는 몸짓은 여전히 중요하다.

12. 십 대 아이가 섹스팅과 포르노를 보는 거 같은데, 어떻게 할까요?

아동과 청소년들은 신체와 성에 대해 자연스레 호기심을 가지므로 또래나 책, 그리고 인터넷에서 정보를 구하는 건 극히 정상이다. 불행히도 이는 발달에 맞추어 준비되지 않은 자료나 섹스팅과 포르노와 같은 부적합한 스크린 사용을 초래한다. 우리는 부모들이 이런 문제에 대해 수치심이나 벌을 주기보다는 지원하는 방식으로 접근하기를 권장한다. 섹스팅이나 포르노 시청을 했다고 아이를 질책하는 것은 생산적이지 못하며 징벌로는 건전하고 적절한 성의 표현에 대한 이해의 발전에 도움을 주지 못한다. 또한, 자신과 타인의 사진을 공유하는 것과 같은 위험(사회적, 법적, 심리적 위험을 포함한)에 관해 부모가 아이들을 교육하는 것이 중요하다. 아이와 사랑과 신뢰의 관계를 구축할 때, 이런 어려운 대화를 시도하기가 한결 쉬워진다. 부모는 그걸 잘 조합하여 사춘기, 성, 그리고 관계에 대한 보다 넓은 토론으로 이끌 수 있다. 남자아이를 둔 부모를 위해 추천하는 자료는 앤드루 스마일러Andrew Smiler가 쓴 《데이트와 성, 21세기 십 대 소년을 위한 지침Dating and Sex; A Guide for the 21st century Teen Boy》이 있다. 여자아이의 부모를 위해서는 캐런 레인Karen Rayne의 《소녀: 사랑, 성, 로맨스, 그리고 나 자신 되기GIRL; Love, Sex, Romance, and Being You》를 추천한다.

아이와 성에 관해 이야기한다는 게 종종 어색하고 불편하게 느껴진다는 점을 이해한다. 일부 부모는 이 일을 가족의 가치와 부합하는 성교육 전문가에게 위임할지도 모른다. 이러한 성과 테크놀로지 관련 사안들을 둘러싼 대화와 교육을 적극 지지하며 섹스팅과 포르노에 대해 아이와 대화할 때 다음 사항을 포함하기를 권한다.

- 성적인 생각과 감정은 정상이며 건강한 것이다.
- 스마트폰과 컴퓨터를 통한 성적 이미지 공유는 실제적인 (법적, 사회적)위험을 초래한다.
- 타인을 존중하는 것(예: 서로의 누드 사진 게시나 공유를 요구하지

않는다)은 중요하다.

이런 예민한 사안에 관한 다른 의견들이 존재하는 가운데 우리는 일반적으로 녹색등 단계의 예방 전략을 사용하기를 권장한다. 만약 규제가 지나치게 엄격하다면, 십 대는 이런 비판적 기술을 온전히 개발하지 못할 것이다. 하지만 만약 십 대가 섹스팅과 포르노 시청에 관한 규칙과 제한을 반복적으로 위반한다면, 황색등 또는 적색등 단계로 접어드는 중이다. 이 시점에서 권위형 방식의 틀 내에서 '통제 다이얼'을 올릴 필요가 있다. 온정과 공감을 여전히 유지하는 한편 다음 사항들을 행할 수 있다.

- 제한된 장소에서만 노트북에 접근하게 한다(예: 방 대신 오직 공동의 공간에서만).
- 십 대가 무엇을, 그리고 언제 접근하는지를 제한하기 위해 부모 통제나 앱을 사용한다.
- 십 대가 침실에 둘 수 있는 기기를 엄격하게 제한한다.
- 십 대의 와이파이 접근을 제한한다.
- 자녀의 스마트폰을 잠시 폴더폰으로 교체하는 걸 고려한다.

거듭 말하지만, 다른 덜 제한적인 개입이 십 대의 행동을 바꾸지 못할 때만 그런 통제적 노력을 사용한다. 여전히 협력적인 문제 해결을 시도하는데, 그 이유는 십 대가 궁극적으로는 자신의 행동을 조절할 필요가 있음을 알기 때문이다. 실제적인 관점에서 십 대 초반에서 청년이 되는 중에 만약 그들이 의욕적으로 달려든다면 포르노나 섹스팅 접근을 차단하기란 사실상 불가능하다. 십 대가 대학 진학과 같은 일정 시점에 이르면 실생활이나 온라인상의 일상적 행동을 거의 통제할 수 없다. 자녀를 품 안에서 떠나보내기가 두렵지만, 이런 현실을 받아들이고 또한 관계 형성과 양육 노력이 둥지를 떠나는 십 대를 이끌어줄 긍정적 가치를 심는다는 걸 신뢰해야 한다.

13. 부부가 자녀의 스크린 사용에 대해 서로 의견이 다르다면 어떻게 할까요?

가족의 스크린 타임 사용에 대한 어른들의 의견이 일치한다면 스크린 타임을 둘러싼 경계를 정하고 유지하기가 훨씬 쉽다. 많은 경우 부모들은 배우자의 스크린 타임에 문제가 있다고 느낀다. 부모의 의견이 다를 때는 문제에서 한 걸음 물러나 공동의 가치와 목표를 재조정할 기회를 가져야 한다. 어떻게 가족의 시간을 보내길 원하는가? 무엇이 우리에게 중요한가? 어떻게 아이들의 필요를 가장 잘 충족할 수 있을까? 일단 질문들이 거론되면 부모들은 폭넓은 목표에 부합되는 스크린 타임 사용의 정도에 대해 생각할 수 있다. 상당수 가정에서 타협이 필요할 것이다. 이는 어떻게 서로 다른 의견이 존중되고 해결되는지를 아이들에게 보여줄 기회가 될 수도 있다.

물론 아이 앞에 놓인 다른 가치, 생각, 그리고 제한에 대한 과열 논쟁에 돌입하지 않는 것이 최선이다. 이런 문제들이 정중하게 논의되고 해결되는 것이 중요하다. 만약 그것이 불가능하다면, 가족에게 효율적인 계획을 제시하는 데 도움이 될 부부 상담이나 가족 심리 치료도 시도할 만하다.

14. 스크린 타임을 금지할 때마다 아이가 짜증을 내는데, 좋은 방법이 없을까요?

많은 부모는 나쁜 행동의 결과로써 스크린 타임을 박탈한다. 간혹 이것은 소위 논리적 결과로 나타난다. 예를 들어, 간밤에 지미가 늦게까지 비디오게임을 하느라 숙제를 다 하지 못했다면, 오늘 밤 비디오게임을 할 권리를 취소한다. 이것이 논리적 결과로 간주되는 이유는 문제와 직결되기 때문이다. 부모가 휴대전화와 비디오게임, 인터넷 접근을 빼앗을 때 아이가 화를 내는 건 당연하다. 이런 문제가 재발할 때 부모는 그 결과가 효과적이지 못하다는 귀중한 사실을 터득한다. 효과적인 결과는 원하는 결과를 가져온다(따라서 반복 적용할 필요가 없다).

스크린 특권 박탈로 인한 반복되는 짜증의 양상은 테크 해피 라이프 모델의 황색등 단계인 듯하다. 우리가 다른 각도에서 해결하려고 노력하는 그 문제에 어떻게 접근할지 자문해야 한다. 우리는 그 문제의 발생을 예방할 수 있는가? 아이의 자기 조절 향상을 지원할 수 있는가? 아이가 더 나은 선택을 하도록 격려할 수 있는가? 가능한 시간, 그리고 모두가 차분한 상태에 있을 때, 이런 논의에 아이가 참여하는 것이 중요하다고 생각한다. 가족 구성원들은 현재 체제가 효과가 없다는 공통의 경험을 지니고 있다. 그러므로 이제 더 나은 방법을 찾아 모두가 협력할 때다.

스크린 타임을 뺏겼다고 짜증을 부릴 때 다음의 조처가 도움이 될 수 있다.

- 차분함을 유지한다. 화를 내면, 상황을 더 악화시킬 뿐이다.
- 정서적 유대를 유지하라. 아이는 자신이 통제를 상실할 때도 부모가 온정과 사랑을 유지하고 있음을 알 필요가 있다.
- 아이 눈높이에 맞춰(또는 그보다 더 낮춰) 무릎을 굽히도록 노력한다. 아이가 올려다보는 위치는 긴장을 유발할 수 있지만, 몸의 위치를 낮추면 반대의 효과를 얻을 수 있다.
- 굳은 마음을 유지하라. 우는 아이에게 아이패드를 건네는 것은 혼란스러운 메시지를 준다. 게다가 이는 무심코 짜증을 강화할 수 있다.
- ACT 모델을 사용한다.
- –A(acknowledge) 아이의 감정을 인정한다. (예: "잭, 스크린 타임이 없어져서 네가 화가 많이 났구나.")
- –C(communicate) 제한과 기대에 대해 아이와 대화한다. (예: "네가 스크린 타임을 잃은 거, 나도 정말 안타까워. 하지만 이건 우리가 이미 논의한 결과야. 이게 우리 규칙이라고.")
- –T(target) 대안 활동을 목표로 제시한다. (예: 어제 학교 도서관에서 책을 빌린 거 기억하지? 그걸 읽으면 어떨까?)
- 만약 스크린 타임 상실과 짜증이 둘 다 자주 일어난다면, 그건 뭔가 다른 시도가 필요하다는 분명한 신호다. 다른 몇 가지 가능성을 브레인스토밍한다. 배우자가 있다면 반드시 여기에 참

여시킨다. 또한, 만약 아이가 충분히 이해할 만한 나이라면, 아이도 문제 해결에 협력하도록 한다. 마지막으로, 만약 이런 대안 모두에 지쳤다면 전문적인 도움을 구해야 할 때다.

15. 스크린 타임을 줄이고 친구들과 밖에서 더 많은 시간을 갖도록 어떻게 설득할 수 있을까요?

우리가 어렸을 때, 부모님들은 텔레비전을 너무 많이 보면 해롭다는 논리로 우리를 설득할 수 없었다. 이제 부모가 된 우리가 과도한 스크린 타임이 해롭다고 아이들을 설득할 수 있다고 생각하는가? 우리의 목표는 그들에게 어떤 걸 설득하는 게 아니라 오히려 다양한 경험을 주는 것이어야 한다. 바로 이 지점에서 테크 해피 라이프 모델의 기초와 녹색등 단계가 활약한다. 아이들을 야영장과 수영장으로 데리고 가라. 그들과 공원에서 럭비공을 던져라. 함께 요리 수업을 들어라. 이런 활동들은 재미있고 아이들의 마음을 사로잡으며, 관계를 형성하고 강화하며, 운동과 기술 발전의 기회를 제공할 것이다. 아이들이 무엇이 좋고 무엇이 싫은지에 대해 스스로 결론을 도출할 수 있을 터이므로 부모로서 우리는 그들을 위한 다양한 기회를 마련하는 데 총력을 기울여야 할 것이다.

만약 우리 자신의 스크린 타임을 계속해서 점검하지 않으면, 스크린에 들이는 시간을 줄여야 한다고 아이들을 설득하는 일을 망각할 수 있다는 원리를 거듭 강조한다. 우리가 모범이 되어야 한다. 우리가 변해야 아이들에게서 그런 변화를 기대할 수 있다. 아울러 우리 부모들이 '바르게' 행동할 수 있으며, 아이들은 여전히 바깥보다는 스크린 타임을 강력히 선호한다는 사실을 받아들여야 한다. 하지만 아이들과 강력한 관계를 형성하고 모범을 보이면 우리의 양육이 결국은 아이들의 균형 잡힌 선택에 도움을 준다고 굳게 믿는다.

부록 4

테크 해피 라이프 관련 자료

다음의 도서와 웹사이트들은 완전한 목록은 아니지만, 우리는 그것들이 영감과 정보를 준다고 생각했다. 더 광범위하고 자세한 목록은 테크 해피 라이프 웹사이트의 '관련자료Resources' 페이지에서 확인할 수 있다.

도서 자료

- *Alone Together: Why We Expect More from Technology and Less from Each Other* by Sherry Turkle(역서:《외로워지는 사람들: 테크놀로지가 인간관계를 조정한다》, 셰리 터클 저, 이은주 역, 청림출판, 2012)
- *Reclaiming Conversation: The Power of Talk in a Digital Age* by Sherry Turkle(역서:《대화를 잃어버린 사람들: 온라인 시대에 혁신적

마인드를 기르는 대화의 힘》, 셰리 터클 저, 황소연 역, 민음사, 2018)

- *Moral Combat: Why the War on Violent Video Games Is Wrong* by Patrick M. Markey and Christopher J. Ferguson(역서: 《모럴컴뱃: 게임 중독과 게임의 폭력성을 둘러싼 잘못된 전쟁》, 크리스토퍼 퍼거슨 외 저, 나보라 역, 스타비즈, 2021)
- *The Shallows: What the Internet Is Doing to Our Brains* by Nicholas Carr(역서: 《생각하지 않는 사람들: 인터넷이 우리의 뇌 구조를 바꾸고 있다》, 니콜라스 카 저, 최지향 역, 청림출판, 2015)
- *Utopia Is Creepy and Other Provocations* by Nicholas Carr
- *Reality Is Broken: Why Games Make Us Better and How They Can Change the World* by Jane McGonigal
- *The Cyber Effect: A Pioneering Cyberpsychologist Explains How Human Behavior Changes Online* by Mary Aiken(역서: 《사이버 범죄에 로그인 되었습니다: 전 세계 사이버심리학 1인자가 말하는 충격 범죄 실화》, 메리 에이킨 저, 에이트 포인트, 2017)
- *Supernormal Stimuli: How Primal Urges Overran Their Evolution-ary Purpose* by Deidre Barret(역서: 《인간은 왜 위험한 자극에 끌리는가: 초정상 자극을 선호하는 인간본능의 비밀》, 디어드리 배럿 저, 감한영 역, 이순, 2011)
- *The Big Disconnect: Protecting Childhood and Family Relation-ships in the Digital Age* by Catherine Steiner-Adair and Teresa H. Barker
- *It's Complicated: The Social Lives of Networked Teens* by Danah

Boyd(역서:《소셜 시대 십 대는 소통한다: 네트워크화된 세상에서 그들은 어떻게 소통하는가》, 다나 보이드 저, 지하늘 역, 처음북스, 2014)

- *The Distracted Mind: Ancient Brains in a High-Tech World* by Adam Gazzaley and Larry D. Rosen
- *Hooked: How to Build Habit-Forming Products*(역서:《훅, 습관을 만드는 신제품 개발 모형》, 니르 이얄, 라이언 후버 저, 조자현 역, 리더스북, 2014)
- *Irresistible: The Rise of Addictive Technology and the Business of Keeping Us Hooked* by Adam Alter(역서:《멈추지 못하는 사람들: 무엇이 당신을 끊임없이 확인하고 검색하게 만드는가》, 애덤 알터 저, 홍지수 역, 부키, 2019)
- *The Whole Brain Child: 12 Revolutionary Strategies to Nurture Your Child's Developing Mind* by Daniel J. Siegel and Tina Payne Bryson(역서:《아직도 내 아이를 모른다: 툭하면 상처 주는 부모에게 '아이의 뇌'가 하고 싶은 말》, 대니얼 J. 시겔, 티나 페인 브라이슨 저, 김아영 역, 알에이치코리아, 2020)
- *No Drama Discipline: The Whole Brain Way to Calm the Chaos and Nurture Your Child's Developing Mind* by Daniel J. Siegel and Tina Payne Bryson(역서:《십 대의 두뇌는 희망이다: 혼란을 넘어 창의로 가는 위대한 힘》. 대니얼 J. 시겔 저. 최욱림 역, 처음북스, 2014)
- *For Parents and Teenagers: Dissolving the Barrier Between You and Your Teen* by William Glasser
- *How Children Succeed: Grit, Curiosity, and the Hidden Power of*

Character by Paul Tough(역서: 《아이는 어떻게 성공하는가: 뚝심 호기심 자제력 그리고 숨겨진 성격의 힘》, 폴 터프 저, 권기대 역, 베가북스, 2013)

온라인 자료

- 코먼센스 미디어Common Sense Media www.commonsens-media.org
- 오락소프트웨어 등급위원회Entertainment Software Rating Board www.esrb.org
- 미국심리학회American Psychological Association http://apa.org/helpcenter/digital-guidelines.aspx
- 미국소아과학회American Academy of Pediatrics www.healthychildren.org/MediaUsePlan
- 미국 심장, 폐, 혈액 연구원National Heart, Lung, and Blood Institute www.nhlbi.nih.gov/health/educational/wecan/toolsresources/tools-reduce-screen-time.htm
- 스크린에이저스: 디지털 시대에서 자라다Screenagers: Growing Up in the Digital Age http://www.screenagersmovie.com/
- 비영리 아동 캠페인 및 아동기 연맹 The Campaign for a Commercial-Free Childhood and the Alliance for Childhood http://www.alliancefor-childhood.org/sites/allianceforchildhood.org/files/file/FacingtheScreenDilemma.pdf
- 99u: http://99u.com/articles/6969/10-Online-Tools-for-Better-Attention-Focus

마이크 브룩스

먼저 지난 수년간 사랑과 지지를 보여준 나의 멋진 아내 커스틴에게 감사한다. 여보! 정말이지 난 당신 없인 해내지 못했을 거요. 우리 가족의 테크놀로지 사용의 균형에 관한 가르침은 물론이고 즐거움을 선사하는 나의 세 아들, 아처, 카이, 토벤에게도 고마움을 전하고 싶다. 테크놀로지 사용의 균형이란 움직이는 목표물이다! 좋은 친구이자 공동 집필자인 존 래서 박사, 이 프로젝트를 가능케 해주어 고맙네! 참 대단한 여정이었어! 본 프로젝트를 다방면으로 도와준 멋진 네 사람, 캐롤린 필립스, 브리아나 부루킬라치오, 로라 프레임 박사, 크리스틴 비어스 박사에게 특별한 감사의 말을 전한다. 모두 굉장했어요! 사랑스러운 여동생 에이미 맥앤드루, 도움을 주어, 그리고 그저 좋은 동생이 되어준 것으로도 고마워! 이 프로젝트를 끝까지 지지하고 귀중한 자료와 피드백을 제공한 오스틴심리평가센터ApaCenter의 여러 동료에게도 감사한다. 오랜 세월 나의 절친한 친구가 되어준 톰 리처드슨에게 감사한다. 인생에서 가장 중요한 것이 무엇인지 일깨우는 기반을 마련하신 부모님께 감사드린다. 두 분도 진심으로 이 책의 출간을 기뻐하시리라 믿어요! 지난 세월 저의 멘토이자 스승이 되어주신 많은 분들, 특히 영감과 지지를 주신 다이앤 샬러트 박사와 데버라 타린저 박사에게 감사드린다. 마지막으로, 지금껏 내가 즐기고 관람했던 그 모든 비디오게임과 공상과학 및 판타지 영상물 제작자들에게 감사한다. 스크린이 주는 즐거움도 크지만, 그 경험은 공유될 때 최고다! 힘을 내시길 바란다! 장수와 번영도 함께 하길! 노스는 기억한다!

존 래서

가족의 테크놀로지 사용 전반에 관한 연구 기반의 지침을 제공하는 책을 쓰는 일은 특이하면서도 버거운 도전이다. 나 혼자였다면 절대 손대지 않았을 과업이었다. 내 친구이자 공동 집필자인 마이크 브룩스 박사에게 감사한다. 원고에 대한 검토와 피드백과 교정을 위해 시간을 내준 내 최고의 친구이자 아내인 일리사 포스터에게도 감사하고 싶다. 두 딸 재스민과 세이지는 중년 남성인 내가 놓쳤을 법한 청소년의 관점에서 나온 통찰을 나눠 주었다. 기사와 논문을 찾는 지루한 일의 상당수는 대학원 조교인 바비 데번포트와 미셸 몬세리트의 몫이었고 그들의 도움에 무한히 감사한다. 제안 단계부터 마치는 순간까지 내내 우리와 함께 작업했던 편집자 겸 자문관 새러 해링턴에게 지대한 도움을 받았으며 그녀의 인도와 도움이 없었다면 이 책은 빛을 볼 수 없었을 것이다. 마지막으로 이 험난한 바다를 통과할 방안을 고심하는 중에 겪었던 투쟁과 성공담을 우리에게 나누어 준 수많은 가족과 교사들에게 감사한다. 힘찬 전진을 기원한다!

주

1장

1. American Academy of Pediatrics. (2016). Media and young minds.Pediatrics, 138, 1–8.
2. Common Sense Media. (2013). Zero to eight: Children's media use in America 2013. San Francisco, CA: Victoria Rideout.
3. Harris Interactive. (2014). Pearson student mobile device survey. NationalReport: Students in grades 4–12. New York, NY: Pearson.
4. Tandon, P. S., Zhou, C., Lozano, P., & Christakis, D. A. (2011). Preschoolers' total daily screen time at home and by type of child care. The Journal of Pediatrics, 158(2), 297–300.
5. Pew Research Center. (2015). Teen, social media and technology overview 2015. Washington, DC: Amanda Lenhart. Retrieved from http:// www.pewinternet.org/ files/ 2015/ 04/ PI_ TeensandTech_ Update2015_ 0409151.pdf
6. Amanda Lenhart. (2012, March 19). Teens, smartphones & texting. Retrieved from http:// www.pewinternet.org/ 2012/ 03/ 19/ teens-smartphones-texting/
7. Felt, L. J., & Robb, M. B. (2016). Technology addiction: Concern, controversy, and finding a balance. San Francisco, CA: Common Sense Media; 2016.
8. McAfee. (2013). McAfee digital deception study 2013: Exploring the online disconnect between parents and pre-teens, teens, and young adults. Santa Clara, CA. Retrieved from http:// boletines.prisadigital.com/ rp_ digital_deception_ survey.pdf 272 | Notes
9. Sabina, C., Wolak, J., & Finkelhor, D. (2008). The nature and dynamics of Internet pornography exposure for youth. CyberPsychology & Behavior, 11(6), 691–693.
10. Dumoucel, C. (September 2, 2010). Cultural theorist Paul Virilio has been repeating essentially the same thing over and over again for nearly 30 years. Maybe it's time for everybody to start listening to him. Vice. Retrieved from https:// www.vice.com/ en_ us/ article/ qbzbn5/ paul-virilio-506-v17n9
11. Felt, L. J., & Robb, M. B. (2016). Technology addiction: Concern, controversy, and finding a balance. San Francisco, CA: Common Sense Media; 2016.
12. Shoeppe, S., Vandelanotte, C., Bere, E., Lien, N., Verlonigne, M., Kovács, E., … & Van Lippevelde, W. (2017). The influence of parental modelling on children's physical activity and screen time: Does it differ by gender? European Journal of Public Health, 27, 152–157.

13. Vaala, S. E., & Bleakley, A. (2015). Monitoring, mediating, and modeling: Parental influence on adolescent computer and Internet use in the United States. Journal of Children and Media, 9(1), 40–57. 14. Boileau, I., Payer, D., Chugani, B., Lobo, D., Behzadi, A., Rusjan, P. M., … Zack, M. (2013). The D2/ 3 dopamine receptor in pathological gambling: A positron emission tomography study with [11C]-(+)-propylhexahydro-naphtho-oxazin and [11C] raclopride. Addiction, 108(5), 953–963.
15. Sigman, A. (2012) Time for a view on screen time. Archives of Disease in Childhood, 97, 935–942.
16. Love, T., Laier, C., Brand, M., Hatch, L., & Hajela, R. (2015). Neuroscience of Internet pornography addiction: A review and update. Behavioral Sciences, 5(3), 388–433. doi: 10.3390/ bs5030388
17. Banz, B. C., Yip, S. W., Yau, Y. H., & Potenza, M. N. (2016). Behavioral addictions in addiction medicine: from mechanisms to practical considerations. Progress in Brain Research, 223, 311–328.
18. Caunt, B. S., Franklin, J., Brodaty, N. E., & Brodaty, H. (2013). Exploring the causes of subjective well-being: A content analysis of peoples' recipes for long-term happiness. Journal of Happiness Studies, 14(2), 475–499.
19. Stone, L. (2005). Linda Stone's blog. Retrieved from http:// www.lindastone.net/20. Mojtabai, R., Olfson, M., & Han, B. (2016). National trends in the prevalence and treatment of depression in adolescents and young adults. Pediatrics, 138 (6), 1–10. Notes | 273
21. Child Mind Institute. (2015). Children's Mental Health Report. Retrieved from https:// childmind.org/ 2015-childrens-mental-health-report/
22. Przybylski, A. K., & Weinstein, N. (2013). Can you connect with me now? How the presence of mobile communication technology influences face-toface conversation quality. Journal of Social and Personal Relationships, 30(3), 237–246. https:// doi.org/ 10.1177/ 0265407512453827
23. Misra, S., Cheng, L., Genevie, J., & Yuan, M. (2016). The iPhone effect: The quality of in-person social interactions in the presence of mobile devices. Environment and Behavior, 48(2), 275–298.
24. Schrobsdorff, S. (October 27, 2016). Teen depression and anxiety: Why the kids are not alright. Time Magazine, 188(19). Retrieved from http:// time.com/ magazine/ us/ 4547305/ november-7th-2016-vol-188-no-19-u s/
25. DeVore, E. R., & Ginsburg, K. R. (2005). The protective effects of good parenting on adolescents. Current Opinion in Pediatrics, 17(4), 460–465.
26. Leung, J. P., & Leung, K. (1992). Life satisfaction, self-concept, and relationship with parents in adolescence. Journal of Youth and Adolescence, 21(6), 653–665.
27. Lin, C. H., Lin, S. L., & Wu, C. P. (2009). The effects of parental monitoring and

leisure boredom on adolescents' Internet addiction. Adolescence, 44(176), 993.
28. Vaala, S. E., & Bleakley, A. (2015). Monitoring, mediating, and modeling: Parental influence on adolescent computer and Internet use in the United States. Journal of Children and Media, 9(1), 40–57.
29. Joussemet, M., Landry, R., & Koestner, R. (2008). A self-determination theory perspective on parenting. Canadian Psychology/ Psychologie canadienne, 49(3), 194.
30. Turnock, B. J. (2015). Public health: What it is and why it works. Burlington, MA: Jones & Bartlett Learning.

2장

1. Experts Exchange. Processing power compared: Visualizing a 1 trillion-fold increase in computing performance. Retrieved from http:// pages.expertsexchange.com/ processing-power-compared/
2. Marr, R. (2014). To the moon and back on 4K of memory. Metro Weekly, Washington, DC. Retrieved from http:// www.metroweekly.com/ 2014/ 07/ to-the-moon-and-back-on-4kb-of-memory/274 | Notes
3. iPhone X benchmarks. Retrieved from https:// browser.geekbench.com/ios_ devices/ 52
4. Richter, D., Grün, R., Joannes-Boyau, R., Steele, T. E., Amani, F., Rué, M., … Hublin, J. J. (2017). The age of the hominin fossils from Jebel Irhoud, Morocco, and the origins of the Middle Stone Age. Nature, 546(7657), 293–296.
5. Computer History Museum (2017). Timeline of computer history. Retrieved from http:// www.computerhistory.org/ timeline/ computers/
6. Reagan, R. (1989, June 14). The Guardian.
7. Domonoske, C. (2017, July 17). Elon Musk warns governors: Artificial intelligence poses "existential risk." National Public Radio. Retrieved from http:// www.npr.org/ sections/ thetwo-way/ 2017/ 07/ 17/ 537686649/elon-musk-warns-governors-artificial-intelligence-poses-existential-risk
8. Carrington, D. (2016). Three-quarters of UK children spend less time outdoors than prison inmates: Survey. Retrieved from https:// www.theguardian.com/ environment/ 2016/ mar/ 25/ three-quarters-of-uk-children-spend-lesstime-outdoors-than-prison-inmates-survey
9. Bragg, R., Wood, C., Barton, J., & Pretty, J. (2013). Measuring connection to nature in children aged 8–12: A robust methodology for the RSPB [Epublication]. Retrieved from https:// www. rspb. org. uk/ Images/ methodology-report_ tcm9-354606. pdf
10. Lovely, S. (2016). People spend more than twice as much time on Netflix as with friends. CordCutting. Retrieved from https:// cordcutting.com/people-spend-more-

han-twice-as-much-time-on-netflix-as-with-friends/

11. Berger, A. (2011). Self-regulation: Brain, cognition, and development. Washington, DC: American Psychological Association.
12. Vohs, K. D., & Baumeister, R. F. (2004). Understanding self-regulation. In R. F. Baumeister & K. D. Vohs (Eds.), Handbook of self-regulation: Research, theory, and applications (p. 3). New York, NY: Guilford Press.
13. Spiegel, A. (2008, February 21). Old fashioned play builds serious skill. National Public Radio [Podcast]. Retrieved from http:// www.npr.org/templates/ story/ story.php?storyId=19212514
14. Ivanova, E. F. (2000). The development of voluntary behavior in preschoolers: Repetition of Z. V. Manuiolenko's experiments. Journal of Russian & East European Psychology, 38(2), 6–21. doi: 10.2753/ RPO1061-040538026 Notes | 275
15. Berk, L. & Meyers, A. (2013). The role of make-believe play in the development of executive function: status of research and future directions. American Journal of Play, 6(1), 98–110.
16. Gray, P. (2011). The decline of play and the rise of psychopathology in children and adolescents. American Journal of Play, 3(4), 443–463.
17. Granic, I., Lobel, A., Engs, R. C. M. E. (2014). The benefits of playing video games. American Psychologist, 69(1), 66–78.
18. Neff, K. (2003). Self-compassion: An alternative conceptualization of a ealthy attitude toward oneself. Self and Identity, 2(2), 85 –101.
19. McGonigal, K. (2012). The willpower instinct: How self-control works, why it matters, and what you can do to get more of it. New York: Avery.
20. Marvin, C. (1990). When old technologies were new: Thinking about electric communication in the late nineteenth century. Oxford: Oxford University Press.
21. Prater, D., & Miller, S. (2002). We shall soon be nothing but transparent heaps of jelly to each other. A Journal of Media and Culture, 5(2). Retrieved from http:// www.media-culture.org.au/ 0205/ transparent.php
22. Kardaras, N. (2016, August 27). It's "digital heroin": How screens turn kids into psychotic junkies. New York Post, 27. Retrieved from http:// blog.wsd.net/ aharris/ files/ 2016/ 08/ 0.2.4-Digital-Cocaine-Article.docx
23. Waldinger, R., & Schulz, M. (2010). What's love got to do with it? Social functioning, perceived health, and daily happiness in married octogenarians. Psychology of Aging, 25(2), 422–431.

3장

1. Sustainable Development Solutions Network. (2015). World happiness report: 2015.

New York, NY: Helliwell, J., Layard, R., & Sachs, J.
2. Mojtabai, R., Olfson, M., & Han, B. (2016). National trends in the prevalence and treatment of depression in adolescents and young adults. Pediatrics, 138(6), e20161878.
3. Kantor, E. D., Rehm, C. D., Haas, J. S., Chan, A. T., & Giovannucci, E. L.(2015). Trends in prescription drug use among adults in the United States from 1999–2012. JAMA, 314(17), 1818.
4. Curtin, S. C., Warner, M., & Hedegaard, H. (2016). Increase in suicide in the United States, 1999–2014. NCHS Data Brief, 241, 1–8. 276 | Notes
5. Rothman, L. (2016, July 1). Exclusive: New "Happiness Index" number reveals how Americans feel right now. Time. Retrieved from http:// time.com/4389726/ harris-poll-happiness-index-2016/
6. Sachs, J. (2017). Restoring American happiness. In J. Helliwell, R. Layard, & J. Sachs (Eds.), World happiness report 2017. New York: Sustainable Development Solutions Network.
7. Curtin, S. C., Warner, M., & Hedegaard, H. (2016). Increase in suicide in the United States, 1999–2014. NCHS Data Brief, 241, 1–8.
8. San Diego State University. (2015, November 5). Adults' happiness on the decline in US: Researchers found adults over age 30 are not as happy as they used to be, but teens and young adults are happier than ever. Science Daily. Retrieved from https:// www.sciencedaily.com/ releases/ 2015/ 11/151105143547.htm
9. Bottan, N. L., & Truglia, R. P. (2011). Deconstructing the hedonic treadmill: Is happiness autoregressive? The Journal of Socio-Economics, 40(3), 224–236.
10. Ying, Y. U., & Fengjie, J. I. N. G. (2016). Development and application of the hedonic adaptation theory. Advances in Psychological Science, 24(10), 1663–1669.
11. Gergen, K. J. (2002). The challenge of absent presence. In J. E. Katz & M. Aakhus (Eds), Perpetual contact: Mobile communication, Private talk, Public Performance (pp. 227–214). Cambridge: Cambridge University Press.
12. Turkle, S. (2012). Alone together: Why we expect more from technology and less from each other. New York: Basic Books.
13. National Sleep Foundation recommends new sleep times. (2015). Retrieved from https:// sleepfoundation.org/ press-release/ national-sleepfoundation-recommends-new-sleep-times
14. Emsellem, H. A., Knutson, K. L., Hillygus, D. S., Buxton, O. M., Montgomery-Downs, H., LeBourgeois, M. K., & Spilsbury, J. (2014). 2014 sleep in America poll: Sleep in the modern family. Sleep Health, 1(2), 13e.
15. Hale, L., & Guan, S. (2015). Screen time and sleep among school-aged children and adolescents: A systematic literature review. Sleep Medicine Reviews, 21, 50–58.
16. Thomas, M., Sing, H., Belenky, G., Holcomb, H., Mayberg, H., Dannals, R., ...

Welsh, A. (2000). Neural basis of alertness and cognitive performance Notes | 277 impairments during sleepiness. I. Effects of 24 h of sleep deprivation on waking human regional brain activity. Journal of Sleep Research, 9(4), 335–352.
17. Chang, A. M., Aeschbach, D., Duffy, J. F., & Czeisler, C. A. (2015). Evening use of light-emitting eReaders negatively affects sleep, circadian timing, and next-morning alertness. Proceedings of the National Academy of Sciences, 112(4), 1232–1237.
18. Wood, B., Rea, M. S., Plitnick, B., & Figueiro, M. G. (2013). Light level and duration of exposure determine the impact of self-luminous tablets on melatonin suppression. Applied Ergonomics, 44(2), 237–240.
19. Dworak, M., Schierl, T., Bruns, T., & Strüder, H. K. (2007) Impact of singular excessive computer game and television exposure on sleep patterns and memory performance of school-aged children. Pediatrics, 120, 978–985.
20. King, D. L., Gradisar, M., Drummond, A., Lovato, N., Wessel, J., Micic, G., ... Delfabbro, P. (2013). The impact of prolonged violent video-gaming on adolescent sleep: An experimental study. Journal of Sleep Research, 22(2), 137–143. 21. White, R. L., Babic, M. J., Parker, P. D., Lubans, D. R., Astell-Burt, T., & Lonsdale, C. (2017). Domain-specific physical activity and mental health: A meta-analysis. American Journal of Preventive Medicine, 52, 653-666. doi: 10.1016/ j.amepre.2016.12.008
22. Mischel, W., Shoda, Y., & Rodriguez, M. L. (1989). Delay of gratification in children. Science, 244(4907), 933–938. doi: 10.1126/ science.2658056 23. Duckworth, A. L., Tsukayama, E., & Kirby, T. A. (2013). Is it really selfcontrol? Examining the predictive power of the delay of gratification task. Personality and Social Psychology Bulletin, 39(7), 843–855. doi: 10.1177/0146167213482589
24. Story, G. W., Vlaev, I., Seymour, B., Darzi, A., & Dolan, R. J. (2014). Does temporal discounting explain unhealthy behavior? A systematic review and reinforcement learning perspective. Frontiers in Behavioral Neuroscience, 8, 76. doi: 10.3389/ fnbeh.2014.00076
25. Rosen, L. D., Whaling, K., Rab, S., Carrier, L. M., & Cheever, N. A. (2013). Is Facebook creating "iDisorders"? The link between clinical symptoms of psychiatric disorders and technology use, attitudes and anxiety. Computers in Human Behavior, 29(3), 1243–1254.
26. Rosen, L. D., Lim, A. F., Felt, J., Carrier, L. M., Cheever, N. A., Lara-Ruiz, J. M., ... Rokkum, J. (2014). Media and technology use predicts ill-being among 278 | Notes children, preteens and teenagers independent of the negative health impacts of exercise and eating habits. Computers in Human Behavior, 35, 364–375.
27. Schwartz, B. (2004, January). The paradox of choice: Why more is less. New York: Ecco. 28. Schwartz, B. (2005). The paradox of choice. Retrieved from https:// www.ted.com/ talks/ barry_ schwartz_ on_ the_ paradox_ of_ choice
29. Iyengar, S., & Lepper, M. (2000). When choice is demotivating: Can one desire too

much of a good thing? Journal of Personality and Social Psychology, 79, 995–1006.
30. Przybylski, A. K., Murayama, K., DeHaan, C. R., & Gladwell, V. (2013). Motivational, emotional, and behavioral correlates of fear of missing out. Computers in Human Behavior, 29(4), 1841–1848.
31. Przybylski, A. K., Murayama, K., DeHaan, C. R., & Gladwell, V. (2013). Motivational, emotional, and behavioral correlates of fear of missing out. Computers in Human Behavior, 29(4), 1841–1848.
32. Martin, T. L., Yu, C. T., Martin, G. L., & Fazzio, D. (2006). On choice, preference, and preference for choice. The Behavior Analyst Today, 7(2), 234–241. doi: 10.1037/h0100083
33. Gilbert, D. T., & Wilson, T.D. (2000). Miswanting: Some problems in the forecasting of future affective states. In J.P. Forgas (Ed.), The role of affect in social cognition (178-197). Cambridge: Cambridge University Press.
34. Vohs, K. D., Baumeister, R. F., Schmeichel, B. J., Twenge, J. M., Nelson, N. M., & Tice, D. M. (2008). Making choices impairs subsequent selfcontrol: A limited resource account of decision making, self-regulation, and active initiative. Motivation Science, 1(S), 19–42. http:// dx.doi.org/ 10.1037/2333-8113.1.S.19
35. Vohs, K. D., Baumeister, R. F., Schmeichel, B. J., Twenge, J. M., Nelson, N. M., & Tice, D. M. (2014). Making choices impairs subsequent selfcontrol: A limited-resource account of decision making, self-regulation, and active initiative. Motivation Science, 1(S), 19–42. http:// dx.doi.org/ 10.1037/2333-8113.1.S.19
36. Vohs, K. D., Baumeister, R. F., Schmeichel, B. J., Twenge, J. M., Nelson, N. M., & Tice, D. M. (2014). Making choices impairs subsequent selfcontrol: A limited-resource account of decision making, self-regulation, and active initiative. Motivation Science, 1(S), 19–42. http:// dx.doi.org/ 10.1037/2333-8113.1.S.19 Notes | 279
37. Lyubomirsky, S., & Ross, L. (1997). Hedonic consequences of social comparison: A contrast of happy and unhappy people. Journal of Personality and Social Psychology, 73(6), 1141.
38. Tandoc, E. C., Ferrucci, P., & Duffy, M. (2015). Facebook use, envy, and depression among college students: Is facebooking depressing? Computers in Human Behavior, 43, 139–146.
39. Keng, S. L., Smoski, M. J., & Robins, C. J. (2011). Effects of mindfulness on psychological health: A review of empirical studies. Clinical Psychology Review, 31(6), 1041–1056.
40. Morelli, S. A., & Lieberman, M. D. (2013). The role of automaticity and attention in neural processes underlying empathy for happiness, sadness, and anxiety. Frontiers in Human Neuroscience, 7, 160. doi: 10.3389/fnhum.2013.00160
41. Weinstein, N., Brown, K. W., & Ryan, R. M. (2009). A multi-method examination of the effects of mindfulness on stress attribution, coping, and emotional well-being.

Journal of Research in Personality, 43(3), 374–385.
42. Buser, T., & Peter, N. (2012). Multitasking. Experimental Economics, 15(4), 641–655.
43. Pea, R., Nass, C., Meheula, L., Rance, M., Kumar, A., Bamford, H., … Zhou, M. (2012). Media use, face-to-face communication, media multitasking, and social well-being among 8-to 12-year-old girls. Developmental Psychology, 48(2), 327.
44. Rosen, L., Whaling, K., Rab, S., Carrier, L., & Cheever, N. (2013). Is Facebook creating "iDisorders"? The link between clinical symptoms of psychiatric disorders and technology use, attitudes and anxiety. Computers in Human Behavior, 29, 1243–1254. doi: 10.1016/ j.chb.2012.11.012
45. Isikman, E., MacInnis, D. J., Ülkümen, G., & Cavanaugh, L. A. (2016). The effects of curiosity-evoking events on activity enjoyment. Journal of Experimental Psychology: Applied, 22(3), 319.
46. Sanbonmatsu, D. M., Strayer, D. L., Medeiros-Ward, N., & Watson, J. M. (2013). Who multi-tasks and why? Multi-tasking ability, perceived multitasking ability, impulsivity, and sensation seeking. PloS One, 8(1), e54402.
47. Ward, A. F., Duke, K., Gneezy, A., & Bos, M. W. (2017). Brain drain: The mere presence of one's own smartphone reduces available cognitive capacity. Journal of the Association for Consumer Research, 2, n.p. Published online. Retrieved from http:// dx.doi.org/ 10.1086/ 691462280 | Notes
48. Sanbonmatsu, D. M., Strayer, D. L., Medeiros-Ward, N., & Watson, J. M. (2013). Who multi-tasks and why? Multi-tasking ability, perceived multitasking ability, impulsivity, and sensation seeking. PloS One, 8(1), e54402.
49. Csikszentmihalyi, M. (2014). Flow and the foundations of positive psychology (pp. 209–226). Dordrecht: Springer.
50. Duke, É., & Montag, C. (2017). Smartphone addiction and beyond: Initial insights on an emerging research topic and its relationship to Internet addiction. In C. Montag & M. Reuter (Eds.), Internet Addiction (pp. 359–372). Dordrecht: Springer International Publishing.
51. Holder, M. D., & Coleman, B. (2009). The contribution of social relationships to children's happiness. Journal of Happiness Studies, 10(3), 329–349.
52. Turkle, S. (2012). Alone together: Why we expect more from technology and less from each other. New York: Basic Books.
53. Harlow, H. F., & Zimmermann, R. R. (1959). Affectional response in the infant monkey. Science, 130(3373), 421–432.
54. Fox, N. A., Almas, A. N., Degnan, K. A., Nelson, C. A., & Zeanah, C. H. (2011). The effects of severe psychosocial deprivation and foster care intervention on cognitive development at 8 years of age: Findings from the Bucharest Early Intervention Project. Journal of Child Psychology and Psychiatry, 52(9), 919–928.
55. Robson, K. S. (1967). The role of eye-to-eye contact in maternal-infant attachment.

Journal of Child Psychology and Psychiatry, 8(1), 13–25.
56. Else-Quest, N. M., Hyde, J. S., & Clark, R. (2003). Breastfeeding, bonding, and the mother-infant relationship. Merrill-Palmer Quarterly, 49(4), 495–517.
57. Field, T. (2010). Touch for socioemotional and physical well-being: A review. Developmental Review, 30(4), 367–383.
58. Roelofs, J., Meesters, C., ter Huurne, M., Bamelis, L., & Muris, P. (2006). On the links between attachment style, parental rearing behaviors, and internalizing and externalizing problems in non-clinical children. Journal of Child and family Studies, 15(3), 319.
59. Denworth, L. (2016, May 1). The biological blessings of friendship. Retrieved from https:// www.scientificamerican.com/ article/ thebiological-blessings-of-friendship/
60. Tough, P. (2013). How children succeed. New York: Random House. Notes | 281
61. Kross, E., Berman, M. G., Mischel, W., Smith, E. E., & Wager, T. D. (2011). Social rejection shares somatosensory representations with physical pain. Proceedings of the National Academy of Sciences, 108(15), 6270–6275.
62. Turkle, S. (2015). Reclaiming conversation: The power of talk in a digital age. New York: Penguin.
63. Morelli, S. A., & Lieberman, M. D. (2013). The role of automaticity and attention in neural processes underlying empathy for happiness, sadness, and anxiety. Frontiers in Human Neuroscience, 7, 160. doi: 10.3389/fnhum.2013.00160
64. Pea, R., Nass, C., Meheula, L., Rance, M., Kumar, A., Bamford, H., … Zhou, M. (2012). Media use, face-to-face communication, media multitasking, and social well-being among 8-to 12-year-old girls. Developmental Psychology, 48(2), 327.
65. Neuman, S. B. (1988). The displacement effect: Assessing the relation between television viewing and reading performance. Reading Research Quarterly, 23, 414–440.
66. Kayany, J. M., & Yelsma, P. (2000). Displacement effects of online media in the socio-technical contexts of households. Journal of Broadcasting & Electronic Media, 44(2), 215–229.
67. Denworth, L. (2016, May 1). The biological blessings of friendship. Retrieved from https:// www.scientificamerican.com/ article/ thebiological-blessings-of-friendship/
68. Dunbar, R. I. (1992). Neocortex size as a constraint on group size in primates. Journal of Human Evolution, 22(6), 469–493.
69. Vitousek, P. M., Mooney, H. A., Lubchenco, J., & Melillo, J. M. (1997). Human domination of Earth's ecosystems. Science, 277(5325), 494–499.
70. McCright, A. M., & Dunlap, R. E. (2011). The politicization of climate change and polarization in the American public's views of global warming, 2001–2010. The Sociological Quarterly, 52(2), 155–194.
71. Why our brains weren't made to deal with climate change. (2016, April 19). Retrieved

from http:// www.npr.org/ 2016/ 04/ 18/ 474685770/ why-ourbrains-werent-made-to-deal-with-climate-change

72. Moser, S. C. (2010). Communicating climate change: History, challenges, process and future directions. Wiley Interdisciplinary Reviews: Climate Change, 1(1), 31–53. 282 | Notes
73. Tudor-Locke, C., & Bassett, D. R. (2004). How many steps/ day are enough?. Sports Medicine, 34(1), 1–8.
74. Raichlen, D. A., Pontzer, H., Harris, J. A., Mabulla, A. Z., Marlowe, F. W., Josh Snodgrass, J., . . . Wood, B. M. (2016). Physical activity patterns and biomarkers of cardiovascular disease risk in hunter-gatherers. American Journal of Human Biology, 29, 1–13.
75. O'Keefe, J. H., Vogel, R., Lavie, C. J., & Cordain, L. (2011). Exercise like a hunter-gatherer: A prescription for organic physical fitness. Progress in Cardiovascular Diseases, 53(6), 471–479.
76. Ergotron, Inc. (2013). JustStand Survey and Index Report. St. Paul, MN. Retrieved from http:// www.juststand.org/ wp-content/ uploads/ 2017/ 05/SurveyIndexReport.pdf
77. Diaz, K. M., Howard, V. J., Hutto, B., Colabianchi, N., Vena, J. E., Safford, M. M., … Hooker, S. P. (2017). Patterns of sedentary behavior and mortality in US middle-aged and older adults: A national cohort study. Annals of Internal Medicine, 167, 465–475.
78. Kim, I. Y., Park, S., Chou, T. H., Trombold, J. R., & Coyle, E. F. (2016). Prolonged sitting negatively affects the postprandial plasma triglyceridelowering effect of acute exercise. American Journal of Physiology-Endocrinology and Metabolism, 311(5), E891–E898.
79. O'Keefe, J. H., Vogel, R., Lavie, C. J., & Cordain, L. (2011). Exercise like a hunter-gatherer: A prescription for organic physical fitness. Progress in Cardiovascular Diseases, 53(6), 471–479.
80. O'Keefe, J. H., Vogel, R., Lavie, C. J., & Cordain, L. (2010). Achieving hunter-gatherer fitness in the 21(st) century: Back to the future. The American Journal of Medicine, 123(12), 1082–1086. https:// doi.org/ 10.1016/ j.amjmed. 2010.04.026
81. Lieberman, D. (2014). The story of the human body: Evolution, health, and disease. New York: Vintage Books.
82. Shaw, C., & Ryan, T. (2014). Hunter-gatherer past shows our fragile bones result from physical inactivity since the invention of farming. Cambridge: Cambridge University Press.
83. O'Keefe, J. H., Vogel, R., Lavie, C. J., & Cordain, L. (2010). Achieving hunter-gatherer fitness in the 21st century: Back to the future. The American Journal of Medicine, 123(12), 1082–1086. Notes | 283

84. Gazzaley, A., & Rosen, L. D. (2016). The distracted mind: Ancient brains in a high-tech world. Cambridge, MA: MIT Press.

4장

1. Yildirim, C., & Correia, A. P. (2015, August). Understanding nomophobia: A modern age phobia among college students. In: Zaphiris P., Ioannou A. (Eds.), International Conference on Learning and Collaboration Technologies (pp. 724–735). Cham: Springer.
2. Ryan, R. M., & Deci, E. L. (2017). Self-determination theory: Basic psychological needs in motivation, development, and wellness. New York: Guilford Press.
3. Di Domenico, S. I., & Ryan, R. M. (2017). The emerging neuroscience of intrinsic motivation: A new frontier in self-determination research. Frontiers in Human Neuroscience, 11, 145. http:// doi.org/ 10.3389/ fnhum.2017.00145
4. Ardiel, E. L., & Rankin, C. H. (2010). The importance of touch in development. Paediatrics & Child Health, 15(3), 153–156.
5. Gallace, A., & Spence, C. (2010). The science of interpersonal touch: An overview. Neuroscience & Biobehavioral Reviews, 34(2), 246–259.
6. Haughton, C., Aiken, M., & Cheevers, C. (2015). Cyber babies: The impact of emerging technology on the developing child. Psychology Research, 5(9), 504–518. Retrieved from https:// www.researchgate.net/ publication/284028810_ Cyber_ babies_ The_ impact_ of_ emerging_ technology_ on_the_ developing_ childPsychology_ Research
7. McDaniel, B. T., & Coyne, S. M. (2016). "Technoference": The interference of technology in couple relationships and implications for women's personal and relational well-being. Psychology of Popular Media Culture, 5(1), 85.
8. Przybylski, A. K., Weinstein, N., Ryan, R. M., & Rigby, C. S. (2009). Having to versus wanting to play: Background and consequences of harmonious versus obsessive engagement in video games. CyberPsychology & Behavior, 12(5), 485–492.
9. McDaniel, B. T., & Coyne, S. M. (2016). "Technoference": The interference of technology in couple relationships and implications for women's personal and relational well-being. Psychology of Popular Media Culture, 5(1), 85.
10. Vandewater, E. A., Bickham, D. S., & Lee, J. H. (2006). Time well spent? Relating television use to children's free-time activities. Pediatrics, 117(2), e181–e191. 284 | Notes
11. Barrett, D. (2010). Supernormal stimuli: How primal urges overran their evolutionary purpose. New York: W. W. Norton.
12. Goodwin, B. C., Browne, M., & Rockloff, M. (2015). Measuring preference for supernormal over natural rewards: A two-dimensional anticipatory pleasure scale.

Evolutionary Psychology, 13(4), 1–11.
13. Barrett, D. (2010). Supernormal stimuli: How primal urges overran their evolutionary purpose. New York: W. W. Norton.
14. Barrett, D. (2010). Supernormal stimuli: How primal urges overran their evolutionary purpose. New York: W. W. Norton.
15. Lenoir, M., Serre, F., Cantin, L., & Ahmed, S. H. (2007). Intense sweetness surpasses cocaine reward. PloS One, 2(8), e698.
16. Hilton, D. L., Jr. (2013). Pornography addiction: A supranormal stimulus considered in the context of neuroplasticity. Socioaffective Neuroscience & Psychology, 3(1), 20767. doi: 10.3402/ snp.v3i0.20767
17. Goodwin, B. C., Browne, M., & Rockloff, M. (2015). Measuring preference for supernormal over natural rewards: A two-dimensional anticipatory pleasure scale. Evolutionary Psychology, 13(4), 1–11. doi: 10.1177/1474704915613914
18. Cawley, J., & Meyerhoefer, C. (2012). The medical care costs of obesity: An Ergotron, Inc. JustStand Survey and Index Report. Instrumental variables approach. Journal of Health Economics, 31(1), 219–230. doi:10.1016/ j.jhealeco.2011.10.00319. West Virginia Health Statistic Center. (n.d.). Obesity: Facts, figures, guidelines. Retrieved from http:// www.wvdhhr.org/ bph/ oehp/ obesity/mortality.htm
20. DeBruyne, N., & Leland, A. (2015, January). Congressional Research Service: American War and Military Operations Casualties Lists and Statistics. Retrieved from https:// fas.org/ sgp/ crs/ natsec/ RL32492.pdf
21. Love, T., Laier, C., Brand, M., Hatch, L., & Hajela, R. (2015). Neuroscience of Internet pornography addiction: A review and update. Behavioral Sciences, 5(3), 388–433.
22. Ward, A. F. (2013). Supernormal: How the Internet is changing our memories and our minds. Psychological Inquiry, 24(4), 341–348.
23. Umberson, D., & Karas Montez, J. (2010). Social relationships and health: A flashpoint for health policy. Journal of Health and Social Behavior, 51(1 Suppl), S54–S66. Notes | 285
24. Deci, E. L., & Ryan, R. M. (1985). Intrinsic motivation and self-determination in human behavior. New York: Plenum.
25. Steinberg, L. (2008). A social neuroscience perspective on adolescent risktaking. Developmental Review, 28(1), 78–106.
26. Galvan, A. (2010). Adolescent development of the reward system. Frontiers in Human Neuroscience, 4, 1–9.
27. Hilton, D. L., Jr. (2013). Pornography addiction: A supranormal stimulus considered in the context of neuroplasticity. Socioaffective Neuroscience & Psychology, 3(1), 20767.
28. Di Domenico, S. I., & Ryan, R. M. (2017). The emerging neuroscience of intrinsic

motivation: A new frontier in self-determination research. Frontiers in Human Neuroscience, 11, 145.

29. Steinberg, L. (2008). A social neuroscience perspective on adolescent risktaking. Developmental Review, 28(1), 78–106.
30. Wohlwill, J. F. (1984). What are sensation seekers seeking? Behavioral and Brain Sciences, 7(3), 453–453.
31. Wittmann, B. C., Bunzeck, N., Dolan, R. J., & Düzel, E. (2007). Anticipation of novelty recruits reward system and hippocampus while promoting recollection. Neuroimage, 38(1), 194–202.
32. Wittmann, B. C., Bunzeck, N., Dolan, R. J., & Düzel, E. (2007). Anticipation of novelty recruits reward system and hippocampus while promoting recollection. Neuroimage, 38(1), 194–202.
33. Kidd, C., & Hayden, B. Y. (2015). The psychology and neuroscience of curiosity. Neuron, 88(3), 449–460.
34. Oudeyer, P. Y., Gottlieb, J., & Lopes, M. (2016). Intrinsic motivation, curiosity, and learning: Theory and applications in educational technologies. Progress in Brain Research, 229, 257–284.
35. Pirolli, P., & Card, S. (1999). Information foraging. Psychological Review, 106(4), 643.
36. Marvin, C. B., & Shohamy, D. (2016). Curiosity and reward: Valence predicts choice and information prediction errors enhance learning. Journal of Experimental Psychology: General, 145(3), 266.
37. Bromberg-Martin, E. S., & Hikosaka, O. (2009). Midbrain dopamine neurons signal preference for advance information about upcoming rewards. Neuron, 63(1), 119–126. 286 | Notes
38. Grabe, M. E., & Kamhawi, R. (2006). Hard wired for negative news? Gender differences in processing broadcast news. Communication Research, 33(5), 346–369.
39. Hedger, N., Adams, W. J., & Garner, M. (2015). Autonomic arousal and attentional orienting to visual threat are predicted by awareness. Journal of Experimental Psychology: Human Perception and Performance, 41(3), 798.
40. Love, T., Laier, C., Brand, M., Hatch, L., & Hajela, R. (2015). Neuroscience of Internet pornography addiction: A review and update. Behavioral Sciences, 5(3), 388–433.
41. Luscombe, B. (2016). Porn and the threat to virility: The first generation of men who grew up with unlimited online porn sound the alarm. Time, 187(13), 40.
42. Ryan, R. M., & Deci, E. L. (2017). Self-determination theory: Basic psychological needs in motivation, development, and wellness. New York: Guilford Press.
43. Przybylski, A. K., Weinstein, N., Ryan, R. M., & Rigby, C. S. (2009). Having to versus wanting to play: Background and consequences of harmonious versus obsessive engagement in video games. CyberPsychology & Behavior, 12(5), 485–492.

44. Masur, P. K., Reinecke, L., Ziegele, M., & Quiring, O. (2014). The interplay of intrinsic need satisfaction and Facebook specific motives in explaining addictive behavior on Facebook. Computers in Human Behavior, 39, 376–386.
45. Goodwin, B. C., Browne, M., & Rockloff, M. (2015). Measuring preference for supernormal over natural rewards: A two-dimensional anticipatory pleasure scale. Evolutionary Psychology, 13(4), 1–11. doi: 10.1177/1474704915613914
46. Greenfield, D. (2007). The addictive properties of Internet usage. In K. S. Young & C. N. de Abreu (Eds.), Internet addiction: A handbook and guide to evaluation and treatment. Hoboken, NJ: John Wiley & Sons. doi: 10.1002/9781118013991.ch8
47. Eyal, N. (2014). Hooked: How to build habit-forming products. Penguin.
48. Alter, A. (2017). Irresistible: The rise of addictive technology and the business of keeping us hooked. New York Penguin.
49. Ferster, C. B., & Skinner, B. F. (1957). Schedules of reinforcement. New York, NY: Appleton-Century-Crofts. Notes | 287
50. Knutson, B., Wimmer, G. E., Kuhnen, C. M., & Winkielman, P. (2008). Nucleus accumbens activation mediates the influence of reward cues on financial risk taking. NeuroReport, 19(5), 509–513.
51. Hampton, A. N., & O'Doherty, J. P. (2007). Decoding the neural substrates of reward-related decision making with functional MRI. Proceedings of the National Academy of Sciences, 104(4), 1377–1382.
52. Hilton, D. L., Jr. (2013). Pornography addiction: A supranormal stimulus considered in the context of neuroplasticity. Socioaffective Neuroscience & Psychology, 3(1), 1–8
53. Schultz, W. (2016). Dopamine reward prediction error coding. Dialogues in Clinical Neuroscience, 18(1), 23.
54. Schultz, W., Dayan, P., & Montague, P. R. (1997). A neural substrate of prediction and reward. Science, 275, 1593–1599. doi: 0.1126/science.275.5306.1593
55. Saunders, B. T., & Robinson, T. E. (2013). Individual variation in resisting temptation: Implications for addiction. Neuroscience & Biobehavioral Reviews, 37(9), 1955–1975.
56. Glimcher, P. W. (2011). Understanding dopamine and reinforcement learning: The dopamine reward prediction error hypothesis. Proceedings of the National Academy of Sciences, 108(Suppl 3), 15647–15654.
57. Schultz, W., Dayan, P., & Montague, P. R. (1997). A neural substrate of prediction and reward. Science, 275, 1593–1599. doi: 0.1126/science.275.5306.1593
58. Greenfield, D. (2007). The addictive properties of Internet usage. In K. S. Young & C. N. de Abreu (Eds.), Internet addiction: A handbook and guide to evaluation and treatment. Hoboken, NJ: John Wiley & Sons. doi: 10.1002/9781118013991.ch8
59. Knutson, B., Adams, C. M., Fong, G. W., & Hommer, D. (2001). Anticipation of increasing monetary reward selectively recruits nucleus accumbens. Journal of

Neuroscience, 21(16), 1–5.
60. Berridge, K. C. (2007). The debate over dopamine's role in reward: The case for incentive salience. Psychopharmacology, 191(3), 391–431.
61. Eyal, N. (2014). Hooked: How to build habit-forming products. New York: Penguin. 288 | Notes
62. Wittmann, B. C., Bunzeck, N., Dolan, R. J., & Düzel, E. (2007). Anticipation of novelty recruits reward system and hippocampus while promoting recollection. Neuroimage, 38(1), 194–202.
63. Bromberg-Martin, E. S., & Hikosaka, O. (2009). Midbrain dopamine neurons signal preference for advance information about upcoming rewards. Neuron, 63(1), 119–126.
64. Alter, A. (2017). Irresistible: The rise of addictive technology and the business of keeping us hooked. New York: Penguin.
65. Przybylski, A. K., Murayama, K., DeHaan, C. R., & Gladwell, V. (2013). Motivational, emotional, and behavioral correlates of fear of missing out. Computers in Human Behavior, 29(4), 1841–1848.
66. Pavlov, I. P. (1941). Lectures on conditioned reflexes. Vol. II: Conditioned reflexes and psychiatry. New York: International.
67. Schultz, W., Dayan, P., & Montague, P. R. (1997). A neural substrate of prediction and reward. Science, 275, 1593–1599. doi: 0.1126/science.275.5306.1593
68. Saunders, B. T., & Robinson, T. E. (2013). Individual variation in resisting temptation: Implications for addiction. Neuroscience & Biobehavioral Reviews, 37(9), 1955–1975.
69. Pan, W. X., Schmidt, R., Wickens, J. R., & Hyland, B. I. (2005). Dopamine cells respond to predicted events during classical conditioning: Evidence for eligibility traces in the reward-learning network. Journal of Neuroscience, 25(26), 6235–6242.
70. Rescorla, R. A. (1988). Pavlovian conditioning: It's not what you think it is. American Psychologist, 43(March), 151–160.
71. Saunders, B. T., & Robinson, T. E. (2013). Individual variation in resisting temptation: Implications for addiction. Neuroscience & Biobehavioral Reviews, 37(9), 1955–1975.
72. Tiffany, S. T. (1995). Potential functions of classical conditioning in drug addiction. In D. C. Drummond, S. T. Tiffany, S. Glautier, & B. Remington (Eds.), The Wiley series in clinical psychology. Addictive behaviour: Cue exposure theory and practice (pp. 47–71). Oxford: John Wiley & Sons.
73. Kim, J., Lim, J. S., & Bhargava, M. (1998). The role of affect in attitude formation: A classical conditioning approach. Journal of the Academy of Marketing Science, 26(2), 143–152.
74. Ward, A. F., Duke, K., Gneezy, A., & Bos, M. W. (2017). Brain drain: The mere

presence of one's own smartphone reduces available cognitive capacity. Notes | 289 Journal of the Association for Consumer Research, 2, n.p. Published online. Retrieved from http:// dx.doi.org/ 10.1086/ 691462
75. Przybylski, A. K., & Weinstein, N. (2013). Can you connect with me now? How the presence of mobile communication technology influences face-toface conversation quality. Journal of Social and Personal Relationships, 30(3), 237–246. doi: 10.1177/ 0265407512453827
76. McDaniel, B. T., & Coyne, S. M. (2016). "Technoference": The interference of technology in couple relationships and implications for women's personal and relational well-being. Psychology of Popular Media Culture, 5(1), 85.
77. Junco, R. (2015). Student class standing, Facebook use, and academic performance. Journal of Applied Developmental Psychology, 36, 18–29.
78. Błachnio, A., Przepiórka, A., & Pantic, I. (2015). Internet use, Facebook intrusion, and depression: Results of a cross-sectional study. European Psychiatry, 30(6), 681–684.
79. Müller, K. W., Dreier, M., Beutel, M. E., Duven, E., Giralt, S., & Wölfling, K. (2016). A hidden type of Internet addiction? Intense and addictive use of social networking sites in adolescents. Computers in Human Behavior, 55, 172–177.
80. Przybylski, A. K., & Weinstein, N. (2017). A large-scale test of the Goldilocks Hypothesis: Quantifying the relations between digital-screen use and the mental well-being of adolescents. Psychological Science, 28(2), 204–215.
81. Rosenheck, R. (2008). Fast food consumption and increased caloric intake: A systematic review of a trajectory towards weight gain and obesity risk. Obesity Reviews, 9(6), 535–547.
82. Gazzaley, A., & Rosen, L. D. (2016). The distracted mind: Ancient brains in a high-tech world. Cambridge, MA: MIT Press.
83. Graham, P. (n.d.). The acceleration of addictiveness. Retrieved from http:// www.paulgraham.com/ addiction.html

5장

1. Sleeper movie quotes. Retrieved from http:// www.explore-science-fictionmovies.com/ sleeper-movie-quotes.html#axzz4JVQH0XKk
2. Teicholz, N. (2015). The scientific report guiding the US dietary guidelines: Is it scientific? British Medical Journal (Clinical Research Ed.), 351, h4962. doi: 10.1136/ bmj.h4962290 | Notes
3. Wartella, E., Richert, R. A., & Robb, M. B. (2010). Babies, television and videos: How did we get here? Developmental Review, 30(2), 116–127. doi: 10.1016/ j.dr.2010.03.008

4. Media and young minds. (2016). Retrieved from http:// pediatrics.aappublications.org/ content/ early/ 2016/ 10/ 19/ peds.2016-2591
5. Christakis, D. (2009). The effects of infant media usage: What do we know and what should we learn? Acta Paediatrica, 98(1), 8–16. http:// doi.org/10.1111/ j.1651-2227.2008.01027.x
6. DeLoache, J.S., Chiong, C., Sherman, K., Islam, N. Vanderborght, M., Troseth, G.L., … O'Doherty, K. (2010). Do babies learn from baby media? Psychological Science, 21, 1570–1574.
7. Zimmerman, F. J., Christakis, D. A., & Meltzoff, A. N. (2007). Associations between media viewing and language development in children under age 2 years. The Journal of Pediatrics, 151, 364–368.
8. Ferguson, C. J., & Donnellan, M. B. (2014). Is the association between children's baby video viewing and poor language development robust? A reanalysis of Zimmerman, Christakis, and Meltzoff (2007). Developmental Psychology, 50, 129–137.
9. Courage, M. L., & Setliff, A. E. (2010). When babies watch television: Attention-getting, attention-holding, and the implications for learning from video material. Developmental Review, 30, 220–238.
10. Pempek, T. A., Demers, L. B., Hanson, K. G., Kirkorian, H. L., & Anderson, D. R. (2011). The impact of infant-directed videos on parent-child interaction. Journal of Applied Developmental Psychology, 32, 10–19.
11. Mayfield, M., Chen, C., Harwood, D., Rennie, T., & Tannock, M. (2009). Community play spaces: Promoting young children's play. Canadian Children, 34(1), 4–12.
12. Espinosa, P., & Clemente, M. (2013). Self-transcendence and self-oriented perspective as mediators between video game playing and aggressive behaviour in teenagers. Journal of Community & Applied Social Psychology, 23(1), 68–80.
13. Neuman, S. B. (1988). The displacement effect: Assessing the relation between television viewing and reading performance. Reading Research Quarterly, 23, 414–440.
14. Mayfield, M. (1982, November 10). Video games only fit for old. USA Today, p. A1.
15. Secunda, V. (1983). Pac Man is (a) gobbling or (b) nourishing our kids. TV Guide, 31(2), 10.Notes | 291
16. Cooper, J., & Mackie, D. (1986). Video games and aggression in children. Journal of Applied Social Psychology, 16(8), 726–744.
17. Breuer, J., Festl, R., & Quandt, T. (2014). Aggression and preference for first-person shooter and action games: Data from a large-scale survey of German gamers aged 14 and above. Communication Research Reports, 31(2), 183–196.
18. DeLisi, M., Vaughn, M. G., Gentile, D. A., Anderson, C. A., & Shook, J. J.(2013). Violent video games, delinquency, and youth violence: New evidence. Youth Violence

and Juvenile Justice, 11(2), 132–142.
19. Adachi, P., Allaire, J. C., Anderson, J., Annetta, L., Arnett, J. J., Arsenault, D., & Zerovnik, G. (2013). Scholars' open statement to the APA task force in violent media. Retrieved from https:// osf.io/ dpe9a/
20. Szycik, G. R., Mohammadi, B., Münte, T. F., & Te Wildt, B. T. (2017). Lack of evidence that neural empathic responses are blunted in excessive users of violent video games: An fMRI study. Frontiers in Psychology, 8. doi: 10.3389/fpsyg.2017.00174
21. Unsworth, G., Devilly, G. J., & Ward, T. (2007). The effect of playing violent video games on adolescents: Should parents be quaking in their boots? Psychology, Crime & Law, 13(4), 383–394.
22. Ferguson, C. J., Trigani, B., Pilato, S., Miller, S., Foley, K., & Barr, H. (2016). Violent video games don't increase hostility in teens, but they do stress girls out. Psychiatric Quarterly, 87(1), 49–56.
23. Ferguson, C. J. (2015). Do angry birds make for angry children? A metaanalysis of video game influences on children's and adolescents' aggression, mental health, prosocial behavior, and academic performance. Perspectives on Psychological Science, 10(5), 646–666.
24. Schwartz, J. A., & Beaver, K. M. (2016). Revisiting the association between television viewing in adolescence and contact with the criminal justice system in adulthood. Journal of Interpersonal Violence, 31(14), 2387–2411.
25. Adachi, P. J., & Willoughby, T. (2013). Demolishing the competition: The longitudinal link between competitive video games, competitive gambling, and aggression. Journal of Youth and Adolescence, 42(7), 1090–1104.
26. Bajovic, M. (2013). Violent video gaming and moral reasoning in adolescents: Is there an association? Educational Media International, 50(3), 177–191.
27. Gentile, D. A., & Gentile, J. R. (2008). Violent video games as exemplary teachers: A conceptual analysis. Journal of Youth and Adolescence, 37(2), 127–141. 292 | Notes
28. Ferguson, C. J. (2015). Do angry birds make for angry children? A metaanalysis of video game influences on children's and adolescents' aggression, mental health, prosocial behavior, and academic performance. Perspectives on Psychological Science, 10(5), 646–666.
29. Bureau of Justice Statistics, US Department of Justice. (2015). Criminal victimization. Retrieved from https:// www.bjs.gov/ content/ pub/ pdf/ cv15.pdf
30. Sickmund, M., & Puzzanchera, C. (2014). Juvenile offenders and victims: 2014 national report. Retrieved from https:// www.ojjdp.gov/ojstatbb/ nr2014/
31. Pinker, S. (2012). The better angels of our nature: Why violence has declined. New York: Penguin Books.
32. Adachi, P., Allaire, J. C., Anderson, J., Annetta, L., Arnett, J. J., Arsenault, D., & Zerovnik, G. (2013). Scholars' open statement to the APA task force in violent media.

Retrieved from https:// osf.io/ dpe9a/

33. Statistia. (2017). All time unit sales of selected games in Call of Duty franchise worldwide as of June 2017. Retrieved from https:// www.statista.com/statistics/ 321374/ global-all-time-unit-sales-call-of-duty-games/
34. Olson, C. K., Kutner, L. A., Warner, D. E., Almerigi, J. B., Baer, L., Nicholi, A. M., & Beresin, E. V. (2007). Factors correlated with violent video game use by adolescent boys and girls. Journal of Adolescent Health, 41(1), 77–83.
35. McVey, C. G., Jr. (1997). The child's experience of video game play. Unpublished doctoral dissertation, The University of Texas at Austin.
36. Brooks, M. C. (2000, June). Press start: Exploring the effects of violent video games on boys. Dissertation Abstracts International, 60, 6419.
37. Ferguson, C. J. (2015). Do angry birds make for angry children? A metaanalysis of video game influences on children's and adolescents' aggression, mental health, prosocial behavior, and academic performance. Perspectives on Psychological Science, 10(5), 646–666.
38. Przybylski, A. K., Deci, E. L., Rigby, C. S., & Ryan, R. M. (2014). Competenceimpeding electronic games and players' aggressive feelings, thoughts, and behaviors. Journal of Personality and Social Psychology, 106(3), 441.
39. Caunt, B. S., Franklin, J., Brodaty, N. E., & Brodaty, H. (2013). Exploring the causes of subjective well-being: A content analysis of peoples' recipes for long-term happiness. Journal of Happiness Studies, 14(2), 475–499.
40. Bedford, R., Pickles, A., Sharp, H., Wright, N., & Hill, J. (2015). Reduced face preference in infancy: A developmental precursor to callous-unemotional traits? Biological Psychiatry, 78, 144–150. Notes | 293
41. Uhls, Y. T., Michikyan, M., Morris, J., Garcia, D., Small, G. W., Zgourou, E., & Greenfield, P. M. (2014). Five days at outdoor education camp without screens improves preteen skills with nonverbal emotional cues. Computers in Human Behavior, 39, 387–392.
42. Ryan, R. M., & Deci, E. L. (2000). Self-determination theory and the facilitation of intrinsic motivation, social development, and well-being. American Psychologist, 55, 68–78.
43. Tokuna, R. S., & Rains, S. A. (2016). A review and meta-analysis examining conceptual and operational definitions of problematic Internet use. Human Communication Research, 42, 165–199.
44. Zelenski, J. M., & Nisbet, E. K. (2014). Happiness and feeling connected: The distinct role of nature relatedness. Environment and Behavior, 46(1), 3–23.
45. Nelson, L. J., Coyne, S. M., Howard, E., & Clifford, B. N. (2016). Withdrawing to a virtual world: Associations between subtypes of withdrawal, media use, and maladjustment in emerging adults. Developmental Psychology, 52, 933–942.

46. Steers, M.-L. N., Wickham, R. E., & Acitelli, L. K. (2014). Seeing everyone else's highlight reels: How Facebook usage is linked to depressive symptoms. Journal of Social and Clinical Psychology, 33(8), 701–731. https:// doi.org/10.1521/ jscp.2014.33.8.701
47. Sagioglou, C., & Greitemeyer, T. (2014). Facebook's emotional consequences: Why Facebook causes a decrease in mood and why people still use it. ResearchGate. https:// doi.org/ http:// dx.doi.org/ 10.1016/ j.chb.2014.03.003
48. Przybylski, A. K., Murayama, K., DeHaan, C. R., & Gladwell, V. (2013). Motivational, emotional, and behavioral correlates of fear of missing out. Computers in Human Behavior, 29(4), 1841–1848.
49. Miller, E., & Almon, J. (2009). Crisis in the kindergarten: Why children need to play in school. College Park, MD: Alliance for Childhood.
50. Haughton, C., Aiken, M., & Cheevers, C. (2015). Cyber babies. Psychology Research, 5, 504–518.
51. Kardaras, N. (2016, September 1). Generation Z: Online and at risk? Retrieved from https:// www.scientificamerican.com/ article/generation-z-online-and-at-risk/
52. Pcslak, A. R. (2003). A firm level study of information technology productivity using financial and market based measures. Journal of Computer Information Systems, 43(4), 72–80. 294 | Notes
53. Christakis, D. A., Ramirez, J. S. B., & Ramirez, J. M. (2012). Overstimulation of newborn mice leads to behavioral differences and deficits in cognitive performance. Scientific Reports, 2, 546. http:// doi.org/ 10.1038/ srep00546
54. Swing, E. L., Gentile, D. A., Anderson, C. A., & Walsh, D. A. (2010). Television and video game exposure and the development of attention problems. Pediatrics, 126, 214–221.
55. Schmidt, M. E., & Vandewater, E. A. (2008). Media and attention, cognition, and school achievement. The Future of Children, 18(1), 63–85.
56. Gentile, D. A., Swing, E. L., Lim, C. G., & Khoo, A. (2012). Video game playing, attention problems, and impulsiveness: Evidence of bidirectional causality. Psychology of Popular Media Culture, 1(1), 62.
57. Ward, A. F., Duke, K., Gneezy, A., & Bos, M. W. (2017). Brain drain: The mere presence of one's own smartphone reduces available cognitive capacity. Journal of the Association for Consumer Research, 2, n.p. Published online. Retrieved from http:// dx.doi.org/ 10.1086/ 691462
58. Becker, M. W., Alzahabi, R., & Hopwood, C. J. (2013). Media multitasking is associated with symptoms of depression and social anxiety. Cyberpsychology, Behavior, and Social Networking, 16(2), 132–135.
59. Gazzaley, A., & Rosen, L. D. (2016). The distracted mind: Ancient brains in a high-tech world. Cambridge, MA: MIT Press.

60. Carrier, L. M., Cheever, N. A., Rosen, L. D., Benitez, S., & Chang, J. (2009). Multitasking across generations: Multitasking choices and difficulty ratings in three generations of Americans. Computers in Human Behavior, 25(2), 483–489.
61. Dux, P. E., & Marois, R. (2009). The attentional blink: A review of data and theory. Attention, Perception, & Psychophysics, 71(8), 1683–1700.
62. Gazzaley, A., & Rosen, L. D. (2016). The distracted mind: Ancient brains in a high-tech world. Cambridge, MA: MIT Press.
63. Carrier, L. M., Cheever, N. A., Rosen, L. D., Benitez, S., & Chang, J. (2009). Multitasking across generations: Multitasking choices and difficulty ratings in three generations of Americans. Computers in Human Behavior, 25(2), 483–489.
64. Turkle, S. (2015). Reclaiming conversation: The power of talk in a digital age. New York: Penguin.
65. Andrews, S., Ellis, D. A., Shaw, H., & Piwek, L. (2015). Beyond selfreport: Tools to compare estimated and real-world smartphone use. PloS One, 10(10), e0139004. Notes | 295
66. Ward, A. F., Duke, K., Gneezy, A., & Bos, M. W. (2017). Brain drain: The mere presence of one's own smartphone reduces available cognitive capacity. Journal of the Association for Consumer Research, 2, n.p. Published online. Retrieved from http:// dx.doi.org/ 10.1086/ 691462
67. Carrier, L. M., Cheever, N. A., Rosen, L. D., Benitez, S., & Chang, J. (2009). Multitasking across generations: Multitasking choices and difficulty ratings in three generations of Americans. Computers in Human Behavior, 25(2), 483–489.
68. Sanbonmatsu, D. M., Strayer, D. L., Medeiros-Ward, N., & Watson, J. M. (2013). Who multi-tasks and why? Multi-tasking ability, perceived multitasking ability, impulsivity, and sensation seeking. PloS One, 8(1), e54402.
69. Denworth, L. (2015, July/ August). The social power of touch. Scientific American Mind, 26, 30–38.

6장

1. Strathearn, L. (2011). Maternal neglect: Oxytocin, dopamine and the neurobiology of attachment. Journal of Neuroendocrinology, 23(11), 1054–1065.
2. Burkett, J. P., & Young, L. J. (2012). The behavioral, anatomical and pharmacological parallels between social attachment, love and addiction. Psychopharmacology, 224(1), 1–26.
3. Kross, E., Berman, M. G., Mischel, W., Smith, E. E., & Wager, T. D. (2011). Social rejection shares somatosensory representations with physical pain. Proceedings of the National Academy of Sciences, 108(15), 6270–6275.

4. Kaminski, J. W., Valle, L. A., Filene, J. H., & Boyle, C. L. (2008). A meta-analytic review of components associated with parent training program effectiveness. Journal of Abnormal Child Psychology, 36(4), 567–589.
5. Karavasilis, L., Doyle, A. B., & Markiewicz, D. (2003). Associations between parenting style and attachment to mother in middle childhood and adolescence. International Journal of Behavioral Development, 27(2), 153–164.
6. Lau, R. R., Quadrel, M. J., & Hartman, K. A. (1990). Development and change of young adults' preventive health beliefs and behavior: Influence from parents and peers. Journal of Health and Social Behavior, 31(3), 240–259.
7. Deci, E. L., & Ryan, R. M. (2008). Self-determination theory: A macrotheory of human motivation, development, and health. Canadian Psychology/Psychologie canadienne, 49(3), 182.
8. Keltner, D., Gruenfeld, D. H., & Anderson, C. (2003). Power, approach, and inhibition. Psychological Review, 110(2), 265. 296 | Notes
9. Bowlby, J. (1982). Attachment and loss, Vol. I. New York: Basic Books.
10. Ainsworth, M. D. S., Blehar, M. S., Waters, E., & Wall, S. (1978). Patterns of attachment: A psychological study of the strange situation. Hillsdale, NJ: Lawrence Erlbaum.
11. Levine, E. (2011). Baumrind's parenting styles. In S. Goldstein & J. A. Naglieri (Eds.), Encyclopedia of child behavior and development (pp. 213–215). Boston: Springer.
12. Baumrind, D. (1991). The influence of parenting style on adolescent competence and substance use. The Journal of Early Adolescence, 11(1), 56–95.
13. Turner, E. A., Chandler, M., & Heffer, R. W. (2009). The influence of parenting styles, achievement motivation, and self-efficacy on academic performance in college students. Journal of College Student Development, 50(3), 337–346.
14. DeVore, E. R., & Ginsburg, K. R. (2005). The protective effects of good parenting on adolescents. Current Opinion in Pediatrics, 17(4), 460–465.
15. Joussemet, M., Landry, R., & Koestner, R. (2008). A self-determination theory perspective on parenting. Canadian Psychology/ Psychologie canadienne, 49(3), 194.
16. Soenens, B., & Vansteenkiste, M. (2010). A theoretical upgrade of the concept of parental psychological control: Proposing new insights on the basis of self-determination theory. Developmental Review, 30(1), 74–99.
17. Landreth, G. L. (2012). Play therapy: The art of the relationship (3rd ed.). New York: Routledge.
18. Greene, R. (2016). Lives in the balance. Retrieved from http:// www.livesinthebalance.org/ about-lives-in-the-balance
19. Ryan, R. M., & Deci, E. L. (2017). Self-determination theory: Basic psychological needs in motivation, development, and wellness. New York: Guilford Press.

7장

1. Leung, J. P., & Leung, K. (1992). Life satisfaction, self-concept, and relationship with parents in adolescence. Journal of Youth and Adolescence, 21(6), 653–665.
2. Karavasilis, L., Doyle, A. B., & Markiewicz, D. (2003). Associations between parenting style and attachment to mother in middle childhood and adolescence. International Journal of Behavioral Development, 27(2), 153–164. Notes | 297
3. Kaminski, J. W., Valle, L. A., Filene, J. H., & Boyle, C. L. (2008). A metaanalytic review of components associated with parent training program effectiveness. Journal of Abnormal Child Psychology, 36(4), 567–589.
4. Lin, C. H., Lin, S. L., & Wu, C. P. (2009). The effects of parental monitoring and leisure boredom on adolescents' Internet addiction. Adolescence, 44(176), 993.
5. Gottman, J. M., & Levenson, R. W. (1999). What predicts change in marital interaction over time? A study of alternative models. Family Process, 38(2), 143–158.
6. Losada, M., & Heaphy, E. (2004). The role of positivity and connectivity in the performance of business teams: A nonlinear dynamics model. American Behavioral Scientist, 47(6), 740–765.
7. Kaminski, J. W., Valle, L. A., Filene, J. H., & Boyle, C. L. (2008). A metaanalytic review of components associated with parent training program effectiveness. Journal of Abnormal Child Psychology, 36(4), 567–589.
8. Dweck, C. (2016). Mindset, updated edition: Changing the way you think to fulfil your potential. New York: Random House.
9. Ryan, R. M., & Deci, E. L. (2000). Self-determination theory and the facilitation of intrinsic motivation, social development, and well-being. American Psychologist, 55, 68–78.
10. selfdeterminationtheory.org. (2017). Theory. Retrieved from http:// selfdetermination theory.org/ theory/
11. Joussemet, M., Landry, R., & Koestner, R. (2008). A self-determination theory perspective on parenting. Canadian Psychology/ Psychologie canadienne, 49(3), 194.
12. Sanders, W., Parent, J., Forehand, R., Sullivan, A. D., & Jones, D. J. (2016). Parental perceptions of technology and technology-focused parenting: Associations with youth screen time. Journal of Applied Developmental Psychology, 44, 28–38.
13. Brehm, J. W. (1989). Psychological reactance: Theory and applications. Advances in Consumer Research, 16, 72–75.
14. Bass, B. M. (1985). Leadership: Good, better, best. Organizational Dynamics, 13(3), 26–40.
15. Vaala, S. E., & Bleakley, A. (2015). Monitoring, mediating, and modeling: Parental influence on adolescent computer and Internet use in the United States. Journal of Children and Media, 9(1), 40–57. 298 | Notes

16. Sanders, W., Parent, J., Forehand, R., Sullivan, A. D., & Jones, D. J. (2016). Parental perceptions of technology and technology-focused parenting: Associations with youth screen time. Journal of Applied Developmental Psychology, 44, 28–38.
17. Neff, K. D., Kirkpatrick, K. L., & Rude, S. S. (2007). Self-compassion and adaptive psychological functioning. Journal of Research in Personality, 41(1), 139–154.
18. Germer, C. K. (2009). The mindful path to self-compassion: Freeing yourself from destructive thoughts and emotions. New York: Guilford Press.

8장

1. Sanders, W., Parent, J., Forehand, R., Sullivan, A. D., & Jones, D. J.(2016). Parental perceptions of technology and technology-focused parenting:Associations with youth screen time. Journal of Applied Developmental Psychology, 44, 28–38.
2. Vaala, S. E., & Bleakley, A. (2015). Monitoring, mediating, and modeling: Parental influence on adolescent computer and Internet use in the United States. Journal of Children and Media, 9(1), 40–57.
3. Przybylski, A. K., Weinstein, N., Ryan, R. M., & Rigby, C. S. (2009). Having to versus wanting to play: Background and consequences of harmonious versus obsessive engagement in video games. CyberPsychology & Behavior, 12(5), 485–492.
4. Ryan, R. M., & Deci, E. L. (2017). Self-determination theory: Basic psychological needs in motivation, development, and wellness. New York: Guilford Press.
5. Przybylski, A. K., Murayama, K., DeHaan, C. R., & Gladwell, V. (2013). Motivational, emotional, and behavioral correlates of fear of missing out. Computers in Human Behavior, 29(4), 1841–1848.
6. Vaala, S. E., & Bleakley, A. (2015). Monitoring, mediating, and modeling: Parental influence on adolescent computer and Internet use in the United States. Journal of Children and Media, 9(1), 40–57.
7. Vaala, S. E., & Bleakley, A. (2015). Monitoring, mediating, and modeling: Parental influence on adolescent computer and Internet use in the United States. Journal of Children and Media, 9(1), 40–57.
8. Sanders, W., Parent, J., Forehand, R., Sullivan, A. D., & Jones, D. J. (2016). Parental perceptions of technology and technology-focused parenting: Notes | 299 Associations with youth screen time. Journal of Applied Developmental Psychology, 44, 28–38.
9. Young, K., Regan, M., & Hammer, M. (2007). Driver distraction: A review of the literature. Distracted driving. Retrieved from https:// www.monash.edu/_ data/ assets/ pdf_ file/ 0007/ 217177/ muarc206.pdf
10. Baird, B., Smallwood, J., Mrazek, M. D., Kam, J. W., Franklin, M. S., & Schooler, J. W. (2012). Inspired by distraction: Mind wandering facilitates creative incubation.

Psychological Science, 23(10), 1117–1122.
11. Aiken, M. (2017). The cyber effect: A pioneering cyberpsychologist explains how human behavior changes online. New York: Spiegel & Grau.
12. Ruston, D. (2016). Screenagers [Film]. https:// www.screenagersmovie.com/
13. Everything you need to know about parental controls. (2016, July 14). Retrieved from https:// www.commonsensemedia.org/ blog/ everythingyou-need-to-know-about-parental-controls
14. Ropelato, J. (2006). Internet pornography statistics. Retrieved from http://www.ministryoftruth.me.uk/ wp-content/ uploads/ 2014/ 03/ IFR2013.pdf
15. Horvath, M. A. H., Alys, L., Massey, K., Pina, A., Scally, M., & Adler, J. R. (2014). Basically … Porn is everywhere: A rapid evidence assessment of the effects that access and exposure to pornography have on children and young people. Middlesex University/ Children's Commissioner. Retrieved from http:// www.mdx.ac.uk/ data/ assets/ pdf_ file/ 0026/ 48545/BasicallyporniseverywhereReport.pdf
16. Schiffrin, H. H., Liss, M., Miles-McLean, H., Geary, K. A., Erchull, M. J., & Tashner, T. (2014). Helping or hovering? The effects of helicopter parenting on college students' well-being. Journal of Child and Family Studies, 23(3), 548–557.
17. Kerr, M., Stattin, H., & Burk, W. J. (2010). A reinterpretation of parental monitoring in longitudinal perspective. Journal of Research on Adolescence, 20(1), 39–64.
18. Kerr, M., Stattin, H., & Burk, W. J. (2010). A reinterpretation of parental monitoring in longitudinal perspective. Journal of Research on Adolescence, 20(1), 39–64.
19. Xu, Z., Turel, O., & Yuan, Y. (2012). Online game addiction among adolescents: Motivation and prevention factors. European Journal of Information Systems, 21(3), 321–340. 300 | Notes
20. Lin, C. H., Lin, S. L., & Wu, C. P. (2009). The effects of parental monitoring and leisure boredom on adolescents' internet addiction. Adolescence, 44(176), 993.
21. Kabat-Zinn, J. (2003). Mindfulness-based interventions in context: Past, present, and future. Clinical Psychology: Science and Practice, 10(2), 144–156.
22. McLaughlin, K. A., Borkovec, T. D., & Sibrava, N. J. (2007). The effects of worry and rumination on affect states and cognitive activity. Behavior Therapy, 38(1), 23–38.
23. Barden, R. C., Garber, J., Leiman, B., Ford, M. E., & Masters, J. C. (1985). Factors governing the effective remediation of negative affect and its cognitive and behavioral consequences. Journal of Personality and Social Psychology, 49(4), 1040.
24. Eberth, J., & Sedlmeier, P. (2012). The effects of mindfulness meditation: A meta-analysis. Mindfulness, 3(3), 174–189.
25. Greenberg, M. T., & Harris, A. R. (2012). Nurturing mindfulness in children and youth: Current state of research. Child Development Perspectives, 6(2), 161–166.
26. Raes, F., Griffith, J. W., Van der Gucht, K., & Williams, J. M. G. (2014). School-based prevention and reduction of depression in adolescents: A clusterrandomized

controlled trial of a mindfulness group program. Mindfulness, 5(5), 477–486.
27. Bögels, S. M., Lehtonen, A., & Restifo, K. (2010). Mindful parenting in mental health care. Mindfulness, 1(2), 107–120.
28. Duncan, L. G., Coatsworth, J. D., & Greenberg, M. T. (2009). A model of mindful parenting: Implications for parent–child relationships and prevention research. Clinical Child and Family Psychology Review, 12(3), 255–270.
29. Shonin, E., Van Gordon, W., & Griffiths, M. D. (2014). Mindfulness as a treatment for behavioural addiction. Journal of Addiction Research & Therapy, 5(1). Retrieved from http:// irep.ntu.ac.uk/ id/ eprint/ 25827/ 1/ 221563_PubSub2930_ Griffiths.pdf
30. Levy, D. M. (2016). Mindful tech: How to bring balance to our digital lives. New Haven, CT: Yale University Press.
31. Tang, Y. Y., Hölzel, B. K., & Posner, M. I. (2015). The neuroscience of mindfulness meditation. Nature Reviews. Neuroscience, 16(4), 213.
32. Greenfield, D. (2010). The addictive properties of internet usage. In Young, K. S., & De Abreu, C. N. (Eds.). Internet addiction: A handbook and guide to evaluation and treatment (p. 133–153). New York: John Wiley & Sons. Notes | 301
33. Hoorens, V. (1993). Self-enhancement and superiority biases in social comparison. European Review of Social Psychology, 4(1), 113–139.
34. Ward, A. F., Duke, K., Gneezy, A., & Bos, M. W. (2017). Brain drain: The mere presence of one's own smartphone reduces available cognitive capacity. Journal of the Association for Consumer Research, 2(2), 140–154.
35. Wei, R., & Lo, V. H. (2013). Examining sexting's effect among adolescent mobile phone users. International Journal of Mobile Communications, 11(2), 176–193.

9장

1. Manitoba Public Insurance. (2016). Retrieved from https:// www.mpi. mb.ca/ en/ Rd-Safety/ Distracted-Driving/ Pages/ DDOverview.aspx
2. Greene, R. W., Ablon, J. S., Goring, J. C., Raezer-Blakely, L., Markey, J., Monuteaux, M. C., . . . Rabbitt, S. (2004). Effectiveness of collaborative problem solving in affectively dysregulated children with oppositional-defiant disorder: Initial findings. Journal of Consulting and Clinical Psychology, 72(6), 1157.
3. Ollendick, T. H., Greene, R. W., Austin, K. E., Fraire, M. G., Halldorsdottir, T., Allen, K. B., … Noguchi, R. J. (2016). Parent management training and collaborative and proactive solutions: A randomized control trial for oppositional youth. Journal of Clinical Child & Adolescent Psychology, 45(5), 591–604.

10장

1. Psycho dad shreds video games. Retrieved from https:// www.youtube. com/ watch?v=EglOsfErtaE
2. American Psychiatric Association. (2013). Diagnostic and statistical manual of mental disorders (5th ed.). Washington, DC: Author.
3. Internet gaming disorder. Retrieved from www.DSM5.org/ documents/ InternetGamingDisorderFactSheet
4. Pies, R. (2009). Should DSM-V designate "Internet Addiction" a mental disorder? Psychiatry, 6, 31–37.
5. Love, T., Laier, C., Brand, M., Hatch, L., & Hajela, R. (2015). Neuroscience of Internet pornography addiction: A review and update. Behavioral Sciences, 5(3), 388–433.
6. Andreassen, C. S., Billieux, J., Griffiths, M. D., Kuss, D. J., et al. (2016). The relationship between addictive use of social media and video games 302 | Notes and symptoms of psychiatric disorders: A large-scale cross-sectional study. Addictive Behaviors, 64, 297–293.
7. Gentile, D. A., Swing, E. L., Lim, C. G., & Khoo, A. (2012). Video game playing, attention problems, and impulsiveness: Evidence of bidirectional causality. Psychology of Popular Media Culture, 1(1), 62.
8. Master of his virtual domain. (2013, December 22). New York Times. Retrieved from http:// www.nytimes.com/ 2013/ 12/ 22/ technology/ masterof-his-virtual-domain. html
9. reSTART. Retrieved from https:// netaddictionrecovery.com/
10. Winkler, A., Dörsing, B., Rief, W., Shen, Y., et al. (2013). Treatment of Internet addiction: A meta-analysis. Clinical Psychology Review, 33, 317–329.
11. Internet Addiction Test. Retrieved from http:// netaddiction.com/internet-addiction-test/
12. Perfect, M. M., Levine-Donnerstein, D., Archbold, K., Goodwin, J. L., & Quan, S. F. (2014). The contribution of sleep problems to academic and psychosocial functioning. Psychology in the Schools, 51(3), 273–295.
13. Sexton, C. E., Storsve, A. B., Walhovd, K. B., Johansen-Berg, H., & Fjell, A. M. (2014). Poor sleep quality is associated with increased cortical atrophy in community-dwelling adults. Neurology, 83, 967–973.
14. Dealing with black and white thinking. Retrieved from http:// www.strongbonds.jss.org.au/ workers/ youngpeople/ thinking.html
15. Siegel, D. J. (2015). Brainstorm: The power and purpose of the teenage brain. New York: Penguin.
16. Messer, S. B., & Wampold, B.E. (2002). Let's face the facts: Common factors are more

potent than specific therapy ingredients. Clinical Psychology: Science and Practice, 9, 21–25.

11장

1. OECD. (2015), Students, computers and learning: Making the connection. Paris: OECD Publishing. http:// dx.doi.org/ 10.1787/ 9789264239555-en
2. Pinker, S. (2015, January 30). Can students have too much tech? New York Times. Retrieved from http:// www.nytimes.com/ 2015/ 01/ 30/ opinion/ canstudents-have-toomuchtech.html?_ r=0
3. http:// www.urban.org/ research/ publication/ scaling-digital-divide-homecomputer-technology-and-student-achievement Notes | 303
4. Youg, S. R., Maddocks, D. L. S., & Keith, T. Z. (2017, February). Time well spent: Adolescents' homework, screen time, and math achievement. Poster presented at the annual conference for the National Association of School Psychologists, San Antonio, TX.
5. Ink on paper: Some notes on notetaking. http:// www.psychologicalscience. org/ news/ were-only-human/ ink-on-paper-some-notes-on-note-taking. html#.WHQY1JJWLYE
6. Haßler, B., Major, L., & Hennessy, S. (2016). Tablet use in schools: A critical review of the evidence for learning outcomes. Journal of Computer Assisted Learning, 32, 139–156. doi: 10.1111/ jcal.12123
7. Pinker, S. (2015, January 30). Can students have too much tech? New York Times. Retrieved from http:// www.nytimes.com/ 2015/ 01/ 30/ opinion/ canstudents-have-too-much-tech.html?_ r=0
8. Preston, J. P, Wiebe, S., Gabriel, M., McAuley, A., Campbell, B., & MacDonald, R. (2015). Benefits and challenges of technology in high schools: A voice fromeducational leaders with a Freire echo. Interchange, 46, 169–185.
9. Beland, L.-P., & Murphy, R. (2015). Ill communication: Technology, distraction and student performance. Retrieved from https:// timedotcom.files. wordpress.com/ 2015/ 05/ dp1350.pdf
10. Lines, C., Miller, G. E., & Arthur-Stanley, A. (2011). The power of Family-School Partnering (FSP): A practical guide for school mental health professionals and educators. New York: Routledge.
11. Ward, A. F., Duke, K., Gneezy, A., & Bos, M. W. (2017). Brain drain: The mere presence of one's own smartphone reduces available cognitive capacity.Journal of the Association for Consumer Research, 2(2), 140–154.
12. Newport, C. (2016). Deep work: Rules for focused success in a distractedworld. New York: Grand Central Publishing.

13. Cloos, K., & Turkewitz, J. (2015). Hundreds of nude photos jolt Coloradoschool. New York Times. Retrieved from http:// www.nytimes.com/ 2015/11/ 07/ us/ colorado-students-caught-trading-nude-photos-by-the-hundreds. html?_ r=0
14. Mitchell, K. J., Finkelhor, D., Jones, L. M., & Wolak, J. (2011). Prevalenceand characteristics of youth sexting: A national study. Pediatrics, 129, 13–20. doi: 10.1542/ peds.2011-1730
15. McKenchnie, A. (n.d.). Majority of minors engage in sexting, unaware of harsh legal consequences. Retrieved from http:// drexel.edu/ now/ archive/2014/ June/ Sexting-Study/304 | Notes
16. Selkie, E. M., Fales, J. L., & Moreno, M. A. (2016). Cyberbullying prevalence among US middle and high school-aged adolescents: A systematic review and quality assessment. Journal of Adolescent Health, 2, 125. doi: 10.1016/ j.jadohealth.2015.09.026
17. Lush, T. (September 14, 2013). Florida girl Rebecca Ann Sedwick, 12, was bullied for months online before suicide. Retrieved from https:// www.nbcmiami.com/ news/ Florida-Girl-Rebecca-Ann-Sedwick-12-Was-Bulliedfor-Months-Before-Suicide-223756111.html
18. Kerr, M., Stattin, H., & Burk, W. J. (2010). A reinterpretation of parental monitoring in longitudinal perspective. Journal of Research on Adolescence, 20(1), 39–64.
19. Essential elements of digital citizenship. Retrieved from https:// www.iste.org/ explore/ ArticleDetail?articleid=101

12장

1. Agrawal, A., & Lynskey, M. T. (2008). Are there genetic influences on addiction: Evidence from family, adoption and twin studies. Addiction, 103(7), 1069–1081.
2. Schwartz, J. A., & Beaver, K. M. (2016). Revisiting the association between television viewing in adolescence and contact with the criminal justice system in adulthood. Journal of Interpersonal Violence, 31(14), 2387–2411.
3. Grant, J. E., Potenza, M. N., Weinstein, A., & Gorelick, D. A. (2010). Introduction to behavioral addictions. The American Journal of Drug and Alcohol Abuse, 36(5), 233–241.

부록 2

1. National Safety Council. (n.d.). Pedestrian safety. Retrieved from http://www.nsc.org/ learn/ safety-knowledge/ Pages/ news-and-resources-pedestrian-safety.aspx
2. Your wearable won't help you lose weight. (n.d.). Retrieved from http://time.com/ 4501018/ wearable-weight-loss/

3. Harvard Health Publications. (n.d.). Blue light has a dark side. Retrieved from http:// www.health.harvard.edu/ staying-healthy/ blue-light-has-a-dark-side Notes | 305

부록 3

1. American Academy of Pediatricians. Retrieved from http:// pediatrics. aappublications. org/ content/ early/ 2016/ 10/ 19/ peds.2016-2591
2. Rideout, V., Pai, S., & Saphir, M. (2015). The Common Sense census: Media use by tweens and teens. Common Sense Media. Retrieved from https:// www. commonsensemedia.org/ research/ the-common-sensecensus-media-use-by-tweens-and-teens
3. Gentile, D. A., Swing, E. L., Lim, C. G., & Khoo, A. (2012). Video game playing, attention problems, and impulsiveness: Evidence of bidirectional causality.Psychology of Popular Media Culture, 1(1), 62.

KI신서 9863

포노 사피엔스 어떻게 키울 것인가

1판 1쇄 인쇄 2021년 8월 26일
1판 1쇄 발행 2021년 9월 9일

지은이 마이클 브룩스, 존 래서
옮긴이 김수미
펴낸이 김영곤
펴낸곳 (주)북이십일 21세기북스

출판사업부문 이사 정지은
정보개발본부 본부장 이남경
정보개발팀 김지영 이종배
해외기획실 최연순 정영주
마케팅1팀 배상현 한경화 김신우 이나영
영업1팀 김수현 최명열
제작팀 이영민 권경민

출판등록 2000년 5월 6일 제406-2003-061호
주소 (우 10881) 경기도 파주시 회동길 201(문발동)
대표전화 031-955-2100 **팩스** 031-955-2151 **이메일** book21@book21.co.kr

(주)북이십일 경계를 허무는 콘텐츠 리더

21세기북스 채널에서 도서 정보와 다양한 영상자료, 이벤트를 만나세요!
페이스북 facebook.com/jiinpill21 포스트 post.naver.com/21c_editors
인스타그램 instagram.com/jiinpill21 홈페이지 www.book21.com
유튜브 www.youtube.com/book21pub

당신의 인생을 빛내줄 명강의! 〈유니브스타〉
유니브스타는 〈서가명강〉과 〈인생명강〉이 함께합니다.
유튜브, 네이버, 팟빵, 팟캐스트에서 '유니브스타'를 검색해보세요!

ISBN 978-89-509-9706-9 (03590)